서양 채소

박권우 저

저자 소개

독일 뮌헨대학교 원예학과에서 1981년 농학박사 학위 취득
서울시립대 원예학과 학사: 고려대학교 원예학과 석사

현재: 고려대학교 생명공학부 명예교수
경력: 고려대학교 생명환경과학대학원 원장 및 교수
독일 뮌헨대, 베를린 훔볼트대학 교환교수
한국원예학회, 한국 생물환경조절학회, 한국 허브아로마테라피학회 회장 역임
저서: 서양 채소론(1986), 원예번식학(1990), 수경재배이론과 실제(1991), 시설원예학(1993)
향신채의 재배 및 이용론(1996), 양액재배(1996), 기능성채소(2000)
허브 및 아로마테라피(2003), 기능성 채소와 과일(2013), 원예식물영양학(2016)
수경재배의 이론과 실제(월드사이언스, 2017) 외 다수

서양 채소

인 쇄 | 2018년 5월 1일
발 행 | 2018년 5월 10일

저 자 | 박권우

발 행 인 | 박선진
발 행 처 | (주)도서출판 월드사이언스

주 소 | 서울특별시 서초구 도구로 115 (방배동, 월드빌딩 1층)
등록일자 | 1988년 2월 12일
등록번호 | 제 16-1601호

대표전화 | (02) 581-5811~3
팩 스 | (02) 521-6418
E-mail | worldscience@hanmail.net
U R L | http://www.worldscience.co.kr

정 가 | 20,000원
I S B N | 978-89-5881-274-6

이 도서의 국립중앙도서관 출판시도서목록(CIP)은 서지정보유통지원시스템 홈페이지(http://seoji.nl.go.kr)와 국가자료공동목록시스템(http://www.nl.go.kr/kolisnet)에서 이용하실 수 있습니다. (CIP제어번호 : CIP2018012551)

머리말

한국인은 세계적으로 채소를 많이 소비하여 연간 1인당 150kg의 채소를 먹는다. 과거에는 채소를 대부분 김치로 소비했으나 서양 식문화의 영향과 2000년대에 들어와 다양한 채소류의 수입과 재배면적이 증가하면서 서양 채소를 중심으로한 새로운 샐러드 문화가 젊은 계층을 중심으로 확대되고 있다. 아울러 노년층의 증가와 함께 고기능성 서양 채소의 소비가 급속하게 상승하고 있다.

이와 같은 양채류의 소비 증가와 맛과 향이 좋은 새로운 열대 채소의 요구가 늘어나면서 선도 농가를 중심으로 다양한 열대 채소류가 수입되어 재배가 일부 이루어지고 있다. 또한 전국 어디서나 수막 재배 등으로 겨울 동안 5°C 이상만 유지하면 아열대 작물도 재배가 가능한 기술적인 발전을 가져옴에 따라 새로운 농가의 소득 창출이 시도되고 있다. 하지만 독농가나 귀농인의 발 빠른 신규 작목의 선택을 통한 생산 시도의 현장에서는 재배기술의 확립을 위한 정보가 부족한 것이 현실이다.

따라서 본서는 1986년 국내 최초로 필자가 '서양 채소론(고려대 출판부)'을 출판하여 불모지에 정보를 제공했던 것 처럼 관심있는 분들의 지식 충족을 목적으로 기존의 서양 채소에 몇 가지 새로운 채소를 보완하고 열대 및 아열대 지방 원산 채소류 재배 기초 이론을 추가하여 새로운 '서양 채소'를 출판하게 되었다. 이를 통하여 1986년 서양 채소의 불모지에 재배기술을 전한 것처럼 새로운 고소득 서양 채소와 열대 채소의 재배법과 기능성 등에 대한 최신 기술 정보를 다루어 이 분야에 새로운 생산기술의 지평을 확대하려고 노력하였다. 이 과정에서 가능한한 많은 작물을 다루면서 내용 중심으로 서술을 하다 보니 사진이 충분히 게재되지 않은 것이 아쉬움으로 남는다. 아울러 제한된 지면에서 많은 작물을 다루다 보니 다소 부족한 점도 있다. 그러나 여기서 다루는 작물의 재배와 품종 등에 대한 내용이 국내 어느 채소책에 뒤지지 않으며, 특히 종류별 기능성 분야는 독보적이라 자부한다. 양채류의 기능성을 알아야 소비자에게 홍보하여 판매를 진작시킬 수가 있고 소비자도 건강증진을 기할 수가 있다. 따라서 관심이 있는 독농가, 귀농인, 학생, 일반인들에게 서양 및 열대 채소의 재배기술과 기능성에 대한 지식을 제공하는 전문서로 도움이 되기를 바란다.

끝으로 책을 저술하는 데 많은 자료를 도와주신 베를린대 Geyer 교수와 사진 자료에 도움을 주신 여러분께 감사를 드린다. 아울러 농업도서 출판의 어려움에도 불구하고 한국 채소산업 발전을 위한 정열만을 가지고 본서의 출간을 도와주신 월드사이언스 대표님과 편집을 도와주신 분들께 진심 어린 감사를 표하고 싶다.

이 졸서를 1970년대에 독일의 뮌헨대학교에서 5년간 박사학위를 지도해 주신 존경하는 Fritz 교수님께 헌정한다.

2018년
봄 저자 식

목차

제1장
총론

1.1 서양 채소 및 열대 채소의 정의

채소를 분류하는 데는 다양한 방법이 있다. 서양 채소와 열대 채소는 식물 특성에 따른 분류가 아니고 재배지역에 따른 실용적인 분류이다. 서양 채소는 지중해를 비롯한 온대지역 원산의 채소를 대상으로 하고 열대 채소는 아프리카, 아시아, 미주의 열대지역이 원산인 채소를 대상을 한다.

국가에 따른 채소학의 분류를 통하여 서양 채소의 범주를 정의하기로 한다.

먼저 미국과 영국에서는 채소학(Peirce, 1987) 또는 채소 과학 및 기술(Salunkhe and Kadam, 1998)을 기초로 열대 채소(Tindall, 1983), 남동아시아 채소(Herklots, 1972), 동양 채소(Larkcom, 1991)로 분류하여 다룬다.

독일의 채소핸드북(Becker-Dillingen. 1956)과 채소재배학(Fritz and Stolz, 1989: Labernor and Lattauschke, 2014)에서는 동서양 채소의 구분은 없으나 허브(herb)는 반드시 포함하고 있다.

일본의 야채학에서는 중국야채는 포함하나 양채는 언급하지 않는다(伊東 등, 1987). 열대야채(岩佐, 1980)와 중국야채(山川 등, 1985)를 분리해서 다룬다. 중국도 양채류를 구분하지 않고 야생채소만을 포함하고 있다(農科院, 1987).

한국에서는 80년대 저자가 일반 채소와 서양 채소(박, 1986)를 구분했고, 보건적 측면에서 국내외 최초로 기능성 채소(박과 류, 2000: 박과 김 2012)를 언급하였다. 최근의 채소학 각론(이 등, 2013)에서는 양채류, 민속채소, 싹과 베이비 채소, 허브, 버섯을 포함하여 다룬다.

우리의 국어사전을 보면 서양이란 “동양에 대하여 유럽대륙과 북아메리카의 여러 나라를 이르는 말”이라고 정의하고 있다. 따라서 서양 채소(Western vegetables)는

"동양 이외 유럽대륙, 북아메리카, 아프리카, 대양주가 원산인 채소"를 의미한다.

이상의 사전적인 의미를 기초로, 서양에서 동양 채소를 분류하는 것에 반하여 서양이 원산인 채소를 서양 채소로 분류하였다. 따라서 서양 채소는 "동양 이외의 온대지역을 원산으로 하는 채소"라 정의할 수가 있다. 그리고 열대 채소는 유럽의 실용적인 분류에 따라 작물 재배지역의 고도(高度)에 상관없이 '전 세계의 열대지방이 원산인 채소'로 정의하고 그 범주에서 작물을 다루고자 한다.

1.2 채소의 종류 및 식물적 특성

(1) 채소의 분류

채소 분류는 식물학적인 분류가 기초가 되는데 담자균류(버섯 등), 외떡잎식물(파, 마늘 등), 쌍떡잎식물(오이, 수박 등)로 구분한다.

원산지에 따라서는 8개 군으로 나누고 해당 지역 원산 채소를 제시하는데 표 1.1과 같다. 신대륙은 남멕시코와 중미 센터, 북남미 센터로 나눈다. 구대륙은 지중해, 근동, 에티오피아, 중앙아시아 북동 인도와 미얀마, 중국으로 나눈다. 이 분류법은 학술적으로 주로 사용이 된다. 우리가 동양 채소라 함은 중앙아시아, 북동 인도와 미얀마, 중국을 원산지로 하는 무, 배추, 양파, 마늘 등을 말한다. 그 이외 지역의 채소는 광의로 서양 채소라고 할 수가 있겠다. 남멕시코 센터에는 차요태(3.14 참조)와 잎과 뿌리가 울금과 유사한 알로루트가 있다. 북남미 센터에는 그라운드체리(토마틸

표 1.1 주요 채소류의 원산지 분류(발췌: Schery, 1964: Ladizinsky, 1998)

지역 분류	원산 채소명
남멕시코 & 중미 센터	옥수수, 강낭콩, 리마 빈, 흑종호박, 호박(모샤타), 차요테(chayote), 고구마, 알로루트(arrowroot), 고추
2. 북남미 센터	안데안 감자, 감자($2n$=24), 전분 옥수수, 리마빈, 식용칸나, 페피노, 토마토, 그라운드 체리, 호박, 고추
2A. 칠로에 센터(칠레 섬들)	감자($2n$=48)
2B. 브라질-파라과이 센터	카사바
3. 지중해 센터	완두, 비트, 양배추, 순무, 상추, 셀러리, 치커리, 아스파라거스, 파스닙, 식용 대황
4. 근동 센터(이란, 터키)	렌틸, 루핀
5. 에티오피아 센터	동부, 크레스, 오크라
6. 중앙아시아 센터(북서 인도)	완두, 잠두, 녹두, 겨자, 양파, 마늘, 시금치, 당근
7. 북동 인도 & 미얀마 센터	녹두, 동부, 가지, 토란, 오이, 마
7A. 인도-마라얀 센터	바나나, 빵나무(breadfruit)
8. 중국 센터	콩, 중국 마, 무, 배추, 양파, 오이

로, 3.15 참조)와 황색 과실 열매인 페피노(3.17 참조)가 포함되어 있다. 우리는 바나나와 빵나무를 과일로 알고 있지만, 외국에서는 열대채소로 분류하고 있다. 식용 부위에 따라서 근채류(根菜類, 뿌리채소: 무, 당근, 우엉), 경채류(莖菜類, 줄기채소: 아스파라거스, 감자, 콜라비), 엽채류(葉菜類, 잎채소: 배추, 양배추, 상추, 파), 과채류(果菜類, 열매채소: 토마토, 가지, 고추), 화채류(花菜類, 꽃채소: 브로콜리, 꽃양배추, 아티초크)로 나눈다.

채소는 생육주기에 따라 1년생(쑥갓, 상추), 2년생(배추, 파슬리), 영년생(식용 대황, 땅두릅)으로 나눈다.

채소는 온도요구도에 따라 온대지역이 원산지인 호냉성 채소(생육적온 20°C, 배추, 무, 상추)와 열대지방이 원산지인 호온성 채소(생육적온 25°C, 수박, 오이, 토마토)로 나눈다(표 1.2). 온도요구도는 채소의 연중재배에 있어서 가장 중요한 기후 요인이다. 호냉성 채소는 봄, 가을에 재배하며 여름에는 평지 재배를 하지 못한다. 온대지방의 경우에 해발 800m 이상, 열대지역에서는 해발 1,500~2,000m 고랭지에서 재배하고 저장온도는 0°C이다. 호온성 채소는 여름에 주로 재배하며 저장온도는 10~12°C로서 겨울에는 온실에서 난방하고 시설 내에서 재배해야 한다.

표 1.2 온도요구도에 따른 채소 분류와 특성

분류	원산지	대표 채소	생육온도 (C°)	발아온도 (°C)	저장온도 (°C)
호냉성 채소	온대	배추, 상추, 무	20	25	0
호온성 채소	열대	수박, 오이, 토마토	25	30	10~12

호흡량의 차이는 1kg 신선 채소가 시간당 배출하는 탄산가스 양(mg)에 따라 6개 군으로 분류한다(Weichmann, 1987). 양파가 < 10mg으로 가장 호흡률이 낮고, 양배추, 오이, 멜론, 순무는 10~20mg으로 낮으며, 당근, 셀러리, 배추, 콜라비, 파프리카는 20~40mg으로 중간이고, 아스파라거스, 치커리, 엔디브, 상추는 40~70mg으로 높고, 방울양배추, 시금치, 양송이는 70~100mg으로 아주 높으며, 브로콜리, 치커리, 파슬리, 단옥수수가 > 100mg으로 가장 높다. 탄산가스의 발생이 높은 채소일수록 충분한 공기의 교환이 없으면 저장 중에 황화현상이 나타나므로 저장을 잘 하기 위해 위의 수치를 참고하도록 한다.

그 이외 영양가에 관심이 많은 소비자를 위하여 채소의 영양소에 따라 비타민 C가 많은 채소, 무기염류가 많은 채소, 항산화 물질이 많은 채소, 다이어트 채소 등 다루는 학자들에 따라 다양한 분류가 이루어지고 있다(표 1.3).

많은 국내외 채소 관련 책은 실용적인 견지에서 쉽게 접근할 수 있도록 하기 위해 채소의 명칭에 따라 a, b, c 순서 또는 가나다 순서로 분류하여 설명하기도 한다.

표 1.3 채소의 비타민 C 함량에 따른 분류(발췌 정리: Royal Soc. Chem., 2002)

비타민 C(mg/100g 생체)	채소 종류
100mg 이상	고추, 파프리카
80~99	여주
60~79	꽃양배추
40~59	시금치, 양배추, 배추
20~39	토마토, 머스크멜론, 청실완두, 황색고구마, 카사바
0~19	상추, 셀러리, 당근, 마늘, 양파, 가지, 감자, 오이, 수박

(2) 서양 채소의 종류

다양한 채소가 전 세계에서 재배된다. 한국원예학회에서는 채소를 46개 과 200여 종으로 나누고 있다(한국원예학회, 1993). 박(1986)은 국내에서 최초로 서양 채소를 29 종류 구분하였다. 일본에는 채소가 150여 종 있는데, 이와사(岩佐, 1980)는 열대채소를 과채류, 엽채류, 근채류로 분류하고 158 종류를 제시하였다. 반면에 Tindall(1983)은 20개과 68종을 중요 열대 채소라고 하였다. Larkcom(1991)은 동양 채소를 71개 제시하고 작물별 특성과 재배법을 기술하였다. Salunkhe와 Kadam(1998)은 세계의 중요 채소를 다음 표 1.4와 같이 70여 개 제시했다. 표에서 보면 우리에게는 생소한 작물이 채소로 분류되어 있다. 잭푸르트(jackfruit, 남태평양 원산, 초장 25m, 삽목번식, 큰 것은 35kg, 열매 속을 식용)와 요리용 바나나(plantain, cooking bananas 동남아 원산, 영양번식, 굽거나 생식)는 열대과수인데 채소로 분류해 놓고 있다. 그 이외 발삼 페어(balsam pear, 동남아시아 원산으로 열매는 둥글고 끝이 뾰족, 털이 많음, 여주처럼 익으면 속이 적색, 지하경을 번식에 사용), 훼누그리크(fenugneek, 1년생, 근동 원산으로 잎, 종자 이용), 구아(guar, 콩과, 원산지 불분명, 잎과 콩 이용), 아이비 거드(ivy gourd, 인도 원산 영년생, 박과로 오이처럼 생겼으나 줄무늬가 생김, 익으면 적색), 카사바(cassava, 쌀, 옥수수, 다음으로 중요한 식량작물로 아프리카 주식, 키는 2.75m, 줄기 삽목번식, 폭 5~10, 길이 15~30cm의 뿌리 식용) 등이다. 그 이외 주요 채소는 각론 편을 참조하기 바란다.

표 1.4 전 세계에서 재배되는 주요 채소(발췌 정리: Salunkhe and Kadam, 1998)

영명	한국명	학명
Amaranth	색비름	*Amaranthus tricolor* L.
Artichoke	아티초크*	*Cynara scolymus* L.
Asparagus	아스파라거스*	*Asparagus officinalis* L
Balsam pear	발삼페어	*Momordica dioica* L.
Basella	말라바 시금치*	*Basella alba* L.
Bitter gourd	여주*	*Momordica charantia* L.
Bottle gourd	박	*Lagenaria siceraria*
Breadfruit	빵나무	*Artocarpus altilis* L.

영명	한국명	학명
Broad bean	잠두	*Vicia faba* L.
Broccoli	브로콜리*	*Brassica oleracea* var. *italica*
Brussels sprouts	방울다다기 양배추*	*Brassica oleracea* var. *gemmifera*
Cabbage	양배추, 적채*	*Brassica oleracea* var. *capitata*
Capsicum	고추, 피망*	*Capsicum annuum* L.
Cardoon	카둔*	*Cynara cardunculus* L.
Carrot	당근	*Daucus carota* var. *sativus*
Cassava	카사바	*Maniot esculenta*
Cauliflower	콜리플라워*	*Brassica oleracea* var. *botrytis*
Celery	셀러리*	*Apium graveolens* L. var. *dulce*
Chicory	치커리*	*Chicorium intybus* L.
Chinese cabbage	배추	*Brassica chinenesis* L.
Cluster bean(guar)	구아	*Cyamopsis teteragonoloba*
Cowpea	동부	*Vigna unguiculata*
Cucumber	오이	*Cucumis sativus* L.
Drumstick	드럼스틱, 모링가*	*Moringa oleifera* L.
Eggplant	가지	*Solanum melongena* L.
Elephant yam	곤약	*Amorphophallus campanulatus* L.
Endive	엔디브*	*Cichorium endivia* L.
Fenugreek	훼누그리크	*Trigonella* sp.
French bean	강낭콩, 그린 빈*	*Phaseolus vulgaris* L.
Garden beet	비트*	*Beta vulgaris* var. *rubra*
Garlic	마늘	*Allium sativum* L.
Hyacinth bean	히아신스빈(편두)	*Lablab purpureus*
Indian squash	인디안 스퀘시	*Praecitrullus fistulosus*
Ivy gourd	아이비 거드	*Coccinia indica*
Jackfruit	잭푸르트	*Artocarpus heterophyllus* L.
Kale	케일*	*Brassica oleracea* var. *acephala*
Kohrabi	콜라비*	*Brassica oleracea* var. *gongylodes*
Leek	리크*	*Allium ampeloprasum* L. var. *porrum*
Lettuce	상추, 결구상추*	*Lactuca sativus* L.
Lima bean	리마콩	*Phaseolus lunatus* L.
Muskmelon	머스크메론	*Cucumis melo* L.
New Zealand spinach	뉴질랜드시금치*	*Tetragonia tetragoniodes* L.
Okra	오크라*	*Abelmoschus esculentus*
Onion	양파	*Allium cepa* L.
Parsley	파슬리*	*Petroselinum crispum*
Parsnip	파스닙*	*Pastinaca sativa* L.
Pea	완두	*Pisum sativum*

영명	한국명	학명
Plantain	요리용 바나나	*Musa paradisiaca*
Pointed gourd	포인티드 거드	*Trichosanthes dioica*
Potato	감자	*Solanum tuberosum* L.
Pumpkin	호박(동양종)	*Cucurbita moschata*
Radish	무, 래디쉬*	*Raphanus sativus* L.
Ridge gourd	십각수세미 외	*Lufa acutangula*
Rutabaga	루타바가*	*Brassica napus* var. *napobrassica*
Snake gourd	뱀오이	*Trichosanthes cucurmerina*
Spinach	시금치	*Spinacea oleracea* L.
Spinach beet	스피니치 비트	*Beta vulgaris* var. *bengalensis*
Sponge gourd	수세미 외	*Luffa cylindrica* L.
Summer squash	호박(페포종)	*Cucurbita pepo* L.
Sweet potato	고구마	*Ipomoea batatas*
Swiss chard	근대	*Beta vulgaris* var. *cicla*
Tato	토란	*Colocasia esculenta*
Tomato	토마토	*Solanum esculentum*
Turnip	순무	*Brassica rapa* var. *rapifera*
Watermelon	수박	*Citrullus lanatus*
Water spinach	공심채*	*Ipomoea aquatica* L.
Wax gourd	동아	*Benincasa hispida*
Winged bean	날개콩*	*Psophocarpus tetragonolobus* L.
Yam	마	*Dioscorea* sp.

* 본서에서 다루는 채소

1.3 채소의 국내외 재배현황

(1) 세계의 채소 생산현황

세계의 채소생산량은 1990년 약 467백만 톤이었는데, 2000년에 782백만 톤, 2010년에는 1,049백만 톤으로 20년 사이에 2배가 늘어났다. 2014년 현재 1,170백만 톤으로 앞으로 2020년에는 보다 많은 증가가 예상된다. 2014년 신선 채소생산량만을 비교하였을 때, 가장 많이 생산하는 국가 20개국을 순위별로 제시하면 다음 표 1.5와 같다. 중국이 162.5백만 톤으로 1위이고, 다음이 인디아 36.8백만 톤, 3위가 베트남으로 15.5백만 톤이다. 다음이 나이지리아, 필리핀, 미얀마, 한국, 이란, 브라질 순서이다. 그러나 한국과 북한의 채소생산량을 합치면 5.39백만 톤으로 세계 5위 생산국이 된다.

표 1.5 주요 신선채소 생산국과 생산량(단위: 백만 톤, Statista, 2014)

국가명	생산량(백만 톤)	국가명	생산량(백만 톤)
중국	162.51	일본	2.70
인도	36.84	우즈베키스탄	2.16
베트남	15.46	이태리	2.15
나이지리아	6.68	북한	2.13
필리핀	4.95	러시아	2.08
미얀마	3.47	탄자니아	1.87
네팔	3.42	라오스	1.55
한국	3.26	방글라데시	1.36
이란	3.25	쿠바	1.07
브라질	2.93	프랑스	1.04

전 세계의 2014년 채소생산량은 1,169.45백만 톤이었다. 주요 채소 작물별 생산량을 많은 순서(옥수수, 사탕무, 카사바 제외)별로 정리해 보면 토마토가 가장 생산량이 많다(**표 1.6**). 토마토는 생식용보다는 가공용으로 더 많이 이용되기 때문이라 본다. 다음은 수박, 고구마, 건조 양파 순서이다. 다음이 오이와 피클용 오이이다. 표에 기재하지는 않았으나 21위부터 28위까지를 표시하면 신선 단옥수수(9.62), 아스파라거스(7.83), 렌틸(4.83), 그린 양파와 샤로트(4.17), 건고추와 칠리(3.82), 리크와 파(2.24), 덩굴성 강낭콩(1.81), 아티초크(1.57백만 톤) 순서이다. 세계에서 많이 재배되는 20대 채소에서 보면 우리와 다른 것이 꼬투리로 먹는 채소용 강낭콩과 완두, 오크라 등으로 우리는 이를 서양 채소로 분류한다.

표 1.6 세계의 주요 채소의 생산량 비교(건조채소 포함, Statista, 2014)

채소명	생산량(백만 톤)	채소명	생산량(백만 톤)
토마토	170.75	건조강낭콩	26.53
수박	111.0	상추, 치커리	24.98
고구마	106.6	마늘	24.94
건조 양파	88.48	시금치	24.28
오이, 피클오이	74.98	꽃양배추, 브로콜리	24.18
양배추류	71.78	채소용 강낭콩	21.72
가지	50.19	채소용 완두	17.43
당근과 순무	38.84	건조완두	11.19
고추, 피망	32.32	양송이	10.38
멜론, 수박	29.63	오크라	9.62

(2) 국내 서양 채소의 재배현황

국내의 서양 채소 재배는 70년대부터 고랭지에서 시작하였으며, 1986년 아시안게임과 1988년 올림픽을 대비하여 정부에서 적극적으로 재배면적을 증가시키는 운동이 이루어짐에 따라 재배면적이 확대되었다. 1984년 양채류의 재배면적이 142.8ha이었는데 2014년은 조사된 주요 양채류 재배면적이 약 3,600ha로 지난 30년 사이에 약 24배 증대하였다(표 1.7). 이는 농림통계에 조사된 결구상추 등 9종 만을 대상으로 비교한 것이며 조사 목록에 나와 있지 않은 채소류 등을 합치면 재배면적은 거의 30배 증가가 예상된다. 2015년 현재의 양채류 생산 방법은 노지가 57.2 %, 시설이 42.8%로 노지 생산이 많다.

2000년대 초에 비교하여 면적이 다소 양채류는 결구상추, 셀러리, 파슬리 등이다. 이들은 조사연도에 마다 증감이 반복되나 양채류는 전체적으로 증가하고 있다. 면적 증가율을 보면 2000년을 기준으로 2015년까지 연 6.5% 증가했다(박 등, 2016). 현재의 양채 재배면적 약 4,000ha는 전체 채소 면적 280,000ha(노지 200,000, 시설 80,000ha)의 약 1.5%인데, 앞으로 농가소득 증대와 소비자의 건강을 개선하는 서양채소의 재배가 증가하리라 본다.

표 1.7 주요 양채류의 과거 30년간 재배 면적 변화(발췌: 농식품부, 2015) (단위: ha)

양채류/조사 연도	1984	1994	2004	2014
결구상추	84	248	746	591
셀러리	14	60	76	60
피망	27	53	42	584
붉은양배추(적채)	10	123	358	379
파슬리	3	22	68	34
꽃양배추	–*	10	91	130
브로콜리	2	0.2	955	1,903
케일	–	–	–	60
신선초**	–	–	–	17
아스파라거스	0.3	–	40	51.2

* 조사되지 않음, ** 신선초는 일본 종이나 정부에서는 양채로 다루고 있음.

1.4 서양 채소 재배의 문제점과 대책

근래 서양 채소의 재배면적이 확대되었음에도 통계에 나타나는 10여 종류 이외에는 대형 시장에서 경매가 이루어지지 않고 있는 현실에서 문제점과 대안을 알아보기로 한다. 가장 중요한 문제점은 서양 채소 재배 기술확립이며, 두 번째는 판로의 확대, 세 번째는 작물별 다양한 품종의 확보이다. 그리고 장기적인 측면에서는 서양 채소의 식품 가치를 홍보하여 지속적인 소비자층을 확대하는 것이 중요하다. 끝으로 저장, 포장 등에 대한 기초적인 상품화 기술 및 대량생산 시에 종류에 따라 가능한 가공법의 확립이라 할 수가 있겠다. 현실적으로 접근할 수 있는 문제점의 구체적인 해결방법을 제시하여 본다.

(1) 재배기술 확립

최근에 새로운 채소를 수입하여 재배하고자 하는 농가가 늘면서 국립종자원에는 매년 해외에서 수입된 새로운 채소가 등재되고 있으며 명칭을 정하는 데도 문제가 발생하고 있다. 수입 양채류는 대부분 재배기술도 확립이 되지 않은 채 농가에 보급되는 경우가 많다. 그러므로 새로운 작물들에 대한 충분한 재배기술의 보급과 농가의 적극적인 습득이 필요하다.

먼저 재배작물의 생리생태적인 특성을 이해해야 한다. 재배기술서, 각종 인터넷 자료 그리고 연구기관의 보고서 등을 통해서 재배하려는 작물의 특성을 아는 것이 중요하다. 지구온난화 대비 채소 작목의 다양화를 목표로 국가연구기관에서 지속적으로 시험재배를 하여 자료를 축적하고 있으므로 이들 자료의 수집과 교육 참여도 필요하다.

둘째로 고품질의 양채류 생산기술이 요구된다. 지금까지의 채소 재배는 큰 배추, 큰 무 등의 양적 생산에만 주력해 왔는데, 이는 김치를 만들 때 재료 자체의 맛보다는 조미료나 담그는 사람의 기술에 큰 영향을 받았기 때문이다. 이에 반해 샐러드는 생채로 이용하므로 크기보다 색, 맛, 향 그리고 기능성 성분의 함유가 중요하다. 이에 대처하기 위한 시비, 관수 등의 재배법은 생산과 품질의 향상이라는 두 가지 측면에서 접근이 이루어져야 한다.

(2) 작물 선택, 품종확보 및 육종

작물을 선택할 때는 노지 월동성, 시설재배의 경제성, 여름 평지재배의 가능성과 함께 재배가의 작물재배 수준을 고려한다. 제주나 남부 해안에는 무가온에서도 월동이 잘 되는 아열대 식물이 있으나 중부에서는 가온이 필요하다. 초보자는 엽채나 근채류를 택하고 경험자는 과채류 등을 택한다. 따라서 작물 선택은 입지조건, 재배능력, 그리고 본인이 가진 시설 등을 고려해야 한다.

작물이 정해지면 다음 문제는 품종의 선택이다. 대부분의 양채류 종자는 수입에 의존하고 있으므로 몇 가지를 제외하고 품종 선택의 기회가 극히 한정되어 있다. 그러므로 품종의 특성이나 재배 기간 등을 고려하여 재배환경에 적응할 수 있는 품종으로 소비자의 기호에 맞는가를 사전에 충분히 조사하여 구입하는 것이 필요하다. 재배 특성이 분명치 않은 품종의 구입은 생산과 판매가 불가능한 재배가 될 수가 있으므로 주의를 해야 한다.

국가에서는 'Gold seed project' 등을 통해서 주요 채소의 품종 자급률을 높이고 수출을 시도하고 있다. 앞으로는 서양 채소와 같은 마이너 채소류도 육성하여 국내 재배가의 욕구를 충족시키고 해외로의 수출도 요구된다.

(3) 생산자 조직 단체의 조직화를 통한 다품목 생산 공급

양채류가 생산되어도 소비자가 알지 못하면 시장 형성이 되지 않는다. 따라서 양채류 소비를 위해서는 보건적 효능 등을 앞세워 충분한 홍보가 필요하다. 지금은 많이 이용하는 파프리카가 초창기 해외수출이 원활하지 않아 전부 폐기하는 사태에 이르자 생산자 조합에서 조직적으로 홍보하여 소비를 촉진하였다. 치커리도 소비자가 몰라서 쌈채소로 자리 잡는 데 많은 시간이 요구되었다. 이상 사례를 보더라도 양채의 시장 확보는 매우 어려운 것을 알 수가 있다. 따라서 새로운 양채류는 시장성과 판로 확보 차원에서 계획적인 홍보 및 생산과 판매를 해야 한다. 이를 위해서는 개별농가보다는 생산자 단체가 조직적으로 다품목을 서로 나누어서 농가마다 2~3종을 생산하여 연중보급하는 것이 필요하다. 양채류는 무나 배추처럼 김장철이 되어 대량으로 소비되는 것이 아니고 소규모로 연중 소비되므로 지속적인 재배출하가 이루어지는 생산시스템을 확보해야 한다. 독일에서는 소량이지만 연중 필요한 세파 종류인 차이브의 생산을 11월부터 이듬해 5월까지 생산하기 위하여 차이브 포기를 냉장시키고 필요시마다 꺼내서 생산하는 연중보급 체계를 확립하였다. 우리도 시설과 고랭지 생산을 통하여 연중 물량을 공급할 수가 있는 체계를 구축하여야 한다.

기능성이 높은 양채류는 판로 확보를 통한 경영의 안전화를 위해서 계약재배 수행 농가도 필요하다. 그러기 위해서는 생산체계를 확보하고 유통업체나 대량 소비처와 연계생산이 선행되어야 한다. 소규모 재배의 경우에는 지역의 직거래 장터에 출하하면서 홍보를 하는 것도 좋은 방법이다. 소비자들이 해외여행을 많이 경험해서 특수 채소나 허브를 찾는 경우가 예상외로 많기 때문이다. 이 경우는 지역 시민들의 수준에 따라 직거래의 소비물량은 차이가 난다고 볼 수 있다.

(4) 포장, 출하, 유통의 특수화

특수 채소는 단순한 포장을 하더라도 식용법을 부착해 주고 종류에 따라서 출하 시 저장온도를 차별화해야 한다. 열대 채소류는 냉장 저장(3~4°C)하여 유통하면 저온장해로 잎이 검게 변하기에 10~12°C로 유통해야 한다. 무, 배추, 감자 같은 호냉성 채소(봄, 가을 재배 채소)는 0°C에서 저장 유통이 가능하나 호온성 채소(토마토, 오이, 수박, 고구마, 열대 과실)은 반드시 10~12°C에서 저장 유통해야 한다. 유럽의 열대성 과실류는 종이상자에 유통 시 적정 온도인 10~12°C를 그림으로 표시하여 유통업자나 소비자가 쉽게 이해하도록 하고 있다. 이는 서양 채소가 일반 채소와는 달리 소비층이 아직 광범위하지 않기에 같은 생산품이라도 확실한 생산물의 분류와 포장 등을 세련되게 하면 소비자의 구매성향을 제고시키고 상품의 보존력 향상을 기할 수 있기 때문이다. 앞으로의 모든 농산품은 포장과 디자인이 중요하기 때문에 이와 같은 점을 고려하는 것이 농가 수익증대에 있어서 중요하다.

(5) 수입에 대비하여 생산하고 수출 확대 지향

국내의 양채류 수입은 2004년 248만 달러에서 2012년 1,912만 달러로 최고에 달했다가 2015년 현재는 895만 달러에 이르렀다. 그러나 서구식 식단이 젊은 세대에 의하여 확대가 되는 추세라 서양 채소의 수입은 국내생산이 없는 단경기(端境期)를 중심으로 지속적인 증대가 이루어지리라 본다. 현재 많은 양채류가 FTA 협정에 따라서 관세율이 낮아지거나 무관세로 수입되어 수입증대를 부추기고 있다. 결구형 양상추는 수입물량의 81.8%, 브로콜리는 97.9%가 중국에서 수입된다. 아스파라거스도 2000년에 42톤 수입되었는데, 2015년 635톤이 주로 페루, 태국, 멕시코에서 수입되고 있다. 따라서 이들 품목은 국내에서 고품질로 대량생산하면 앞으로 충분한 경쟁력이 있는 작목이다.

수출 양채류로 중요한 것은 파프리카로 2004년 16,000톤이었는데, 2015년은 약 30,000톤으로 증대되었고 일본 시장을 65.7% 점유하고 있다(박 등, 2016).

앞으로 수입하는 양채류는 제재가 불가하므로 수입 농산물이 적게 들어오는 시기에 맞추어서 소비가 많은 품목을 재배하여 시장에 출하하는 계획을 세우는 것이 좋다. 아울러 수출 품목은 관련 부처의 상호 노력을 통하여 수출을 증대시켜야 양채류 산업이 발전되리라 본다.

(6) 건강증진을 기하는 서양 채소 홍보

가장 중요한 것은 홍보이다. 파프리카의 해외수출 길이 막히자 파프리카 자조협회는 방대한 물량을 전국의 거리와 대학 등을 통한 무료시식과 대대적인 건강 기능성 홍보를 통해 소비자의 관심을 배가하여 소비를 진작시키는 데 성공했다. 그 결과 국내소비가 증대하여 수출을 포기하고 국내에 출하하는 현상까지 돌출되었다. 한국의 소비자는 다른 나라와 달리 건강 기능성을 고려하여 구매한다. 따라서 새로운 서양 채소는 재배와 기능성을 쉽게 설명하여 재배와 소비에 임하도록 스토리 텔링(story telling)을 통하여 홍보해야 한다. 박 등(2016)의 조사에 의하면 소비자는 양채류에 대한 정보를 인터넷(33.2%), TV(30.7%), 지인(16.6%) 등을 통하여 얻는다고 한다. 따라서 모든 생산자 조직은 각자의 위치에서 메스컴과 지인을 이용하여 홍보를 많이 해야 한다. 젊은 층을 위해서는 인터넷에 재미있는 만화형 기능성 홍보 등을 제공하는 것도 필요하다. 동시에 작목반과 농협은 대형마트의 구매 담당자의 초대를 통한 적극적인 홍보 노력을 진행해야 한다.

이상 여러 가지 문제점과 대책을 제시했지만 모든 결과는 생산자에게 돌아오므로 작목 결정, 재배기술 확립, 품종 선택과 판매, 홍보 등을 체계적으로 확립하는 지혜가 요구된다.

1.5 서양 채소의 품질 향상법

(1) 품질의 의의와 특성

현대인은 원예작물의 선택에 있어서 품질을 최우선으로 한다. 외적으로 아름다운 색깔과 적당한 크기를 가지면서 씹히는 치감, 맛, 당도 등 내적인 품질이 좋아야 한다. 특히 서양 채소류는 대부분이 샐러드용이므로 생식하거나 요리할 때도 올리브 오일, 식초, 소금 등만을 첨가하므로 단단한 정도 단위인 경도(硬度), 아삭거림, 맛 등이 품질의 매우 중요한 요인이 된다. 샐러드는 김치처럼 소금에 절인 배추, 무 등 채소와 양념류의 복합적인 맛이 중요한 것이 아니고 채소 본래의 맛과 향기가 큰 역할을 한다. 따라서 서양 채소의 품질 개념을 이해하고 생산하는 것이 고품질 재배에 중요하다.

원예작물의 품질에 관한 연구는 2차 대전 후에 한국전쟁으로 서구의 경제적인 발전이 확립된 1950년대의 후반에 들어서 학문적인 체계를 갖추게 되었다. 그 이전에는 서구에서도 품질보다는 양적 생산에 치중했다.

품질(quality)의 정의는 한 마디로 서술하기가 곤란한데, 이는 원예식물이 공산품처럼 규격이나 성능의 척도가 있는 것이 아니고 하나의 복합적이며 주관적인 개념으로서 '어떤 생산물의 최종적인 이용목적의 충족 정도'로서 품질을 정의할 수 있기 때문이다. 즉 생산자, 중간 유통인, 최종 소비자에 따라 그 정의가 다르게 된다. 생산자는 수량이 많은 데에 품질판단의 기준을 두고, 중개상은 유통 시장의 규정에 따른 크기와 신선도가 오래 유지되는 상품적인 입장에서 품질을 논한다. 그러나 소비자는 색깔이나 모양뿐만 아니라 신선하고 맛이 좋으며, 농약이나 중금속 등에 오염되지 않는 친환경 유기 농산물에 품질의 기준을 둔다. 즉, 품질은 생산자, 유통가, 소비자 등 필요 당사자의 '필요가치 기준'이 큰 역할을 한다.

품질의 개념은 학자에 따라 달리 정의된다. 독일의 Schuphan(1961)은 3가지 관점에서 품질을 논했다. 첫째는 시장분류적 품질의 개념(색깔, 크기, 모양), 둘째는 필요가치적 품질의 개념(생식용 또는 가공용 등), 셋째는 영양생리학적 품질의 개념(식물체 내에 함유된 유기 또는 무기화합물)이 대상이 된다. 그러나 근래에 상상적 품질(imaginary quality)이 네 번째로 추가되어 언급되는데, 이는 소비자가 심리적으로 채소의 기능성을 염두에 두고 어떤 채소는 무슨 병의 예방과 치료에 특효라고 생각하면서 이용하면 큰 효과가 있다는 점에서 건강 증진 함유물과 인간의 상상적 심리와 관계라 할 수 있다.

Fritz와 Venter(1974)는 육안과 접촉으로 측정할 수 있는 외적 품질 그리고 분석을 통해서 알 수 있는 비타민과 같은 내적 품질로 나누고 있다.

Arthey(1975)는 원예작물의 주요한 품질 측정요인을 영양적 가치(nutritional value), 색깔(colour), 텍스처(texture), 상태(condition, 성숙, 신선도 등), 크기(size), 모양

(shape), 수량(yield), 향기(flavour), 결함(defect), 식물체의 건강(plant health), 가공품질(processing qualities), 그리고 종자품질(seed quality)로 나눴다. 이들 각각의 요인별 측정의 기준치를 열거하면 표 1.8과 같다.

표 1.8 채소의 품질요인과 주요 측정사항(발췌 변경: Arthey, 1975)

품질요인	주요 측정치
영양적 가치	① 단백질: 콩과 채소, ② 당류: 과채류, 콩과 채소, 옥수수, ③ 지방: 콩과 채소, ④ 비타민: A; 당근, 파슬리, 케일, B; 엽채류, C; 브로콜리, 파슬리, 방울다다기양배추
색 깔	채소의 분류별, 품종별 고유의 색을 가져야 한다. ① 적색: 토마토, 딸기, 치커리, 래디쉬, 붉은양배추, ② 황색: 참외, 피망, 당근, 콩류, ③ 녹색: 대부분 채소류.
텍스처	신선도와 관계가 있는 텍스처는 눈이나 촉감으로 느끼는 외적인 것과 입으로 깨물었을 때 느끼는 내적인 것의 복합적인 개념으로 ① 단단한 정도, ② 부드러운 정도, ③ 다즙성인 정도 등을 측정한다. 각종 채소에서 중요하다.
상 태	성숙 정도, 텍스처, 청결 정도, 신선한 정도 등 네 가지를 조사하는데 모든 채소가 해당된다.
크 기	크기의 측정은 길이(직경), 무게, 용적 등을 측정한다. ① 길이: 아스파라거스, 서양고추냉이, 셀러리, ② 직경: 양배추, 상추, 각종 과채류, ③ 무게: 양배추, 상추 등, ④ 용적: 주로 과수인 사과, 오렌지에서 사용.
모 양	품종 고유의 모양(shape), 형태(form), 품위(style)를 가져야 하며 품종 간 특성은 차별화를 한다.
수 량	가장 근본적인 작물의 외적인 품질요인이지만 관념적으로 품질을 논할 때는 중요한 의미가 없다.
향 기	가공채소는 중요하지 않으나 과채류와 엽채류 중에 셀러리, 파슬리와 각종 조미료 채소에서는 중요한 품질 측정요인이다. 판매 시 실제적인 측정은 어려우며, 품종 고유의 냄새가 나지 않고 이상한 냄새나는 것만 제거한다.
결 함	결함에는 유전적인 결함, 곤충의 피해, 병의 피해, 기계적 피해와 다른 이물질(예, 흙이나 모래 등)의 혼입 등이 조사하는 사항으로 품질을 판가름할 때 중요하다. 이는 결함이 없어야 1급 품이 되기 때문이다.
식물의 건강	유전적인 요인이나 병의 피해가 아니고 양분의 결핍에 의한 생리적인 병해로서 채소의 붕소 결핍증이나 석회 결핍증이 중요한 예다.
가공용 품질	주로 당근, 완두콩, 딸기, 감자 등 가공채소류에서 문제가 되는데 크기, 가공 수율(收率), 경도가 중요하며, 맛, 당도, 향기 등은 전혀 중요하지 않다.
종자의 품질	채소에서 종자의 품질은 주로 조미료나 허브 종자에서 정유(精油)의 함량과 수량이 문제가 된다. 어린 싹을 이용하는 크레스의 경우 발아율이 중요하다.

국내에서는 원예작물의 품질판단 기준이 없고 크기에 따른 규격분류는 있으나 지켜지지 않기에, 어떤 곳에서는 상품인 작물이 다른 곳에서는 중품으로 분류되는 등의 문제가 있다. 다만 수박, 멜론 등 과채류는 당도에 대한 기준은 지켜지고 있다. 앞으로 원예 산물의 품질에 관한 보다 구체적인 연구와 적용이 필요하다.

(2) 품질 변화에 영향을 주는 요인

품질을 변화시킬 수 있는 요인은 식물 고유의 유전적인 특성, 환경과 재배기술, 수확 시기와 수확 후의 관리, 가공처리 등으로 나눌 수 있다. 그러나 이와 같은 요인을 단순하지 않고 표 1.9와 같이 다양한 이론이 있다.

표 1.9 원예작물의 품질에 미치는 여러 가지 요인

제안자	Schuphan(1961)	White & Selvey(1974)	Fritz & Stolz(1989)	Laber & Lattauschke (2014)
변화 요인	1. 과(科) 2. 품종 3. 재배지역 4. 재배방법 5. 수확 6. 운송 7. 작물의 크기 8. 판매를 위한 처리 9. 발효 및 가공	1. 가정에서 저장 2. 가공 3. 품종영향 4. 재배기술 5. 수확기 6. 수확방법 7. 운송과 시장 8. 유전공학 9. 생장조절제	1. 품종 2. 성숙과 발육단계 3. 재배지생태 요인 4. 재배기술 5. 수확 방법, 시기 6. 저장	1. 시장가치 (외적품질) 2. 기호가치 3. 필요가치 4. 건강가치 (내적 품질) 5. 생태적 가치

Schuphan(1961)에 의하면 품질은 식물의 과(科), 품종, 재배법, 수확방법 및 시기, 수송방법, 식물의 크기, 판매를 위한 다듬기, 그리고 발효나 가공 등에 의해 영향을 받는다고 했다. White 및 Selvery(1974)는 Schuphan과 비슷하나 작물의 특성이나 성분을 증대시키는 유전공학(genetic engineering)이나 과실 생장을 촉진하는 지베레린과 같은 생장조절제(bioregulators)도 원예산물의 품질에 영향을 준다고 하였다.

Fritz와 Stolz(1989)는 주로 채소류를 중심으로 분류했는데, 영향을 미치는 크기에 따라 그 순서는 품종, 성숙과 발달단계, 재배지의 생태요인(광조건, 온도, 계절), 재배기술, 수확방법과 시기, 저장 등이 품질에 영향을 미친다고 하였다.

Laber와 Lattauschke(2014)는 과거와 다르게 시장적 가치(외적 품질: 형태, 색, 크기, 신선도, 균일도. 청결도, 이상한 냄새 없을 것), 기호적 가치(향기, 맛, 신선도, 구강 내 느낌), 필요적 가치(신선도 유지 기간, 수송성, 분류 균일도, 포장, 조리적 특성), 건강적 가치(내적 품질: 당, 단백질, 무기염류, 향기, 비타민, 2차 대사 산물과 그 이외 기능성 물질인 솔라닌, 알린과 잔류 농약과 중금속이 없을 것), 그리고 생태적 가치(생물적 및 생태적 재배, 잔류물의 이용, 산물의 저장성, 단거리 운반을 통한 판매-운송에너지 절감 차원, 자원 절약적 재배, 비료나 농약을 적게 사용하는 것은 지구 생태적 차원에서 중요)에 따른 품질을 정의하고 가치를 판단했다. 여기서 생태적인 품질은 재배기간 동안에 지구 화석에너지를 적게 사용해서 CO_2의 배출을 작게 하고, 농산물 수확 후에 잔유물을 바이오에너지 등으로 사용하여 지속적인 농법을 할 수가 있는 농산물이 품질이 좋다는 것이다. 비료와 농약사용, 생산물을 장거리 운반하면서 발생하는 기름 소모 증대 등을 통해서 지구환

경을 오염시키면 그것은 품질적인 측면에서 낮다는 이론이다. 즉, 인간의 필요에 따라 에너지나 지구환경을 오염시키면서 생산된 원예산물은 크기가 크고 무기염류가 많아도 생태적 가치의 품질은 낮다는 것이 21세기 독일의 품질 기준이다.

학술적으로는 다양한 품질 측정요인이 제시되나 국내외적으로 품질 분류는 외적인 품질, 즉 시장 분류적인 측면에서 주로 이루어진다. 유럽은 유럽시장 내의 채소 종류별 시장 출하 시의 크기 규격이나 최소 손상률 등이 정해져 있다. 미국, 일본도 크기에 따른 외적 품질 기준이 명시되어 있으며 국내에서도 채소 종류에 따라서 분류 기준, 포장 기준이 제시되어 있다.

국내에서는 국립농산물품질관리원(2016)에서 제시한 농산물 품질 규격에 의하여 과수, 채소, 화훼류의 출하 표준규격을 제시하여 포장 상자 크기, 산물 외적 크기나 내적 품질(채소류는 참외, 딸기, 수박, 조롱수박, 멜론 5개 품목)을 제시하고 있다. 참고로 멜론의 경우에 특은 ① 낱개의 고르기(제시한 크기의 무게에 해당할 것), ② 무게: 네트멜론의 경우 2L(2.6kg 이상), L(2.0~2.6), M(1.6~2.0), S(1.6 미만)로 구분, ③ 모양: 품종 고유의 모양과 색택이 뛰어나며 네트계 멜론은 그물 모양이 뚜렷하고 균일한 것, ④ 신선도, 숙도: 꼭지가 시들지 아니하고 과육의 성숙도가 적당한 것, ⑤ 중결점과: 없는 것(이품종과, 부패-변질과, 과숙과, 미숙과, 병충해과, 상해과, 모양, 기타 결점의 정도), ⑥ 경결점과: 없는 것(병충해, 상해의 피해가 경미한 것, 품종 고유의 모양이 아닌 것, 기타 결점의 정도가 경미한 것) 등 6가지 조건을 측정한다. 특히 멜론은 과실의 과육 중앙을 착즙해서 당도계로 13도 이상이어야 한다. 이때 허용오차는 ±1도(°Bx)이다.

이상과 같이 채소의 품질은 그 측정도 어렵지만 다양한 요인에 의해 영향을 받고 국가에 따라 측정 방법이 다르다. 일반적으로 품질은 품종, 재배기술, 수확시기, 수확 후에 소비자에게 가는 과정, 조리 과정 그리고 환경 생태적 재배를 통한 지구오염의 극소화 등 다양한 요인의 측정에 따라 우열이 판가름이 난다. 그러므로 이들 요인이 품질에 미치는 영향을 잘 이해하고 대처해야만 외적 크기의 품질뿐만 아니라 내적 고품질의 채소 생산에 접근할 수가 있다. 이를 위해서는 식물생리학, 토양학, 비료학, 재배학, 저장학, 가공학, 생태학 등 광범위한 지식을 기초로 재배와 환경친화적 관리에 임해야 한다.

(3) 품질 향상을 위한 실제 방법

품질을 변화시키는 요인이 매우 다양한데, 서양 채소를 실제 재배하면서 어떤 점을 유의하여야만 품질을 향상시킬 수 있을 것인가를 알고 대처하는 문제는 매우 중요하다.

잎채소의 품질을 개선하기 위해서 온도와 수분관리 재배 시기와 장소 선택, 재배기술의 확립, 수확 시기와 적절한 저장 등을 합리적으로 최적화해야 한다. 그러나 여러 가지 요인을 현장에서 최적 상태로 적용하기는 매우 어렵다. 이는 한 가지 요인의 개선을 통한 특정 성분이나 특성의 증가는 다른 부분에 나쁜 영향을 미쳐 합리적인 접점을 찾아서 재배에 임하기에는 정공법이 없기 때문이다. 예를 들어, 무의 경우는 크기 즉 직경이 품질을 결정하는 중요한 요인이다. 그래서 무의 직경을 크게 기르려고 하면 바람들이가 쉽게 들고 비타민 C와 건물중은 감소하게 된다(박, 1983). 반대로 내적 품질을 고려해서 높은 비타민 C, 낮은 바람들이를 유지하려면 직경이 작은 무를 생산해야 하는데 이는 유통 시에 가격이 낮아서 경영적으로 문제가 있다. 그렇지만 품질을 고려하지 않고 작물을 재배하는 것도 문제가 있다고 생각되기 때문에 여기서 합리적으로 품질개선을 위한 실제적인 방법을 요약해서 제시한다.

품질을 향상시키는 데 가장 기본은 고기능성 품종의 선택에 있다. 그 다음에 관수, 시비, 시설 내의 온도관리, 병충해 방제, 수확 시기, 운송관리 및 저장, 기타 경종법 등을 통하여 외적 및 내적 품질의 향상을 기한다. 그러면서 가능하면 지구 환경오염을 줄일 수가 있도록 화석연료를 적게 사용한다.

이들에 관한 보다 자세한 사항은 작물 각각의 재배 편에서 다시 언급하겠지만, 여기서는 보다 일반적인 수준에서 채소의 품질향상을 위한 실제 방법을 제시하고 개선을 위한 접근 방법을 제시하였다(표 1.10). 제시한 방법이 최선의 해결책이 아니나 개념의 이해를 통한 재배현장에서의 시도가 중요하다.

표 1.10 채소의 품질 개선 요인과 접근법

개선 요인	개선을 위한 접근법
고기능성 품종 선택	작형에 맞으면서 고기능성 소비자 선호형 품종의 선택
좋은 물 관수	중금속, 농약 오염이 안된 물의 적당량, 알맞은 수온으로 공급
최소 시비법 적용	토양 분석을 통한 유기물과 적정량 최소 시비
최적 온도조절	노지 및 시설재배시의 적정 온도 조절 및 친환경 보온법 적용
친환경 병충해 방제	내병, 내충성 품종 재배, 조기 방제, 생물적 방제
적기 수확	적기 수확 및 당도 증진 농법 적용
최적 운송 및 저장	단기운송, 채소 종류에 따른 적정 저장온도와 기간 유지
생태적 농법 적용	화석에너지 사용 최소화, 순환농법 적용, 환경친화적 농법 적용
기타 경종법	생장제 및 제초제 적기 및 사용 자제, 적심, 적과 적기 실시

1.6 서양 채소 및 열대 채소의 영양분석표

서양 채소 및 열대 채소의 식품성분표는 다양한 문헌을 통하여 조사하여 책의 뒷면에 게재하였다. 국내 자료는 농진청(2011)의 표준식품성분표를 기초로 하였고 국내 분석이 되지 않은 채소는 Food Standard Agency(2004) 및 기타 자료를 이용하여서 조사하여 별첨하였다(별첨 1 참조). 분석 수치는 품종, 지역, 계절에 따라 차이가 있어서 출처에 따라 다르다. 그러나 채소에 따른 영양적인 특성을 알아야 이용을 통한 건강증진을 기할 수가 있다.

제2장
서양 채소

2.1 고수

학명: *Coriandrum sativum*
(영): coriander, cilantro **(독):** Koriander **(불):** coriandre

(1) 원산지 및 재배 내력

고수는 중요한 허브 작물로서 원산지는 남유럽과 지중해 연안과 중동으로 알려져 있다. 지금까지 알려진 향신료 식물 가운데 가장 재배가 오래된 작물 중의 하나인데, 이는 이집트의 파피루스(Papyrus)에도 기록되어 전해오며 고대 이집트 묘에서도 종자가 발견되기 때문이다. 구약성서의 출애굽기에 기록되어 있으며, 인도나 중국에서도 예부터 재배한 기록이 있다. 중국은 전한시대(B.C 100년 경)에 중앙아시아를 통하여 전해졌다. 우리나라에서는 언제부터 재배되었는지에 관한 기록은 없으나 중북부 지역과 사찰 음식에 사용되었다. 월남의 쌀국수에 첨가되고 중국의 음식에는 향차이(香菜)라 하여 많이 이용하는데 빈대 냄새가 나므로 처음 접하는 사람은 당황하기도 한다.

영명의 coriander는 고대 그리스어 koris(빈대)에서 변천되어 koriannon으로 변했고 라틴어에서는 *Coriandrum*이라 하였다. 이것이 학명이 되었고 다시 프랑스어에서 coriandre로 부르고 영국인들이 coriander라고 명명했다. *sativum*은 재배종이라는 의미이다. 북미에서 주로 사용하는 시란트로(cilantro)라는 명칭은 스페인어이다.

(2) 식물학적 특성

고수는 당근과 같이 산형과에 속하는데, 뿌리는 약하고 곧으며 키는 30~70cm

에 달한다. 잔가지가 많이 생기는데 잎 모양은 오그라들지 않은 파슬리 잎과 같이 복엽이며 진한 초록색이고 털이 있다. 6~7월에 가지 끝에 꽃대가 오르는데 꽃자루의 잎은 정상엽과 다르게 코스모스의 잎처럼 침상이 되고 가늘어지며 꽃은 흰색 또는 장밋빛을 띠면서 많이 핀다.

씨는 둥글고 2개의 반원형으로 씨의 크기는 직경이 3~5mm, 천립중(千粒重)은 7~17g이다. 고수의 익지 않은 종자는 빈대 냄새 같은 불결한 냄새가 나지만 익으면 오렌지 껍질에서 나는 것 같은 좋은 향기가 난다. 이와 같은 미숙과와 식물에서 나는 빈대 냄새 때문에 독일에서는 빈대풀(Wanzenkraut)이라고 부른다.

미주에서는 멕시코 고수(Mexican coriander)라고 불리는 고수보다 향이 강한 영년생 허브 식물이 있는데 학명이 *Eryngium foetidum*으로 쿠란트로(culantro)라고 한다. 잎은 잎자루 끝에 작은 3개의 잎이 붙은 고수같이 생긴 것이 아니라 고들빼기 잎처럼 통 잎으로 길고 두꺼우며 가장자리가 엉겅퀴잎처럼 작은 가시돌기가 나온 것이 다르다. 잘 구별해서 재배해야 한다.

(3) 품종

고수를 크게 분류하면 종자가 큰 계통(var. *vulgare*)과 작은 계통(var. *microcarpum*)이 있다. 종자가 큰 계통은 우리가 보통 가꾸는 것으로 지름이 3~5mm이고 작은 계통은 1.5~3mm인데, 작은 계통은 멕시코가 원산이라고 하며 흔히 러시아 계통이라고 부른다. 잎의 크기에 따라 작은 세엽종(細葉種)과 큰 광엽종(廣葉種)으로 나눈다. 'Asian Choice', 'Caribe' 'Big Leaf'(광엽종), 'Confetti'(세엽종), 'Delfino'(세엽종) 등 다양한 품종이 있다. 미국 종인 'Delfino'는 코스모스 잎처럼 세엽으로 향이 강하고 미국에서 상을 받은 우수한 품종이다(그림 2.1 우).

(4) 재배 관리

작형: 작형은 노지재배와 시설재배로 나눌 수가 있다. 노지재배는 봄재배(4~5월 파종, 6~7월 수확)와 가을재배(8월 파종 10월~2월 수확)로 나뉜다.

시설재배는 3월부터 파종하여 10월까지 2주마다 파종하여 재배하는 주년재배 작형이다. 시설에서 포트에 파종한 고수도 주년 생산하는데 주로 베란다 재배용으로 이용한다(그림 2.1 좌)

재배: 고수를 재배하는 데는 특별한 조건이 요구되지 않을 정도로 환경 적응성이 높다. 햇빛을 잘 받는 곳으로 토양이 비옥하면 생육이 더욱 잘 된다. 특히 석회가 함유된 땅이면 좋다.

봄재배는 토양이 다소 열기를 갖는 4월 중순에 하는데, 줄 간격은 30cm로서 약 1cm 깊이로 파종한다. 최근에 많은 농가가 파종기를 사용하는데 간단한 파종기를 사용하면 고수같이 둥근 종자는 파종 시간을 단축할 수가 있다. 싹이 난 후 포기와

그림 2.1 고수 분 식물(좌)과 세엽 고수 'Delfino'

포기 사이의 거리는 약 10~15cm 되게 솎아준다. 대단위 농가는 흩어뿌림하는데 10a당 2~3 kg의 종자가 필요하다. 싹이 난 후 2~3회 중경 제초를 하며 건조가 계속되면 12~15일 간격으로 물을 준다.

가을재배는 8월 중순에 파종하여 10월에 수확하는데 중부 이남에서는 부직포를 덮어서 연말까지 수확한다. 남해안이나 제주도에서는 볏짚이나 비닐을 덮어서 월동시킨다. 특히 남제주에서는 노지 월동이 가능하다. 소비량이 늘어나면 여름 고랭지 재배와 겨울 무가온 시설재배가 새로운 작형으로 분화될 것이다.

화분재배는 9~12cm 되는 화분에 20~30개 종자를 뿌리고 4~6주 육묘하여 화분을 출하한다. 유럽에서는 화분을 이용한 수경재배가 많이 이루어진다.

시비는 10a에 퇴비 1톤, 3요소는 복비를 이용하여 N : P : K를 10 : 7 : 12kg 수준으로 전량 밑거름으로 준다. 중성 토양을 선호하여 석회는 100kg 정도 뿌린다. 일시에 뽑아서 출하하지 않고 잎만 잘라서 출하하는 재배에서는 수확 후에 2~3일 지나서 요소만 2kg 정도 물비료를 만들어 준다. 가정원예에서는 퇴비만 사용한다.

충해는 적으나, 병해로는 흰가루병, 풋마름병 등이 있어 예방에 힘써야 한다.

수확: 어느 정도 자라면 뿌리를 붙여서 수확하여 단을 묶어서 출하한다. 대형 마트에는 뿌리를 씻은 후 비닐 포장을 하여 출하한다. 씨를 받으려면 월동시킨 개체를 봄에 개화시키거나 봄에 심은 식물은 잎을 수확하지 말고 노지에 방치하면 개화가 된다. 6월 들어서서 고온기가 되면 열매가 익고 식물이 노화되고 줄기가 노랗게 변화한다. 산형화과에서 흔히 볼 수 있듯이 일찍 핀 꽃은 종자가 완숙되었지만, 다소 늦게 핀 꽃은 종자의 성숙이 더디므로 적당히 익었을 때 식물을 베어 말린다. 줄기를 벨 때는 이슬이 내린 오전 일찍 실시하는 것이 좋은데, 이는 줄기가 축축해서 완숙된 식물체로부터 종자가 떨어져 나가는 것을 막을 수 있기 때문이다. 잘라낸 줄기는 손에 움켜쥐기 좋을 정도의 단으로 나누어 묶고 말린 다음에 멍석 위에서 줄기를

턴다. 10a당 종자 수량은 약 57~75kg, 잎은 90~140kg 정도가 된다.

저장: 수확하여 다발로 묶어서 출하한 것은 상온에서 하루가 지나면 상품성이 없다. 아주 빨리 시드는 특성이 있다. 비닐로 밀봉하여 냉장 보관하면 3~5일 저장할 수 있다. 잎을 30°C 이하의 바람이 잘 통하는 음지에서 건조시킨 후에 투명한 밀폐 용기에 담아 온도와 습도가 낮은 곳에서 보관하면 장기간 품질을 유지할 수 있다.

(5) 이용 및 기능성

이용: 생채로 먹거나 김치를 담가 먹는다. 잎은 쌈으로 이용하고 각종 샐러드에 첨가하고 생선요리 등에 넣어서 먹을 수 있다. 특히 어렸을 때 수확하여 이용하면 부드럽고 맛이 좋다. 수확한 종자를 가정에서 이용할 때는 열매를 부수어 깨소금을 쳐서 먹듯이 이용하며 공업적으로는 카레(curry)의 원료로 쓰인다. 종자에서 향을 추출하여 각종 화장품이나 약제에 사용한다. 우리는 이용이 적지만 발칸반도와 인도 및 동남아시아에서는 중요한 향신료 식물이다.

기능성: 신선한 잎에는 단백질이 우유만큼 함유되어 있고 무기염류가 많으며, 비타민 C도 배추보다 훨씬 많이 들어있는 좋은 허브이다.

식물체의 함유 영양소에는 보르네올(borneol), 코리안드롤(coriandrol), 사이멘(cymen), 게라리올(geraniol), 리모넨(limonene), 리나룰(linalool), 테르피넨(terpinene) 등이 있어 독특한 맛과 향을 내서 식욕 및 소화를 촉진하며 진정작용이 있다. 종자는 0.3~1.7% 정유를 함유하며 독특한 향을 내는데, 리나룰, 캠퍼(camphor), 피넨(pinene), 리모넨, 미르센(mircene), 테르피넨 등이 들어있다. 크기가 작은 종자인 러시아 계통이 큰 종자인 인도산 고수보다 정유 함량이 높다. 이 성분들은 주로 두통, 소화기 장애, 강장, 감기, 최유, 항경련 효과가 있다. 정유 성분은 항미생물 기능이 있어서 열대지방의 음식이 상하는 것을 방지해 주므로 더운 지방일수록 음식에 신선 고수를 많이 넣어서 요리한다.

민간요법에서는 오장을 편하게 한다. 빈혈을 고치고 대소장을 이롭게 하여 소화가 잘되고 기분을 상승시킨다고 한다. 기타 복부의 기를 통하게 하고 사지의 열을 없애며 두통을 치료한다. 씨는 벌레 독, 치질, 고기 중독, 토혈, 하혈 등에 좋아 끓여서 차로 마신다.

한방에서는 전초를 '호유(胡荽)', 열매는 '호유자(胡荽子)'라 하여 땀을 내서 해독하는 작용이 있으며 소화불량을 해소하여 기를 돋우고 비장을 튼튼하게 하고 설사를 멈추게 한다. 건위, 진통, 소화 촉진, 이뇨, 안면 마비, 풍치, 고혈압, 강장제 등에 사용하였다.

2.2 결구상추

학명: *Lactuca sativa* L. var. *capitata*
(영): Head lettuce **(독)**: Kopfsalat **(불)**: Laitue pommee

(1) 원산지 및 재배 내력

상추는 현재 세계에서 가장 많이 재배되는 샐러드 작물로서 남유럽, 서아시아, 북아프리카가 원산지로 추정된다. 결구상추는 양상추라고도 부르는데 학명으로 *Lactuca*는 라틴어의 Lac, Lactis-우유라는 뜻으로 이는 잎을 자르면 우유빛 즙액이 나오기 때문이다. 기원전 4500년에 만들어진 이집트의 묘에서 기록이 나왔으며, 로마시대는 12가지 품종이 있었다고 한다. 상추는 중세 때부터 유럽 여러 나라에서 재배되게 되었다. 중국에는 647년에 전파됐는데 당나라 맹선(孟詵 713 A.D.)이 지은 식료본초(食療本草)에 처음 상추(萵苣)의 기록이 나온다. 오늘날 세계 상추의 56%를 중국에서 생산한다. 세계 상추생산량은 약 2,600만 톤인데 중국이 약 1,500만 톤을 생산하고, 미국은 약 380만 톤, 그리고 인도가 110만 톤을 생산하며 스페인(90만 톤), 이태리(60만 톤) 순서이다.

우리나라의 상추는 고구려 때부터 재배해 왔는데, 이는 잎 상추이며 결구상추는 한국 전쟁 시에 군납용으로 재배하기 시작해서 80년대부터 소규모 재배를 시작으로 오늘에 이르고 있다. 결구상추의 재배면적은 83년 80ha에서 2003년 861ha로 20년 사이 10배로 증가했으나 2015년에는 693ha로 줄어드는 경향이다. 이는 2003년부터 양상추의 수입이 증가하여 2012년에 연간 약 7,500톤을 수입하기에 이르렀다. 그 이후 2015년까지 약 7,500톤 선을 유지하고 있는데, 이것이 국내 재배면적 감소의 원인이라 추측된다. 앞으로 좋은 품종을 골라서 친환경 재배를 하면 소비가 증대될 것이며 고품질 채소는 중국 등 주변 국가로의 수출도 가능하다고 본다.

(2) 식물학적 특성

결구상추는 1년생 초본으로 국화과에 속한다. 현재 *Lactuca sativa*에 속하는 종류는 약 300여 종이 있다. 상추 뿌리의 생장은 전체 지상부 무게의 6%로 깊게는 1.5m까지 달하며 보통은 땅속 25cm 깊이까지 뻗는다. 잔뿌리는 직근 주위의 지표 가까운 부분에 많이 발생한다. 줄기는 아주 짧고, 잎은 뿌리에 가깝게 붙는데, 결구를 하는 계통과 하지 않은 계통이 있다.

추대하면 키는 30~100cm에 달하며 줄기 끝으로 갈수록 잎은 작아지고 흰가루가 많이 붙는다. 꽃은 줄기 끝에 원추화서를 가진 담황색의 설상화 또는 두상화를 착생시킨다. 꽃은 한 번 피면 져버리며, 자가수정을 하여 2주일이면 성숙하여 수과가 되는데 같은 과의 민들레나 엉겅퀴처럼 관모를 가져 자동적으로 떨어지게 된다. 씨의 길이가 3~4mm, 폭 0.8~1mm, 두께 0.3~0.5mm이며 천립중은 0.8~1.2g으로 가볍다. 1L의 무게는 440~480g으로 1kg의 종자는 2.1~2.3L이다. 발아력은 3~4년간 유지되고 발아율은 보통 65~98%이지만 판매를 위해서는 최소한 발아율이 85% 이상 되어야 한다.

상추 종자의 발아에 중요한 요인은 광과 온도이다. 상추 종자는 보통 적색광(red light, 660nm)에서는 발아가 촉진적이고 근적색광(far red light, 735nm)에서는 억제적이다. 햇빛에는 적색광이 많아 상추같은 광발아 종자는 발아가 촉진되는데, 깊게 파종하면 적색광이 종자에 도달하지 못해 발아가 잘 안 된다. 발아에 알맞은 온도는 18~21°C이며 26°C 이상이 되면 발아하지 않기 때문에 고온기에는 적온에서 발아를 시켜서 파종해야 한다.

결구상추 재배 시에 알맞은 온도가 매우 중요하다. 일사량이 적을 때 너무 고온 상태를 유지하면 체내의 양분을 호흡으로 잃게 되어 결구가 늦게 되며 심한 경우에는 잎의 가장자리가 타는 것처럼 갈색으로 변하기 때문이다. 이러한 이유로 어떠한 경우에도 하우스 내의 상추재배 시 주간 온도를 30°C 이상 올려서는 안 된다. 결구상추는 겨울철에 야간 온도가 4°C까지 내려가도 잘 견디며, 주의해서 천천히 내리면 -2°C까지 내려가도 큰 피해를 받지 않는다. 겨울의 지온은 8°C 내외면 충분하며 16°C 이상 상승시키지 않아도 되는데 이는 지온이 높지 않아도 생육이 되기 때문이다.

발아기간 중에는 20°C 정도 적온을 유지해야 하나 12~15°C에서도 발아가 잘 된다. 겨울재배 시는 파종 후 처음 10~14일까지는 주간온도를 12~14°C로 유지시키고 이 후에는 맑은 날은 낮 16~18°C, 밤 6~8°C를 목표로 하고 흐린 날은 낮 10~12°C, 밤 4~6°C를 목표로 한다. 결구가 잘 되기 위해서도 겨울에는 16°C 이상 온도를 올릴 필요가 없다. 상추는 고온에 의해 추대가 이루어지는데 적산온도(매일 오전 10시 온도의 합)가 1,400~1,700°C면 꽃눈이 분화되며 분화 후 15~30일이면 추대한다. 즉, 완전히 결구가 이루어지지 않고서 화아분화가 이루어지면 속이 차지 않은 결구 불량을 일으키고, 결구가 잘 이루어진 포기라도 내부에서 꽃대가 자라면 구가 갈라지는 열구현상이 발생하여 상품성이 없어진다.

광의 요구도는 토마토와 비슷할 정도로 많다. 충분한 광이 부여되어야만 결구가 잘 이루어지고 수량이 증가한다.

광조건이 3,000Lux 이상 되어야만 하우스 내의 CO_2 시비는 효과가 있으므로 광조건과 CO_2 시비와도 상관이 크다. 상추는 앞 서의 온도조건과 장일조건이 되면 추대가 이루어지므로 품종 선택과 재배 기간에 유념해야 한다. 유묘기에는 일장에 크게 반응치 않아 건전한 모의 육성을 위해 오후 4시부터 새벽 4시까지 12시간 광을 제공하는 것이 필요하며 결과적으로 수량도 증가한다. 반대로 여름철 육묘(7월 23일 파종) 시는 8시간 단일처리를 46일간 해주면 꽃눈의 분화가 정식 시까지 이루어지지 않아 상품화율에 별 지장이 없다.

(3) 품종

상추에는 다음 4가지 변종이 있으며, 결구상추는 이 가운데 속한다.

Lactucs sativa L. var. *angustana*: 아스파라거스상추(asparagus lettuce)
var. *capitata*: 결구상추(head lettuce)
var. *crispa*: 잎상추(leaf lettuce)
var. *longifolia*: 코스상추(Cos lettuce)

아스파라거스상추는 줄기 상추로 아시아와 중국에서 재배한다. 잎상추는 우리가 먹는 상추이다. 코스상추는 그리스 Cos섬에서 유래되었고 로마사람들이 많이 먹어 로메인(Romaine)이라 하며, 샐러드는 Caesar salad라 부른다. 결구상추는 잎의 결각이 있는 크리스프 헤드(crisp head type, iceberg라고도 부름)와 결각이 없는 반결구종 버터 헤드(butter head type, Boston type)로 나누며(그림 2.2), 주먹 크기의 리틀 젬(Little Gem)이 있다. 재배조건에 맞는 품종을 골라 재배한다.

① 크리스프 헤드형: 'Great Lakes'(600~700g), 'Stage Coach'(잎끝마름 강함), 'Tropica'(내서성), 'Monterrey'(잎끝마름 강함), 'Iceberg'(속이 백색)

② 버터 헤드형: 'All Year Round'(만추대성), 'Buttercrunch'(내서성), 'Raffian'(수경용), 'Lucan'(만추대성, 잎끝마름에 강함), 'Red Cross'(흰가루 내성), 'Burgundy Boston'(적색종), Teodore'(겨울재배, 적색종)

③ 리틀젬(Little Gem): 'Aganda'(녹색), 'Jerte RZ'(동계재배, 녹색), 'Rosaline RZ'(4계절용, 적색), 'Mararine'(봄, 가을용, 적색), 'Breen'(청동적색, 45일),

그림 2.2 크리스프 헤드형(좌)과 버터 헤드형(우)

(4) 재배 관리

작형: 작형은 봄재배(1~2월 파종, 3~4월 정식, 5~6월 수확), 고랭지재배(5~6월 파종, 6~7월 정식, 7~8월 수확), 가을재배(7~8월 파종, 8~9월초 정식, 9~10월 수확), 겨울재배(9~10월 파종, 11월중 정식, 2~4월 수확)형으로 나눈다. 재배지역의 여건에 맞게 노지,

비가림, 온실 재배를 한다.

재배: 봄재배에서는 육묘 시 보온에 유의하며, 가을재배용으로 여름에 파종할 때는 고온에 의해 발아가 되지 않으므로 1시간 정도 물에 담가 둔 종자를 젖은 헝겊에 싸서 냉장고에 넣어 싹틔우기를 실시한 후 파종한다. 고온기 육묘는 한랭사로 차광해 지온 상승을 막고 진딧물을 방제하여 바이러스 감염을 방지하는 것이 재배 요령이다. 한여름의 수확은 고랭지 재배에서만 가능하며, 한겨울의 수확을 위해서는 보온을 해야 하므로 난방비 등을 고려하였을 때 남부 해안 지방의 무가온 하우스 재배가 알맞다. 앞으로 국내 수경재배가 더욱 발전하면 식물공장 등에서 코스상추, 버터헤드형 상추는 연중재배가 이루어지리라 본다.

육묘: 주로 플러그 트레이를 이용해서 육묘한다. 육묘용 배지를 채운 128공 또는 200공 플러그에 파종하는 방법이 있는데 자동 파종기를 이용하면 빠르다. 지역에 따라서는 육묘장에서 주문하여 재배하기도 한다.

육묘를 위해서는 필요한 종자량을 재배하고자 하는 면적과 재식 거리를 감안해서 계산을 한다. 결구상추는 30×30cm, 겨울철 재배나 반결구상추는 25×25cm로 심는다면, 결구상추는 평균 $1m^2$에 9포기, 반결구는 16포기가 필요하다. 그러면 $1,000m^2$(10a)에는 각각 9,000포기 및 16,000포기가 필요하다. 보식을 고려하여 5~10%의 모종이 남게끔 육묘해야 하므로 실제 필요한 개체 수는 결구상추는 약 10,000포기, 겨울철 재배나 반결구상추는 약 17,000포기가 필요하다. 다음은 필요한 종자량을 산출해야 한다. 상추 종자의 천립중은 약 0.8~1.2kg이나 평균 1g이라 하면 10,000포기 기르는 데 약 10g의 종자가 소모되며, 17,000포기를 위해서는 약 17g의 종자가 필요하다. 그러나 종자를 실제 포장에 파종하면 발아율이 낮고 이식을 하는 과정에서 품종 고유의 튼튼한 것을 고르다 보면 실제 파종량은 계산한 것의 1.5배를 뿌려주면 충분하므로 묘상에는 실제로 15g 또는 26g 정도를 준비하면 된다. 그러나 우리나라의 경우는 종자를 종종 ml 단위로 사용하므로 이것을 다시 ml로 환산한다, 상추 종자는 1L 무게를 평균 450g(440~480g)으로 계산하면 15g은 약 33ml 그리고 26g은 약 58ml에 해당한다. 그러므로 30×30cm로 정식하기 위해서는 약 33ml의 종자를 준비하며 25×25cm로 심기 위해서는 58ml를 준비한다. 심는 거리가 품종에 따라 재배 시기에 따라 달라지더라도 이와 같은 방법에 따라 계산하면 정확한 파종량을 산출할 수 있다.

파종시기는 육묘기간을 고려하여 실시하는데 겨울철에는 기간이 50~60일 걸리며 초봄에는 45일, 그리고 늦봄에는 약 25일이 필요하므로 본 밭에 정식일을 역산하여 파종한다. 파종 시에는 얕게 파종하여 충분히 물주기한 후에 15~25°C로 관리한다. 그러면 6~8일이면 싹이 나며 그 후는 온도를 낮추어서 20°C 이하로 관리하며 낮 동안 온실의 온도가 20°C 이상 되면 환기를 해주어야 한다. 잎이 4~5매 정도가 되면 밭에 정식을 한다. 플러그 트레이를 사용한 육묘는 후기에 비료가 부족해 생장이 멈추는 비절현상(肥切現象)이 나타나는 수가 있으므로 그때는 한 차례 물비료(질소 수준 300ppm)를 주면서 육묘한다.

정식: 외줄과 여러 줄을 심는 법이 있다. 외줄로 심는 법은 노지재배나 고온기 재배 또는 고랭지에서 많이 적용되며 통풍이 잘되고 작업이 쉽다. 이랑을 만들면서 비닐 멀칭을 하고 식물 간격을 25~30cm로 외줄로 심는다. 여러 줄 심는 법은 노지나 시설 내에 적용법으로 1.2m 이랑에 비닐 멀칭을 하고 4줄로 30×30cm에서 25×30cm로 심는다. 버터 헤드형의 경우에 수확할 때 결구중(結球重)을 440~450g되는 상추를 목표로 하면 11/m^2 주를 넘지 않게 심는다. 만약 500g을 목표로 하면 10주/m^2를 이하로 재식밀도를 조절한다. 그러나 노지에서는 심은 후에 추우면 부직포도 덮고 보온도 해야 하므로 8주/m^2로 심는다. 크리스프 헤드형은 큰 품종은 6~7주/m^2, 중간 크기는 9~10주/m^2를 기준으로 한다. 리틀 잼은 25×25cm로 좁게 심는다.

정식 후의 관리는 하우스 내에서는 온도조절이, 노지에서는 물주기가 중요하다. 재배 기간에 충분한 물주기는 결구상추를 부드럽게 하고 쓴맛을 적게 한다. 그러나 과다하면 과습으로 썩게 되므로 유의한다. 처음 뿌리가 내릴 때까지는 환기하지 않고 밀폐하여 관리하지만, 뿌리가 내리면 하우스 내의 온도는 20°C가 넘지 않게 관리하며 야간에는 5~8°C를 유지하는데 최하 3°C 이상 유지한다. 봄철의 터널재배에서는 온도가 낮 동안 쉽게 25°C 이상이 되므로 넘지 않게 조절하고, 결구기에는 20°C가 넘으면 환기한다. 터널의 비닐을 벗기는 시기는 4월 초중순에도 가능한데 갑자기 벗기지 말고 흐린 날이나 오후 늦게 몇 시간씩 터널을 개방하여 태양에 4~5일 순화를 시킨 후에 완전히 벗겨야 한다. 그렇지 않으면 태양열에 의해 그을음[일소] 현상이 일어나 잎 가장자리가 타서 생육 억제와 함께 상품성을 저하한다. 순화된 후 터널을 제거했는데 야간에 온도가 갑자기 내려가면 부직포를 덮어 보온을 해주는 것이 좋다.

정식이 이루어진 후 일단 뿌리가 내리고 새잎이 자라면 2주일 후에 덧거름을 준다. 물론 계절이나 재배법에 따른 생육의 상태를 봐서 덧거름의 시기는 더 늦게 실시할 수도 있으며, 이때 김매기도 한다. 노지서 멀칭을 하지 않으면 정식 전에 제초제를 뿌리는 것이 기본이지만, 친환경재배가 늘어가면서 제초제를 사용하지 않는 경우가 많다. 이 경우에는 사람 손으로 중경, 제초한다. 기타 병충해의 발생에 세심한 관찰과 방제가 필요하다.

하우스 내 결구상추가 자라는 데 알맞은 CO_2의 농도는 0.2%(공기 중 CO_2 농도 0.03%의 7배)가 알맞다. 네덜란드에서는 CO_2 시비를 함으로써 상추의 수량을 25% 증가시켰고 품질이 좋고 병해도 적었으며, 수확기도 1주일 단축했다고 한다. CO_2 시비는 날씨가 좋은 날(4,000Lux 이상)은 8시간 실시하고 흐린 날(4,000Lux)은 오전만 4시간, 아주 흐린 날(2,500Lux 이하)은 제공할 필요가 없다. 탄산가스를 시비하는 시기는 결구상추 잎 수가 증가하여 결구를 시작하기 위해 일부 잎이 오글거릴 때부터 실시하며, 너무 어릴 때의 처리는 효과가 없다.

관수: 결구상추의 물 흡수량은 재배기간의 장단에 달려 있으나 120L/m^2가 전 생육기간에 필요하다. 그러나 가을이나 겨울재배 때는 다소 적게 필요하다. 일반적으로 결구되기 전까지는 다소 건조하게 토양습도를 포장 요수량의 65%까지 유지시키지만, 결구가 시작되면서부터는 75% 정도를 유지해 결구가 잘 이루어지도록 한다. 관수는 일주일에 2회 정도 실시하는 것이 좋은데 전체 양은 10mm가 알맞다. 관수를 하지 않으면 잎이 굳고 쓴맛을 내는 성분이 높아 품질이 나쁘게 된다.

하우스 내의 공중습도는 대체로 70% 정도를 유지해 줘야 하며 그보다 높으면 썩음병 등의 발생이 많고, 하우스 내의 온도가 오르면서 공중습도가 낮아져 증산이 가속적으로 진행되어 시드는 경우가 많으므로 습도조절에 유의한다.

시비: 결구상추의 생체수량 증가를 보면 정식 후 30일까지는 m^2당 생체 중의 증가가 0.8kg이나 그 이후부터 50일까지 20일간 약 3kg/m^2이 늘어난다. 이것은 m^2당 매주 거의 1kg씩 생체중이 증가하는 것을 뜻하므로 생육 후기에 가서 충분한 시비가 요구된다. 결구상추의 양분흡수 양상은 보면 정식 후 4~6주 내외에 모든 양분이 흡수되므로 이 시기에 흡수가 잘되게 시비한다.

양분이 생육 후반기까지 계속 필요하므로 생육의 상태를 보아가며 이 기간에 물비료를 주는 것도 좋다. 관비 농도는 N 100ppm, P 150~200ppm, K 200ppm, Mg 100ppm 정도가 알맞으며 잎에 직접 닿지 않게 공급하면 좋다. 특히 사질계 저위 생산지나 사토재배에서 양액을 이용한 관비 농법은 결구상추의 수량 증대에 효과가 있다.

결구상추의 추천 시비량은 10a당 성분량으로 질소 20~24kg, 인산 15~18kg, 칼리 18~24kg이다. 시비할 때에 제시한 양의 앞쪽 분량(예 질소 20kg, 인산 15kg, 칼리 18kg)을 온실재배에 시비하고 뒤쪽은 노지재배에 적용한다. 온실에서 노지보다 작게 시비하는 것은 과채류의 후작으로 상추를 동계 간에 재배하는 경우에는 토양 내의 잔존 양분을 고려함과 아울러 강우 등에 의한 유실이 없기 때문이다. 퇴비는 10a당 2톤, 석회 150~200kg을 밑거름으로 준다. 결구상추는 염에 민감하나 칼슘 부족에 의한 잎끝마름 등의 예방을 위하여 고온기 염화칼리의 엽면살포를 실시하여도 상관없다.

병충해: 결구상추는 샐러드로 이용되므로 농약살포를 줄이고 경종적으로 발병 요인을 없애서 건전하게 재배한다. 그래서 내병성이 강한 품종을 심고, 과습을 피하며 질소비료보다는 칼리, 인산, 고토석회나 규산질 비료 등을 충분히 시비해 병에 견딤성이 강하게 기른다. 기타 돌려짓기 등을 하면서 병을 회피한다. 이와 같은 경종적 대책에도 불구하고 발병하면 다음 **표 2.1**을 참고하여 병명을 알고 방제를 한다.

① 갈색반점병(*Cercospora longissima*): 봄철에 육묘할 때 후기 또는 정식 초기에 아랫잎에 주로 발생하며 잎 가장자리에 작은 갈색의 수침상의 병반이 생기고 커져서 암갈색의 병반이 생긴다. 다코닐수화제 600배를 살포한다.

표 2.1 결구상추에 나타나는 주요 병 진단법

출현 부위	특징적 증상	병증과 병명
잎	다각형으로 부정형반점 작은 흑색점이 없음	① 병반은 암갈색으로 원형의 반점이 생기며 중앙에 담갈색의 윤문(輪紋)이 생김 … 갈색반점병[褐斑病] ② 부정형의 회갈색, 담갈색 반점이 생기며 작은 흑색점이 생김 … 점무늬병[斑點病] ③ 부정형의 담갈색 반점이 생기며 잎의 뒷면에 흰곰팡이가 생김 … 노균병(露菌病) ④ 잎가장자리 근처에 부정형의 다각형, 반투명 반점이 생김 … 세균성 점무늬명[斑點細菌病]
식물 전체		⑤ 엽병, 잎가장자리, 잎이 콜타르처럼 검게 변하면 썩는데 결구기에 많음 … 썩음병[腐敗病] ⑥ 식물 전체가 시들면서 흰비단 같은 물질을 낸 후 많은 균핵을 형성함 … 균핵병(菌核病) ⑦ 상추의 밑둥이 물러지면서 병환 부위에 회색 곰팡이가 생김 … 잿빛곰팡이병[灰色黴病] ⑧ 식물 전체가 생기가 없고 상추의 속이 부패하면서 텅비고 고약한 냄새를 풍김 … 무름병[軟腐病]

② 점무늬병(*Septoria lactucae*): 겨울철 육묘(11~12월) 말기나 하우스 내에서 잎에 회갈색의 병반이 발생하고 점차 커지면 검은색의 작은 입자같은 것이 생기는데 다코닐수화제 600배를 뿌려 방제한다.

③ 노균병(*Bremia lactucae*): 온도가 8~15°C로 낮고 습도가 높을 때 많이 나타나는 병이다. 잎의 표면에 담황색의 불규칙한 병반이 발생하여 점점 커지면서 암갈색으로 변하고 잎의 뒷면에 흰곰팡이가 생긴다. 방제법은 육묘 때부터 습하지 않게 관리하고 멀칭 재배를 하면서 관수는 투인 튜브(twin tube)를 플라스틱 비닐 아래 설치한다, 육묘 초기부터 지네브 수화제 400배, 다코닐수화제 600배액을 뿌려 미리 방제해 준다.

④ 세균성 점무늬병(*Xanthomonas campestris* pv. *vitians*): 가을재배의 끝이나 고랭지의 수확기, 이른 봄, 또는 기온이 높아도 발생이 많다. 잎 가장자리에 옅은 흑갈색의 부정형 병반이 생기는데 동수화제를 뿌려 방제한다.

⑤ 썩음병(*Pseudomonas* spp): 고랭지에서는 8~9월에, 평지에서는 겨울과 봄에 하우스 또는 터널재배에서 많이 발생한다. 잎의 아랫부분 2~3잎이 부패되는데 악취가 없고 결구 내측으로 깊이 썩어 들어가지는 않는다. 동수화제(동 함량이 50% 이상이면 500배, 54%제제는 1,000배액)를 탄산칼슘 100~200배액을 혼합 살포한다.

⑥ 균핵병(*Sclerotinia sclerotiorum*): 식물체의 아랫부분 엽병에 수침상의 갈색병반이 발생하면서 병반부에 하얀색 곰팡이가 생기고 이것이 굳어져서 쥐의 오줌색과 유사한 검은 균핵을 형성한다. 멀칭을 하여 병 피해를 줄이고 저온다

습하지 않게 한다. 방제를 위해서는 결구하기 15~20일 전에 벤레이트수화제 2,000배, 톱신 M 수화제 1,500배 등을 뿌려준다.

⑦ 잿빛곰팡이병(*Botrytis cinerea*): 겨울과 봄에 터널이나 하우스에서 많이 발생한다. 땅에 접한 가장 아래 잎의 엽병이나 잎의 표면에 회색곰팡이가 나온다. 줄기의 아래에 침입하면 지상부 전체가 마른다. 균핵병과 유사한 병증을 보이며 겨울 동상해 받는 곳의 피해가 높다. 균핵병과 같이 방제한다.

⑧ 무름병(*Erwinia carotovora*): 11~12월에 수확한 상추에 중요한 병해로 잎과 잎자루가 물러지며 냄새가 난다. 비가 많고 습할 때 발생이 많다. 해충 방제에 힘쓰고 중경, 제초 시 식물에 상처가 나지 않게 한다. 동수화제를 뿌려서 방제하고 터널에서는 동상해를 입지 않게 한다.

⑨ 상추모자이크병: 결구상추의 모자이크병은 상당히 많이 나타난다. 병원은 진딧물, 또는 온실가루이에 의해 전파되는데 가끔은 감염된 식물에서 생긴 종자로 전염이 되기도 한다. 미국의 경우에 버터 헤드형 상추(품종 Bibb)는 지역에 따라 0.2~14.2%가 감염되는데 평균 7.9%가 종자로 전염된다. 품종에 따라 종자감염은 차이가 있어서 어떤 종류(Vanguard)는 3.2%인데 비해 다른 품종(Cheshunt Early Giant)은 종자전염이 안 된다(Ryder, 1976). 종자전염이 된 바이러스 감염식물은 본 잎이 3~4매될 때부터 골라내서 제거한다. 내병성 품종 선택, 종자 소독, 진딧물 방제를 통하여 철저히 방제한다.

⑩ 잎끝마름병[葉燒病, Tip burn]: 팁번이라고도 하며 생리적인 병으로 잎의 끝이나 가장자리가 처음은 갈색으로 변하고 이어서 타들어 가듯이 흑색으로 마른다. 이 현상은 상추뿐 아니라 양배추, 셀러리에도 나타나며, 토마토 배꼽썩음병, 방울다다기양배추의 속썩음병과 같다. 이것은 칼슘 부족이 원인으로 과다한 햇빛도 잎끝마름병을 유도한다. 잎끝마름병은 습도변화(증산량 증가, 과다한 토양수분, 낮은 토양수분), 높은 온도, 높은 광도, 높은 양분 함량(엽 내 N, Mg의 고농도) 그리고 왕성한 생장률에 영향을 받는다. 붕소 결핍 시에서도 나타난다. 방제로는 저항성 강한 품종을 선택하여 재배하고 Ca 엽면 살포한다. Ca 엽면 살포를 위해서는 $Ca(NO_3)$나 $CaCl_2$ 0.3% 액을 결구 초기부터 2~3회 뿌려준다. 붕사(1kg/10a)와 석회를 밑거름으로 충분히 뿌려주고 관리할 때는 과다한 토양수분의 변화가 일어나지 않게 한다. 특히 건조에 주의한다.

충해: 충해는 노지에는 진딧물의 피해, 온실에서는 온실가루이가 많은데 허용된 약제를 골라 발생 초기에 살포한다. 수확일 전에 뿌리며 최소한 7~10일이 지나서 수확한다.

수확: 알맞은 시기는 품종에 따라 다르나 겨울재배는 정식 후 3개월, 봄재배는 2개월, 여름재배는 1개월이 지나 수확한다. 보통 1회에 전부 수확하는 것이 아니라

결구 정도에 따라 3회 정도 나누어 수확한다. 수확한 상추는 분류하여 비닐 자루에 각각 낱개 포장하거나 종이상자에 담아서 출하한다. 장거리 수송을 할 때는 식물의 온도가 낮은 새벽에 수확하는 것이 좋다.

저장: 상온에서 습도가 75~85%인 경우는 크리스프 헤드형은 2~3일 이상 저장이 어렵다. 그러나 0°C, 95% 습도에서는 1~2주일 정도 저장이 가능하다. 동일 온도에서 98~100% 습도를 주면 2~3주간 저장이 가능하다(Kays and Paull, 2004). 냉장고에서는 무포장의 경우에 4~5일, 랩이나 비닐포장을 하면 7~10일간 저장이 가능하다. CA 저장에서 CO_2 5%, 산소 1~2%까지 낮추고 온도를 0°C로 유지하여 2~3주간 저장한다. 버터 헤드는 엽면적이 넓어서 크리스프 헤드형보다 저장기간이 짧다.

(5) 이용 및 기능성

이용: 결구상추는 주로 샐러드로 많이 이용되지만 버터 헤드형, 코스상추는 쌈용으로 인기가 있다. 리틀젬은 잎이 작고 두꺼워서 간단히 고추장과 식초로 겉절이를 만들면 아삭거려 맛이 있다.

기능성: 상추의 쓴맛의 주성분은 락투신(lactucin, lactucerin, lactucic acid)으로 일종의 알칼로이드로서 아편(opium)과 같은 성질이 있어 최면, 진통 효과가 있다. 이와 같은 쓴맛 성분을 구성하는 성분은 열거한 3가지 이외 커피산, 클로로겐산 등이 포함되는데 수면 촉진과 입맛을 좋게 한다. 그러므로 여름날 꽃대가 오른 상추를 먹으면 졸립다. 이는 추대하는 상추에 이 성분이 높기 때문이다. 결구상추는 일반 잎상추보다 쓴맛이 낮고 물이 많다.

상추는 100g당 12kcal 정도로 매우 낮은 열량이 나오기 때문에 다이어트 채소로 좋다. 비타민 C는 낮지만 비타민 A는 성인의 하루 필요량의 절반 정도가 들어있다.

민간요법으로는 불면증, 황달, 빈혈, 신경과민 등에 날것으로 먹으면 좋다고 한다. 서양에서는 종자를 사용하면 요통, 진통 억제와 최유효과가 있으며, 잎은 위장 내 가스 억제, 해독, 변통, 갈증해소 효과가 있어서 즐겨 먹는다.

2.3 꽃양배추(콜리플라워)

학명: *Brassica oleracea* L. var. *botrytis*
(영): cauliflower **(독):** Blumenkohl **(불):** Chou-fluer

(1) 원산지 및 재배 내력

원산지는 지중해 연안이다. 야생 양배추에서 선발한 콜리플라워는 꽃양배추라고 부르는데 우리나라에서는 가을에 관상용으로 쓰이는 화훼용 꽃양배추와 혼용해서 쓰인다. 그리스 로마 시대때부터 이용했는데 당시는 cyma라고 했으며 취산화서(cyme)의 동의어다. 처음 기록은 아랍인들이 12~13세기에 Cyprus에서 가져왔다고 했다. 16세기 제노아를 거쳐서 프랑스로 들어갔으며 이후 영국에 전파되었다. 오늘날의 꽃양배추는 18세기 영국에서 개량을 통해 출현하였다. 영국에서 인도 등 동양으로 전파되었으며 현재는 중국에서도 많이 재배된다. 중국이 세계에서 가장 많이 생산하고 다음이 인도이다. 한국에는 1970년대에 수입된 것으로 추측된다. 2016년 현재 약 60ha 내외를 재배하며 면적은 증가가 예상된다. 학명의 *Brassica*은 그리스어 bressic양배추를 뜻하고, *oleracea*는 식용, *botrytis*는 포도 열매를 의미한다.

(2) 식물적인 특성

꽃양배추는 온대성 채소로서 15~20°C에서 잘 자라며 20°C가 넘으면 생육이 나쁘다. 일시적으로는 -4°C까지 견디는 2년생 식물이다. 식물은 높이 0.5m, 폭 1m 정도로 자라고 잎은 양배추의 작은 잎과 같은데 다소 좁고 폭은 약 20~30cm, 길이는 50cm이다. 잎색은 녹색 또는 녹회색이며, 꽃은 겨울을 넘기고 봄에 피는데 황색이며 꽃잎은 4개이다. 타가수정을 하며 씨앗의 크기는 1.0~2.0mm이고 색깔은 갈색이다. 천립중은 2.5~3.5g이며 발아력은 4~5년 가진다. 발아에 알맞은 온도는 20~30°C 변온 또는 20°C 정온이다. 발아 기간은 5~10일 걸린다. 식물이 어느 정도 자라면 화아분화가 이루어져 중앙에 흰 화구(花球)가 생기는데 감응하는 시기는 품종에 따라 다르다. 조생종은 본 잎이 3~4매, 여름재배나 중생종은 6~8매, 그리고 만생종은 12잎 단계에서 꽃눈이 분화되어서 화구(curd)가 생긴다. 이 시기에 충분한 저온을 접하지 않으면 화구가 형성되지 않은 포기가 늘어나는데 이를 블라인드(blind, 盲芽)라고 한다. 화아분화 온도와 줄기 굵기는 조생종은 17~18°C(최소 줄기직경: 5mm), 중생종 13~14°C(7~8mm), 만생종은 9~10°C(10mm) 정도가 되는데 육묘기간에 저온에 접하게 되어 고온육묘를 과하게만 하지 않으면 잘 분화된다. 화구의 크기는 미니종은 10cm 정도 되고 일반종은 15~25cm로 품종에 따라 다르다. 보통 조생종은 매우 작고 만생종은 크다. 화구 색깔은 흰색, 주황색, 녹색, 자색 등으로 다양한데 작은 돌기가 탑처럼 생기는 녹색 품종 Romanesco도 있다(그림 2.3).

(3) 품종

품종은 화구의 색에 따라 흰색, 주황색, 녹색(보통종과 소화가 탑처럼 솟는 로마네스코로 구분), 자색종으로 분류하거나 재배기간에 따라 조(55~65일), 중(66~75일), 만생종(75~90일)으로 나눈다. 실제 재배에서는 백색 품종이 가장 많으며 구의 크기, 재배 기간 및 내병성을 고려하여 품종을 선택해야 한다.

① 백색종: 'Snow Ball'(구경 15cm, 68일), 'Snow Crown'(구경 18~20cm, 55일, 흰가

그림 2.3 꽃양배추(좌: 백색종, 우: 녹색 로마네스코)

루 내성), ‘White Corona’(구경 7.5~10cm, 극조생, 30일)

② 녹색종: ‘Alverda’(둥근 구, 80~100일), ‘Vitaverde’(둥근 구, 71일), ‘Minaret’(로마네스코형, 만생종), ‘Veronica’(로마네스코형, 78일)

③ 보라색: ‘Violet Queen’(온난지 선호, 65~70일), ‘Violet Sicilian’(75일)

④ 주황색: ‘Cheddar’(58일), ‘Orange Bouquet’, ‘Orange Burst’, ‘Graffi’

(4) 재배 관리

작형: 봄재배(1~2월 파종, 3~4월 정식, 5~6월 수확), 고랭지재배(3~4월 파종, 5~6월 정식, 9~10월 수확), 여름재배(7월 파종, 8월 정식, 11월 수확), 가을재배(8월 파종, 9월 정식, 12~1월 수확) 등의 작형이 있는데 지역과 재배시설을 고려하여 작부체계를 선택한다.

재배: 자가 육묘법은 플러그 트레이(128공)를 준비하고 3월말에 파종해서 잎이 4~5매가 될 때까지 육묘 후 4월 중하순에 심는다. 재식거리는 봄재배는 50×50cm(3,300~4,000주/10a), 여름이나 가을재배는 60×55, 75×50cm(2,700~3,000주/10a)로 한다. 최근에 인기 있는 극조생 미니 품종은 35×35, 35×40cm(7,100~8,100주/10a)로 심는다. 외줄 재배는 이랑 폭을 70~80cm 두 줄 재배는 120cm로 하여 비닐 멀칭을 하고 정식한다. 수확기가 되면 중심에 화구가 생기는데 주변 큰 잎을 안쪽으로 구부리면서 중늑(잎의 중앙 부위 흰부분)을 살짝 부러트리고 다른 부위 잎은 붙어 있게 하여 화구에 햇빛이 닿지 않게 덮어준다. 품종에 따라서는 잎이 자동으로 약간 덮이는 자가연백(self blanching)을 하는 것도 있다.

물주기는 건조기에는 2~3일 한 번 주는데 봄과 가을 재배는 100~150mm, 여름재배는 120~200mm를 재배하는 동안 실시한다. 충분한 관수를 하지 않으면 화구가 작아서 상품성이 떨어진다. 봄재배에서 노지에 일찍 정식하여 재배하거나, 제주지역이나 남해안 도서지역 등에서 늦가을이나 1월에 수확해야 할 품종은 부직포를 덮어서 보온하는데 부직포 규격은 21~23g/m^2을 사용한다. 봄, 가을 보온을 할 필요가 있을 때는 보통 1중으로 하고 기온이 내려가면 2중으로 덮어준다.

시비는 10a당 퇴비 2톤, 석회 100kg, 붕사 1kg을 밑거름으로 공급한다. 질소 : 인산 : 칼리는 25 : 20 : 25kg을 기본으로 하여 시비하고 멀칭을 하며, 생육을 보아가면서 덧거름으로 질소와 칼리 각 5kg 정도를 1~2회 나누어서 준다. 생리장애가 많이 나타나므로 붕소 등이 포함된 미량원소 비료를 심기 전에 충분히 뿌려주는 것이 매우 중요하다.

병해로는 뿌리에 혹이 생기는 무사마귀병이 생기면 폐농해야 하므로 양배추나 배추를 재배할 때 이미 무사마귀병이 나타난 곳에서는 3~4년 지나서 재배한다. 무사마귀병은 습한 논 토양이나 산성토에서 많이 발생하므로 석회를 충분히 뿌려 중성토를 만들어서 정식하는 것이 중요하며 발생이 심한 지역에서는 3년 윤작을 하고 반드시 내병성 품종을 골라서 재배하도록 한다. 기타 기온이 낮은 시기에 발생하는 노균병(지네브 살포), 고온기에 발생하는 검은무늬병(폴리옥신 살포), 봄가을에 발생하는 균핵병(톱신 M 살포) 등은 사전에 약제를 살포하여 방지한다. 충해로는 배추흰나비 애벌레, 진딧물 등의 피해가 나타나므로 초기에 방제한다.

생리장해: 칼슘과 붕소의 부족이나 흡수 장해에 따른 화구의 갈색속썩음병, 몰리브덴 부족에 의해 잎이 여우 꼬리처럼 변하는 편상엽(whip tail) 등이 나타나는데 적정 수분 관리와 붕소 및 몰리브덴의 정식 전 충분한 시비가 필요하다. 자가 육묘시에 너무 온도를 낮게 하면 어린 식물에서 꽃봉오리가 일찍 생기는 버튼닝(buttoning) 현상이 나타나므로 이른 봄 육묘는 온도 관리를 잘 해야 한다. 라이시 현상(ricey, 밥풀 현상)은 표면이 고르지 않고 쌀알처럼 입화(粒化)하는 현상인데 화구의 비대 발육시에 저온에 접할 때 나타나며, 조기 재배나 고랭지의 이상 저온일 때, 가끔 나타난다. 화구 사이에 작은 잎이 생겨나서 상품성을 떨어뜨리는데 이를 리피(leafy, 葉化) 현상이라 하며, 이는 꽃봉오리가 자라는 동안 이상 기온으로 인해 고온이 계속되면 잎이 가운데서 자라 나오기 때문이다. 수확기에 백색 화구가 일부분 보라색으로 변화하여 상품성이 떨어지는데 이는 안토시안이 형성되기 때문으로 수확기에 갑작스런 고온에 의해 나타나는 현상이다. 변색이 되지 않은 품종을 골라서 심는다. 수확한 화구의 색이 약간 회색이 되면서 이상한 냄새가 나는 것은 서리나 저장 중에 저온 피해로 인하여 화구가 부패한 것으로 출하 시에 구분하여야 한다.

수확: 조생종은 심은 후에 50일, 중생종은 70일, 만생종은 90일 쯤 되어 화구 직경이 품종의 특성에 맞은 15~20cm 정도로 품종 고유의 크기가 되면 수확한다. 화구를 싸고 있는 잎을 약간 붙여서 수확하면 유통 시에 상처도 적고 저장 기간이 길어져서 좋다. 물론 소비자는 잎이 붙지 않고 화구만 포장된 것을 선호하기도 한다. 미국에서는 각각의 화구를 비닐 포장을 하여 상자에 담아 냉장처리한 후에 저장이나 운송을 한다. 가정원예에서는 화구를 수확한 후 남은 주변의 부드러운 잎은 말려서 시래기로 사용해도 좋다.

저장: 상온에서 2~3일 이상 지나면 색이 변하므로 가능하면 빨리 식용하거나 판매한다. 특히 에틸렌에 민감해서 사과 등 과수류와 같이 수송하면 변색이 아주 빨리 나타나므로 주의한다. 저장용은 반드시 4~6매의 잎이 어느 정도 길이로 싸고 있게 수확하여 개별 비닐 포장을 한다. 단기저장(5일)은 4~5°C로 하고, 장기저장(2~3주)은 -0.5~0°C, 공중습도 95~98%를 유지한다. CA 저장은 1°C, 98% 공중습도, CO_2 2.5~3.0%, O_2 3%를 유지하면 8~9주간 저장이 된다. 그러나 실제로 상업적 생산에서는 의미가 없다.

(5) 이용 및 기능성

이용: 꽃양배추는 생것을 샐러드로 이용하거나 익혀서 먹는다. 너무 푹 익히면 비타민 C 같은 영양소가 파괴되므로 살짝만 데쳐서 샐러드로 이용하며 죽으로 조리해서 회복식으로 이용하기도 한다.

기능성: 다른 양배추처럼 인돌류(indole)가 들어있어 항암작용이 있다. 특히 존스홉킨스 의과대학에서 분리에 성공해낸 브로콜리의 설포라판(sulforaphane)이 꽃양배추에도 들어있는데 항산화와 체내에서 자연적으로 발생하는 독성을 해독하며 직장암 예방에 좋다. 다이어트에 매우 좋은 채소로 100g당 열량이 25kcal에 불과하다. 비타민류와 식이 섬유가 풍부해 피부미용, 변비 등에 있어서 좋은 효능을 볼 수 있다. 스트레스로 체내에 열이 쌓여 구취가 심할 때나 몸이 붓고 소변이 시원치 못할 때 도움이 된다. 칼로리가 낮아 다이어트에도 좋다. 피를 맑게 하며, 강장, 이질, 부종 예방 등에도 효과가 있다.

2.4 그린 빈(채두)

학명: *Phaseolus vulgaris* L.

(영): green bean, snap bean **(독):** Buschbohne, Stangenbohne **(불):** Haricot nain, Haricot a rames

(1) 원산지 및 재배 내력

그린 빈(green bean)은 완숙되지 않은 채소용 강낭콩을 칭하며, 우리는 채두(菜豆)라고 표현한다. 강낭콩(common bean, French bean)은 꼬투리, 청실, 종실 모두를 포함하여 이용하는 콩을 의미한다. 여기서는 그린 빈, 즉 채소용 강낭콩의 재배에 대하여 언급한다.

강낭콩의 원산지는 중앙아메리카의 열대 또는 아열대로 추정된다, 멕시코에서는 B.C. 5000년경부터 재배되었다. 야생종인 *Phaseolus arborigeus*를 독자적으로 순화해서 12~16세기 경에 멕시코의 고원에 군림한 Aztecs 왕궁에서는 많은 양의 강낭콩을 거둬 들였다고 한다. 콜럼버스가 신대륙에 도달한 3주 후에 강낭콩을 발견하였고, 포르투갈인들에 의해 유럽에 전파되어 재배하게 되었다. 국내에서는 주로 종자용 생산을 했으며, 그린 빈 재배는 최근부터이다.

학명인 *Phaseolus*는 그리스어로 작은 배를 뜻하는 phaseolos에서 연유됐는데 이는 강낭콩의 모양을 지칭한 것이며 *vulgaris*는 보통의 의미를 가진다.

(2) 식물학적 특성

1년생 초본으로 초장이 1.2~3m에 달하는 덩굴성과 0.5m 이하인 왜성 또는 중간성이 있다. 잎은 줄기의 마디마다 생기며 3출 복엽(3出 複葉)이다. 잎과 줄기 사이 엽액에서 꽃대가 나오며 2개 또는 수 개의 꽃을 갖는다. 꽃의 색은 흰색, 보라색, 붉은색으로 다양하다. 꽃은 덩굴성이 80~200개, 왜성이 약 30~80개가 핀다. 자가수분을 하고 꼬투리를 형성하는 것은 60% 이하이다. 꼬투리의 길이는 10~20cm, 폭 1~2cm, 원통형 내지 편원형으로 완만하게 구부러져 있다. 어린 꼬투리는 녹색, 황색, 적색, 흑색, 혼합색 등 품종에 따라 다르나 그린 빈은 국내에서는 녹색이 많이 재배된다.

1kg의 종자는 품종에 따라 750~2,000립 정도이다. 일반적으로 100g의 종자는 왜성종은 150~600립, 덩굴성 품종은 100~500립이다. 천립중은 150~1,000g이며, 발아율은 종자의 저장 기간에 따라 차이가 있지만 50~100%이며, 7~14일의 발아 기간이 발아력을 3년간 지닌다.

노지에서는 토양 온도 9°C, 대기 온도 10~14°C일 때 7~14일의 발아 기간이 필요하다. 그러나 발아에 알맞은 온도는 20~30°C이며, 발아 기간은 10일 정도 걸린다. 30°C에서는 발아 기간이 6~7일로 단축된다. 생육 적온은 15~25°C이며, 5°C 이하에서는 생장이 정지되고 가벼운 서리에도 피해가 나타난다. 30°C 이상의 고온에서는 꽃눈의 발육이 정지되며 결실율이 낮고, 10°C 이하에서도 같은 양상을 보이는데 8°C 이하에서는 개화가 잘 이루어지지 않는다. 강낭콩은 단일식물로 취급하나 일장에 둔감한 품종이 많고 단일성 품종은 국한되어 있다.

(3) 품종

품종의 분류는 대체로 꼬투리용 그린 빈, 청과용 그리고 종실용으로 구분하며, 초장의 길고 짧음에 따라 왜성종, 중간종, 고성종으로 구분할 수 있다.

그린 빈은 유럽이나 미국에서 기계화 재배가 이루어지기 때문에 대부분 왜성종이다. 가정원예에서는 손으로 수확할 수 있으므로 고성종으로 덩굴성인 품종을 재배할 수 있다. 그린 빈은 꼬투리의 색이 녹색인 품종이 가장 많이 재배되고 황색, 백색, 잡색 그리고 최근에는 자색 등도 재배된다. 꼬투리의 모양이 둥근 것과 납작한 품종이 있는데 납작한 것은 이탈리아 그린 빈이다(그림 2.4). 신선 요리보다는 통조림, 냉동 그린 빈 등 가공 수요가 많아서 주로 녹색 품종과 일부 황색 품종이 재배된다. 국가별로 수많은 품종이 보급되어 전 세계적으로 130여 종의 품종이 등록되서 유통되는데 내병성이 강한 품종을 선택하여 재배한다.

그림 2.4 그린 빈(좌: 환형)과 이탈리아 그린 빈(우:납작한 형)

(4) 재배 관리

작형: 그린 빈의 재배 작형에는 촉성재배, 조숙재배, 노지재배, 고랭지재배, 억제재배가 있으나 우리나라에서는 주로 조숙 및 노지재배를 한다. 촉성재배(10~2월 파종, 1~6월 수확)는 하우스 내의 최저온도가 10°C 이상을 유지하도록 가온해야 하며 제주도와 남부해안 지대가 가능한데 주로 왜성을 이용한다. 조숙재배(2~4월 파종, 4~6월 수확)는 온실 내에 육묘하여 터널에 재배하는 형이며, 노지재배는 서리의 해가 없을 때인 4월에 파종하여 6~7월 장마 전까지 재배하는 형태이다. 취미원예가는 덩굴성 재배가 바람직하다. 고랭지재배(5~6월 파종, 7~10 수확)도 가능하다. 억제재배는 7~9월 파종해서 9~12월 수확하는 형태이다. 그린 빈은 냉동저장이 잘 되어서 노지재배만을 주로 하며 외국에서도 난방비 때문에 촉성이나 억제재배는 잘 하지 않는다.

재배: 재배법에는 육묘재배법과 직파법이 있다. 육묘는 72공 플러그 트레이에 파종했다가 잎이 3~4매가 되는 발아 후 약 40일째에 심는다. 육묘 시의 관리를 보면 발아할 때는 22~25°C를 유지하고 발아 후에는 18~20°C를 목표로 관리한다.

직파재배는 노지를 표준으로 하면 왜성은 80~120cm 이랑 폭에 2줄로 뿌리는데 줄 간격 45~60cm, 주간 거리는 20~30cm로 한다. 덩굴성은 줄 간격 75cm, 주간 거리 50~60cm로 한 곳에 2~3립을 파종한다. 가공용 왜성종의 파종 거리는 줄 간격 40~50cm에 주간 거리 6~8cm로 기계로 파종하는데, 이때 파종 깊이는 5cm가 알맞다. 재식 주 수는 25~36주/m^2가 되고 종자량은 약 7~12kg/10a가 필요하다. 제초제의 살포는 파종 후에 즉시 실시하는데 품종에 따라 제초제의 견딤성에 차이가 있으므로 사용 시 주의해야 한다. 관수는 수량을 증진하는 데 중요하므로 알맞게 주어야 하며 개화기는 피한다. 시설재배는 고온(25°C 이상)이나 저온(5°C 이하)이 되지 않게 관리한다.

토양 산도는 pH 6.0~6.5가 알맞고 시비는 퇴비 2t, 석회 100kg 그리고 N 10kg, P_2O_5 2.5kg, K_2O 10kg 정도를 밑거름으로 뿌려준다. 재배하는 동안에 녹색 꼬투리를 수확하고 식물의 생육 상태를 보아가면서 질소와 칼리 비료를 추가로 준다. 특히 가정원예에서 재배하는 덩굴성은 생육 기간이 길어 2~3회 덧거름 주는 것이 좋다.

연작장해가 있으므로 무병지를 택해서 재배한다. 봄철에 재배하고 고온기가 되기 전에 작기가 끝나기 때문에 병은 문제가 안 되나 잎에 갈색의 반점을 만드는 녹병(지네브 400배 살포)이 발생하는 수가 있으니 초기에 방제한다. 온실재배는 온실가루이 발생이 많으니 초기에 소정의 약제를 뿌려준다.

수확: 그린 빈은 어린 꼬투리를 수확하는데 수확 적기는 품종 고유의 색이나 크기가 나타나고 너무 노화되지 않은 꼬투리를 5~6번 수확한다. 외적으로 꼬투리가 편편하게 매끄럽지 않고 요철이 나타나면 꼬투리 내에 종자가 비대한 결과로 그린 빈으로는 팔 수가 없으므로 수확 적기를 잘 선택해야 한다. 왜성은 수량이 800~1,300kg/10a이며 덩굴성은 2,000~2,800kg/10a가 된다. 기계로 수확하여도 최소한 1,000kg/10a는 달성할 수 있다. 그린 빈은 일정한 무게로 스티로폼 상자에 담고 비닐로 포장하여 유통해야 상온에서 여러 날 판매할 수 있다.

저장: 저장은 6~9°C, 92% 상대습도에서 7일간 저장할 수 있다. 동일 조건의 낮은 온도(5°C)에서는 25일까지 저장할 수 있다. 온도가 낮으면(0~2.5°C) 저장 후 10~12일이면 냉해를 입는다. 상온(25°C)에서는 보통 4~5일간 저장할 수 있다.

(5) 이용 및 기능성

이용: 녹색 꼬투리는 익혀서 샐러드로 주로 이용하는데 독특한 아삭거림과 맛이 있다. 꼬투리 콩의 요리 시에 비린내가 나는데 이때는 사보리(savory)라는 허브를 뿌려서 먹으면 냄새도 나지 않고 소화를 도와준다(박, 2003). 꼬투리용 콩은 주로 녹색이 많으나 덩굴성 강낭콩의 백색이나 황색 계통도 식미감이 우수하다. 채소용 강낭콩 꼬투리에는 시안산글루코사이드가 들어있어 유해하므로 반드시 충분히 익혀서 먹어야 하는데 끓이면 시안산이 분해가 되어 별문제가 없기 때문이다.

기능성: 강낭콩의 단백질은 글로불린이 많고 필수아미노산으로 라이신, 로이신, 트립토판, 트레오닌이 많아 좋은 채소류이다. 특히 유럽에서는 하루에 한 컵의 강낭콩을 먹으면 콜레스테롤이 12%씩 줄어든다고 알려져 있다. 강낭콩 속에는 제니스틴(genistin) 성분이 있어 암(유방암, 결장암과 직장암, 위암, 전립선암)과 각종 성인병 예

방(골다공증 등)에 탁월한 효과가 있으며 꼬투리에는 인슐린의 원료가 되는 아연이 들어있어 당뇨병, 심장병, 고혈압 예방에 좋다. 강장 작용을 하는 식물성 섬유도 풍부하여 초조함을 느끼는 사람, 숙면하지 못하는 사람은 그린 빈을 먹으면 불안, 긴장이 완화된다.

한방에서는 '사계두'라 하였으며, 유즙 분비를 좋게 하고, 종기, 이뇨, 단독(피부발진), 설사, 각기, 부종 등에 사용하였다.

2.5 래디쉬(20일 무)

학명: *Raphanus sativus* L. var. *sativus*
(영): Small radish **(독):** Radischen **(불):** Radis

(1) 원산지 및 재배 내력

래디쉬는 20일 무 또는 적환 20일 무라고 부르는데, 원산지는 지중해 연안으로 보통 무와는 다른 소형 무를 말한다. 물론 서양에서는 래디쉬하면 모든 무를 총칭하나 우리는 소형 무만 의미하기로 한다. 무는 기원전 28~23세기부터 이집트에서 재배된 가장 오래된 채소로 작고 둥근 래디쉬는 16세기부터 재배된 기록이 있으며 프랑스로부터 재배가 성행해 지금은 전 세계에서 재배하고 있다. 비교적 내한성이 강하고 샐러드로의 이용률이 높으며, 유럽에서는 온실용 채소로서 18세기부터 재배되어 현재에는 상추 다음으로 중요한 온실 채소이다. 국내에서는 1970년 고려대학교에서 한강 미사리 모래땅을 이용하여 관비농법을 통한 래디쉬 대량생산과 개화 생리를 공식적으로 연구하였다(박과 김, 1972). 그러나 당시는 남대문시장 양채 상점에서도 알지 못할 정도의 채소였다. 근래 여러 농가에서 산발적으로 생산하고 있으나 아직까지 많은 양이 생산되지 않고 있다.

학명 *Raphanus*는 그리스어 ra(빠르다)와 phainomai(자라다)의 두 가지 의미가 합성된 말이며, *sativus*는 재배종이라는 뜻이다. 영명의 radish는 라틴어의 radix(뿌리)에서 연유됐다.

(2) 식물학적 특성

래디쉬는 1년생 배추과 채소로서 배축(胚軸, hypocotyl)과 뿌리 일부가 비대한 부분을 식용으로 한다. 배축은 둥근 것, 또는 실린더형으로 생긴 것 등 다양하다. 꽃눈의 분화는 장일조건에서 쉽게 일어나며 온도가 높으면 촉진적이다. 일단 꽃눈이 분화한 다음에는 바람이 쉽게 들어 상품적인 가치가 심히 떨어진다. 그러므로 육종적인 측면에서도 추대와 바람들이에 둔감한 품종의 육성이 중요하다. 잎은 결각이 있는 것도 있고 전혀 없는 것도 있으며, 잎에는 잔털이 나 있다. 잎 무게는 식물 전체 무게의 40~50%를 초과해서는 안 된다. 즉, 지상부와 지하부 중의 비율인 티알율(T/R-radio)이 1이 되지 않아야 한다. 지상부의 무게가 높으면, 바람들이의 출현이 높고 뿌리 비대도 불량하다.

래디쉬는 온도 요구도가 비교적 낮다. 일반적으로 온도가 천천히 내려가면 -3°C에도 견딜 수 있으며, 6°C까지 생육한다. 온실재배에서의 겨울철 온도 관리를 보면 11~1월에는 주간 8~10°C, 야간 4~6°C, 2월에는 주간 10~12°C, 야간 6~8°C, 3월에는 주간 12~15°C, 야간 8~10°C를 유지해 주면 가능하므로 중부지방에서 수막재배를 할 경우 겨울재배가 가능하다. 겨울철 광조건이 나쁠 때 20°C 이상이 되면 오히려 뿌리의 비대가 억제될 수도 있다. 다만 7~8월의 고온기에는 고랭지재배가 필수적이다.

토양 온도는 겨울재배 시는 10~13°C가 유지되어야 하며, 토양습도는 포장용 수량의 60~75%를 유지하는 것이 좋다. 토양 습도에서 주기적으로 건조와 과습이 반복되면 뿌리가 갈라지는 열근(裂根)이나 바람들이가 몹시 심해져 상품적인 가치가 떨어진다. 특히, 모래땅에서 재배할 때에 더욱 심하다. 온실재배에서는 상대습도가 80% 이상 올라가지 않도록 관리하며, CO_2 시비는 0.1% 정도가 알맞다.

종자의 길이는 2.5~3.5mm이며, 폭은 2~3mm이다. 천립중은 6.5~10g으로 발아력은 80%이고, 발아력을 지니는 기간은 4~5년이다. 래디쉬는 호냉성 식물로서 발아 적온은 25°C 전후다. 일반 토양에 파종한 경우 발아기간은 약 5일 정도 걸린다. 종자 수확량은 m^2당 약 100~120g이다.

(3) 품종

품종을 분류하는 데는 재배시기에 따라 봄재배용, 여름재배용, 그리고 겨울재배용으로 나누거나, 생육기에 따라 환형(丸形)인 20일 무, 장형(長形)인 40일 무로 분류하기도 한다. 배축의 색에 따라, 지상부는 빨간색이지만 지하부는 흰색인 2중 색, 흰색, 검정색 품종군 등이 있다(그림 2.5). 전 세계적으로 매년 수많은 품종이 등록되고 있어 내병성, 내한성, 추대성, 바람들이 여부, 저장성 등을 고려해서 선택하여 재배한다. 여기서는 배축의 색에 따른 몇 가지 품종을 제시한다. 품종에 표시된 일수는 발아 후 수확까지의 기간이다.

① 빨간색군: 'Cherry Belle'(22일), 'China Rose'(52일), '적환 20일 무'(20일, 환형) '적장 40일 무'(40일, 장형)

② 빨간색, 끝은 흰색군: 'Sparkle'(25일, 환형), 'French Breakfast'(23일, 환형), 'Oster Gross Rosa(60일, 장형)

③ 흰색군: 'Snow Belle'(30일, 환형), 'Burpee White'(25일, 환형), 'White Icicle'(28~30일, 근장 10~12cm, 장형), 'Munchen Bier'(40일, 방추형)

④ 검정색군: 'Round Black Spanish'(55일, 환형), 'Long Black Spanish'(60일, 장형)

그림 2.5 래디쉬(좌: 검정무, 상자: 잎 제거한 무, 우: 환형과 장형무)

(4) 재배 관리

작형: 생육 기간이 짧아 추대가 용이한 한여름을 제외하고는 봄, 가을, 겨울재배형이 있다. 중부 유럽은 연중 출하를 목적으로 매월 파종하는 작부체계가 확립되어 있다.

재배: 파종하기 전에 토양을 15~20cm 깊이로 잘 갈고 알맞게 시비한다. 시비는 전량 밑거름으로 주고, 파종 간격은 환형종은 10cm×3cm, 장형종은 20×10cm로 줄뿌림을 한다. 이 경우에 환형종은 1m²당 약 300~400립을 파종할 수 있으며, 씨앗은 3~4g이 필요하다. 심는 깊이는 2cm가 알맞다.

재배관리 상의 가장 큰 문제는 토양 수분을 일정하게 유지하는 것이다. 초여름 재배 시에는 반그늘에서 토양 온도가 오르지 않게 하고, 충분히 관수하여 추대가 이루어지기 전에 크기가 작더라도 수확한다. 일반 무와 마찬가지로 래디쉬는 통기성이 좋고 유기질이 풍부한 토양에서 잘 자란다. 배추과 채소를 계속적으로 재배한 곳에서는 토양 전염병의 피해가 잘 나타나므로 이어짓기를 하지 않는 것이 바람직하다.

양분흡수량은 1m²당 2kg(10a당 2,000kg)의 래디쉬를 수확할 경우, N 7.2kg, P 1.0kg, K 7.9kg, Ca 3.5kg, Mg 0.55kg을 흡수한다. 시비량은 시장에 판매가 가능한 상품으로 2kg/m² 수확할 때, 10a당 N 5kg, P 10kg, K 12kg, Mg 5kg을 시비한다. 래디쉬는 염소(Cl)가 함유된 비료에 대단히 민감하기에 염화칼리(KCl)와 같은 비료보다는 산성화를 촉진하지만, 황산칼리(K_2SO_4)가 효과적이다.

병해는 이어짓기하는 곳에서 무름병과 뿌리썩음병의 발생이 많으므로 돌려짓기를 하고 토양 소독한다. 그 외 진딧물과 배추흰나비의 피해가 많으므로 살충제를 뿌려서 방제해야 하지만 수확기 7~10일 전에는 약제 살포를 금한다.

수확: 품종에 따라 차이는 있으나 파종 후 25일이 지나서 뿌리의 직경이 2cm 되면 수확한다. 일반 무와 달리 더 크도록 두면 바람이 쉽게 들어 판매가 곤란하다. 국내에서는 5개를 한 묶음으로 출하하나 유럽에서는 10개를 한 묶음으로 포장한다. 로컬 시장에서는 잎을 붙여서 당일 판매하면 되지만 일반적인 상업재배에서는 잎을

제거하고 일정한 무게로 비닐 포장하여 유통한다. 대단위로 재배하는 유럽이나 미주에서는 기계로 수확한다. 검정무도 잎을 자르고서 판매한다.

저장: 냉장고에서는 잎을 붙인 상태로 2~3일 가량 저장이 가능하다. 상온(20°C)에서는 잎이 없는 상태로 약 5일간 판매할 수 있다. 잎을 붙인 상태에서는 최고 2일이 지나면 판매가 불가능하다. 비닐 봉지로 밀봉해서 저온 유통을 하면 5~7일은 가능하다. 가을에 수확하는 검정무 등은 비닐 포장해서 냉장고에 두면 2주 동안 저장이 가능하다. 비닐 포장하여 0°C에서 보관하면 3~4주 정도 가능한데, 오래 저장하면 바람들이가 나타나서 맛이 없어진다.

(5) 이용 및 기능성

이용: 주로 샐러드로 이용되며, 식단의 장식용으로도 많이 사용된다. 래디쉬로 물김치를 담그면 색이 붉어지고 감칠맛을 낸다. 노란색 치즈와 래디쉬 꼭지는 포도주와 맥주 안주로 좋다. 독일에서는 맥주를 마실 때 무를 슬라이스한 후 소금만 뿌려서 안주로 먹는다. 독일에서는 '무가 울면 맥주를 마시라'는 이야기가 있는데, 이는 소금을 뿌린 후에 무에서 즙이 나와서 짭짤할 때 맥주 안주로 좋다는 이야기다. 20일 무를 잎 1~2매 붙여 기름에 살짝 튀겨 고기와 함께 먹기도 한다. 무 싹은 항산화 물질과 비타민이 많아 일본에서부터 먹기 시작하였고, 서양에서도 브로콜리 싹과 함께 즐겨 먹는 싹 채소가 되었다.

기능성: 무에는 소화를 돕고 내장을 편하게 해주는 디아스타아제(diastase)를 포함한 많은 효소가 들어있다. 유황이 함유된 독특한 매운맛 성분(glucoraphenin)이 많아 장내 나쁜 박테리아와 바이러스 균을 사멸할 뿐 아니라 비타민 C 등을 포함한 항산화 물질과 함께 유방암, 난소암을 포함한 여러 암에도 높은 항암 작용을 한다. 그 외에 무는 알카리성 식품으로 해독 작용이 있어 숙취 해소와 노폐물을 제거하고 간 기능을 활성화한다. 무기염류도 풍부해서 좋은 보건 식품이다. 서양에서 검정무는 가래, 기침, 뱃속 가스 등을 치료하는 약용채소로도 사용된다.

2.6 로켓 샐러드

학명: *Eruca sativa*
(영): rocket salad, arugula(미) **(독):** Rucola **(불):** roquette

(1) 원산지와 재배 내력

원산지는 지중해 연안이며, 유럽에서는 자생한다. 고대 로마 때부터 허브처럼 이용되었는데, 최음 효과가 있다는 문학적인 서술로 중세 때는 수도원에서 재배가 금하였다. 유럽에서 재배되던 것이 아랍, 인도를 거쳐서 아시아로 전파되고, 영국에서 미국으로 전파되어 지금은 전 세계에서 재배된다. 국내에서는 90년대에 일부 허브 농장에서 재배하기 시작했으며, 근래에는 화분에 심어서 허브로 판매되거나 샐러드용으로 재배되고 있지만 시장 유통은 거의 없다. 학명의 *Eruca*는 라틴어의 겨자채로서 매운 맛을 내는 식물 명칭이며 *sativa*는 재배종의 의미이다.

(2) 식물적 특성

로켓 샐러드는 배추과 식물이며, 1년생 초본식물로서 호냉성 채소이다. 키는 75cm 정도 자라고 줄기에 털이 있다. 잎은 어린무 잎과 유사하며 결각이 있다(그림 2.6 좌). 일장이 12시간이 넘으면 꽃눈이 분화하는데, 꽃은 배추꽃과 유사하고 색깔은 희다. 꼬투리는 1.5~3.5cm이며, 종자가 3~4개 달린다. 종자의 크기는 1.5~2mm이고, 천립중은 2.3g이다. 1g당 약 433립이며, 발아율은 평균 80~90%이고, 발아온도는 15~20°C이다. 유사한 식물로 유럽에서 재배되는 야생 로켓인 *Diplotaxis tenuifolia*(wild rocket)와 영년생인, *D. muralis*가 있다. 야생종은 잎의 크기가 작고 결각이 재배종보다 심하며, 강한 향이 나고, 꽃색은 노랗다(그림 2.6 우). 야생 로켓은 종자가 0.1~1.2mm로 작으며, 천립중이 0.25g, 1g당 약 4,000립이며, 유럽에서는 야생 식물화되었다. 유럽에서는 잎의 결각이 매우 심한 야생 로켓을 재배하여 보통 로켓 샐러드와 혼합해서 판매할 정도로 일반인이 구별하기는 어렵다.

그림 2.6 로켓 샐러드(좌: 흰색 꽃)와 야생 로켓(우: 노란색 꽃)(출처: Wikipedia)

(3) 품종

로켓 샐러드 품종을 고르는 데 있어서 가장 중요한 것은 개화기가 늦고 내병성인 품종을 이어야 한다. 한국인은 향기가 강한 것을 싫어하므로 향기가 중간인 품종을 재배한다. 최근에 육성 품종에는 엽병이 적색인 품종(Dragon Tongue)도 있는데 몇 가지 품종의 특징은 다음과 같다.

Apollo	네델란드 종, 둥근 잎, 향기 중간, 내서성, 재배기간 40~45일
Astro II	야생종, 향기 중간, 조생종, 재배 기간 35~38일
Rucola Selvatica A Foglia Di Oliva	향기 강함, 재배 기간 45~50일
Sylvetta	야생 영년생, 잎 좁음, 잎은 향신성, 만추대성, 재배기간 45~50일

(4) 재배 관리

작형: 한여름을 피해서 파종하여 계속 연중 수확을 해야 하기에 매주 파종하는 작부체계가 있다. 작형은 노지재배와 시설재배로 분화된다.

재배: 사양토로서 약산성인 밭을 골라서 재배하는 것이 좋다. 먼저 해동이 되면 바로 충분한 퇴비를 뿌린 후에 120cm 폭의 이랑을 만든다. 날씨가 따뜻해진 4월초-중순에 줄뿌림하는데, 줄 간격은 30cm로 하며, 파종 깊이는 0.5~1cm 정도가 알맞다. 비교적 서늘한 기후를 좋아하므로 기르는 동안 너무 더우면 약간 그늘지게 해주는 것이 필요하고 충분히 물을 준다. 한여름에는 재배할 수가 없으므로 가을에는 8월 중하순에 뿌려서 서리가 오기 전까지 수확할 수 있다. 겨울 월동재배는 5°C 이상만 유지하면 되므로 수막온실 재배가 가능한 작물이다. 다만 온도가 내려가면 일부 잎이 노랗게 되기도 한다. 흰가루병과 배추흰나비, 진딧물의 피해가 우려되면 초기에 방제한다.

양분 흡수를 보면 로켓 1,000kg/10a 생산에 N : P_2O_5 : K_2O : MgO = 4 : 1 : 5.3 : 0.5kg/10a를 흡수하므로, 시비량은 질소를 기준으로 10 : 5 : 12 : 1kg/10a 정도 복합비료를 밑거름으로 뿌리고 재배하면 된다. 전작이 과채류인 시설에서는 시비하지 않고서 재배해도 잘 자랄 정도이다. 로켓 샐러드는 질소비료를 많이 주면 잎 내에 질산염이 많이 집적되므로 가능하면 질소비료를 적게 주고 재배하는 것이 고품질 생산의 요령이다. 이는 질산염을 여름철에 6,000ppm, 겨울철에 7,000ppm으로 우리가 잠정적으로 정하는 값인 3,500ppm의 두 배를 포함하고 있기 때문이다. 재배 시는 덧거름을 가능하면 주지 않아 질산염 함량을 낮추는 것도 한 방법이다.

수확: 로켓의 어린잎(baby leaf)은 잎의 길이가 10~12cm, 정상적인 수확은 16~18cm될 때에 실시한다. 어린잎은 플라스틱 상자에 담아서 출하하며, 큰 것은 다발로 묶거나 상자에 넣어서 출하한다. 가정원예에서는 어느 정도 자란 아랫잎을 수확하고, 물비료를 주면 상추처럼 여러 번 수확할 수 있다. 다만 한여름에는 재배가 곤란하다.

질산염을 낮게 수확하려면 햇빛이 강한 날 오후에 수확하고, 흐린 날에는 수확하지 않는 것이 좋다(Laber and Lattauschake, 2014).

저장: 상온에서는 냉이처럼 하루가 지나면 시들게 된다. 따라서 수확해서 바로 비닐 포장을 하여 저온 유통하는 것이 중요하다. 만약 오래 저장하려면 수확한 후 씻지 말고 바로 랩으로 포장해서 냉장고(약 5°C)에 보관하면 4~8일간 저장이 가능하

다. 4°C에서는 최대 14일간 저장이 가능하다. 그러나 저장 중 노엽은 쉽게 황화된다. 0~2°C, 95~100% 공중습도에서는 7~10일간 저장이 가능하다.

(5) 이용 및 기능성

이용: 주로 상추, 엔디브, 치커리와 혼합하여 샐러드로 이용한다. 그 이외 피자 토핑, 페스토, 파스타에 첨가하고 상추 대신 샌드위치에 넣기도 한다. 그러나 한국인은 사람에 따라 선호도가 차이가 난다. 인도에서는 종자로부터 얻은 향기나는 기름을 감바 오일(gamba oil)이라 하는데, 등잔용 유류로 사용한다.

기능성: 로켓 샐러드의 향기 성분은 67가지인데, 주요성분은 4-메칠티오부틸티오시아네이트(4-methylthiobutyl thiocyanate)가 60%, 5-메틸티오펜탄니트릴(5-methylthiopentanenitrile)이 10%다. 독특한 매운맛은 이소티오시아네이트 엘루신(isothiocyanates erucin), 설포라판(sulforaphane), 에리소린(erysolin), 펜에틸이소티오시아네이트(phenethyl-isothiocyanate) 등으로 이루어진 글루코시노레이트(glucosinolate)류이다. 따라서 잎을 따서 먹으면 강한 향과 함께 독특한 매운맛을 나타낸다. 그 외 엽산, 루테인(lutein), 제아잔틴(zeaxanthin), 비타민 A 등이 많이 들어있는 기능성 채소이다. 다양한 성분 가운데 루테인과 제아잔틴은 눈의 건강 유지에 좋으며, 전통적으로 이뇨와 위통 억제에 효과가 있다. 그러나 서양에서는 강장제 그리고 기침에 좋은 민간약으로 알려져 있다. 최근 연구에 의하면 설포라판, 이소티오시아네이트 같은 성분이 폐와 식도암에 효과가 있으며, 그 외 위장암 발생을 낮출 수 있다고 한다. 기타 뼈 건강(비타민 K)과 면역력 증대(비타민 C, 구리 등)에 효과가 있다.

2.7 루타바가

학명: *Brassica napobrassica* Mill.
(영): Rutabaga, Swede **(독):** Kohlrübe **(불):** Chou turnep

(1) 원사지와 재배 내력

루타바가의 원산지는 유럽으로, 근래에 *B. oleracea*(양배추) × B. *rapa*(순무 계통)의 교배잡종 중에서 나타난 작물이다. 유사 식물이 그리스, 로마에 재배되었으며, 16세기 이전에 프랑스와 남서 유럽에서 식용하였는데, 기록상에는 17세기 체코의 보헤미아(Bohemia)에서 나타난다. 1755년에 네덜란드에서 영국으로 건너가 대중화되었으며, 'turnip-rooted cabbage'라고 하였다. 처음에는 겨울 동안 양과 가축의 사료로 사용되었다. 근래에는 영국의 일부 지역에서 추수감사절에 호박 대신 루타바가를 이용해서 가면을 제작하기도 한다. 유럽의 기근 시대에 스웨덴 사람들이 많이 이용하였기에 swede라는 명칭이 생겼고, 영어의 rutabaga는 스웨덴어 rotabagge에서 유래되었다. 미국에는 1806년에 처음 기록된 것으로 봐서 영국인들에 의해 전파된 것으로 추측된다. 미국의 미네소타 Askov에서는 매년 8월 4째 주말에 루타바가 축제가 열릴 정도로 많이 이용된다. 내한성이 강해서 현재는 스웨덴, 덴마크, 네덜란드, 러시아 등 북유럽과 캐나다에서 재배된다. 중국과 일본은 19세기 말에 도입되었는데, 국내에는 재배 기록이 나타나지 않지만 멀지 않아 재배되리라 본다. 학명의 *napobrassica*는 napo(순무)와 brassica(양배추)의 교잡종이라는 의미다.

(2) 식물적 특성

루타바가는 배추과 식물로 2년생이다. 잎은 근출엽으로 길이는 15cm 정도로 우상으로 분열되어 무 잎처럼 생겼으나 왁스질이며 양배추잎처럼 매끄럽고 털이 없으며 다소 흰가루가 입혀져 있어 보인다. 초장은 50~100cm이다. 뿌리는 둥글거나 다소 짧은 방추형을 나타낸다. 우리가 먹는 부분은 무와 같은 배축으로 색은 녹색, 자주색, 청동색이며, 땅속에 들어가 있는 부분은 뿌리로서 모두 희다(그림 2.7). 비슷한 순무와는 다르게 뿌리 윗부분이 목같이 줄기가 약간 부어오르면서 잎이 달린 흔적이 많이 나타나는 특징이 있고 순무뿌리는 잎 달린 부분이 목이 없으며 루타바가보다는 작고 잎은 무 잎처럼 생기지만 광택이 없다. 근의 육질은 매우 치밀하고 희거나 약간 황색이며 쓴맛이 있다. 꽃은 총상화서로 정상에 피는데 꽃은 담황색이며 크기는 1.5~2cm이다. 씨앗이 들어있는 꼬투리의 길이는 3~3.5cm이며, 끝의 3~5mm는 날카롭다. 종자색은 갈색이고, 천립중은 약 3g이며, 발아율은 약 90%, 필요 종자량은 50~80g/10a이다.

(3) 품종

뿌리의 표피색에 따라 녹색과 자주색, 육질의 색에 따라 백색(사료용)과 황색(채소

그림 2.7 루타바가 녹색 배축(좌)과 적색 배축종(우)(출처: Wikipedia)

용)으로 구분한다. 품종을 선택할 때는 수량이 많고, 측근의 발생 없이 뿌리 모양이 둥글고 예뻐서 상품성이 높으며, 내병성이 높으면서 열근이 잘되지 않고 육질의 갈변화 현상이 나타나지 않은 것을 고려해야 한다. 배축에 해당하는 머리가 녹색인 것보다 영국에서 육성한 강한 자주색 품종이 인기가 있다.

주요 품종에는 'Helenor'(자주색, 영국 품종), 'Magress'(자주색, 영국 품종), 'Acme'(둥근 연자색, 흰가루 약함), 'Angela"(자주색, 흰가루 내병성), 'Best of All'(황색 육질, 자주색, 육질 단단함, 내한성), 'Lizzy'(자주색, 육질 연함, 추대와 열근 저항성), 'Marian'(자주색, 맛이 좋음, 대근종, 흰가루와 무사마귀병 저항성), 'Nadmorska Rutabaga'(녹색, 90일)가 있다.

(4) 재배 관리

작형: 선선한 기후를 좋아하며, 완전하게 크려면 재배 기간이 150일이 걸리므로 국내에서는 고랭지재배만 가능하지만 조생종(정식후 80~90일)을 육묘하여 심을 경우에는 봄재배가 가능하다. 제주도에서는 루타바가가 최대 -8~10°C까지 견디므로 가을철 노지재배가 가능하다.

재배: 육묘법과 직파 재배가 있다. 봄 육묘는 플러그 트레이 72공을 이용하여 3월 중순에 파종해서 4~6주간 육묘한다. 발아 기간은 20~25°C 정도 유지하면 5~7일 정도 필요하고, 야간에는 12°C 이하가 안 되도록 한다. 잎이 2~3매가 되고, 2g 쯤 되는 유식물을 뿌리가 상하지 않도록 조심스럽게 트레이에서 빼내 줄 간격 40cm, 주간 거리 20cm 정도로 노지에다 4월 말에 정식을 한다. 싹이 난 후 80~100일이면 수확하는데, 더워지면 생육이 나빠지고 추대가 되므로 6월 초부터 어리지만 수확해서 이용한다.

직파 재배의 경우, 고랭지에서는 5월 말에 45cm에 20~22cm 간격으로 무처럼 2~3알을 점뿌림하여 본 잎이 나면 솎아주고 잘 관리한다. 9월부터 10월 사이에 수확한다. 가을재배는 제주나 남부해안 지역에서 가능한데, 8월 말~9월 초에 파종하여 11~12월에 덜자란 작은 뿌리 수확이 가능하다. 가을 육묘재배는 8월 초에 트레이에 파종하여, 9월 초에 심어서 재배한다.

루타바가는 산성토양에서는 자라기 어려우므로, 10a에 석회를 100~150kg 뿌려서 산도를 6.5가 되게 조절한다. 붕소 결핍증도 잘 나타나므로 붕사를 1 kg 뿌려준다. 밑거름으로 마그네슘이 함유된 원예용 복합비료를 질소 성분 기준으로 10kg 정도 뿌려 주고, 중간에 약 5kg 정도 덧거름을 준다. 멀칭 재배 시는 전량 밑거름으로 15kg/10a 수준으로 준다. 물 주기는 알맞게 하며, 제초제는 조기에 뿌려서 방제한다. 병해는 고온기에 접어 들수록 약해져서 흰가루병에 걸리기 쉬우므로 내병성 품종을 심고서 약제로 방제한다. 뿌리의 속이 비면서 검게 변하는 경우가 있는데, 이는 붕소 결핍증으로 재배 전에 붕소를 반드시 시비하여야 한다.

수확: 고랭지 이외에서는 재배 온도로 인하여 큰 뿌리 수확이 곤란하므로 일정 크기가 되면 수확한다. 노지에서 −6°C까지 잘 견딜 수 있어 남부에서는 노지에 놓아 두고서 겨우내 수확할 수 있다. 수확량은 3~5t/10a이다.

저장: 가을에 수확하면 단단해서 상온에서도 1주일은 저장이 가능하다. 저온 상태인 0~1°C, 상대습도 93~97%이면 2~3개월 정도 가능하며, 0°C, 95~100% 습도에서는 최대 6개월 저장이 가능하다. 장기 저장 가능성 덕분에 북구에서는 겨울 채소로 인기가 있다.

(5) 이용 및 기능성

이용: 강화 순무처럼 단단한 루타바가를 깍두기나 생체를 만들어서 먹을 수가 있다. 유럽에서는 껍질을 벗기고 깍두기 크기로 잘라 익혀서 샐러드로 먹거나 가늘게 절단하여 기름에 볶아 먹는다. 익힌 후에 으깨서 버터, 소금, 후추를 넣어 조리하여 섭취한다. 그리고 채소 수프에 당근이나 감자와 같이 넣어 먹는다. 스웨덴, 핀란드에서는 신선한 것을 잘라서 여러 가지 채소와 같이 란투나티코[lanttulaatikko: swede casserole]를 만들어서 크리스마스 전에 먹는 풍습이 있다.

기능성: 비타민과 무기염류가 많이 함유되어 있어 건강에 좋은 채소이다. 매운맛인 이소티오시아네이트(isothiocyanate)는 암 종양을 억제하고, 제공되는 식이 섬유는 변비와 위장 장애에 좋으며, 칼륨은 혈관의 스트레스와 수축을 줄임으로써 혈압을 낮추고 골다공증 예방에 좋다. 루타바가는 당으로 분해되는 많은 탄수화물을 보유하지 않아 당뇨병 환자를 위한 채소로 좋고 탄수화물을 줄이려는 사람들의 대안으로도 사용할 수가 있다.

그러나 뿌리에 시아노글루코시드(cyanoglucoside: 카사바, 죽순, 옥수수, 고구마에도 일부 함유)가 들어있어서 너무 과다하게 먹으면 몸 속의 요오드 활성을 감소시켜 갑상선 비대를 가져올 수가 있다. 물론 조리 과정에서 추출되고 파괴되어서 일반적인 음식으로 사용하는 데에는 전혀 문제가 없다.

2.8 리크

학명: *Allium porrum* L.
(영): Leek **(독):** Porree **(불):** Poireau

(1) 원산지 및 재배 내력

유럽에서 조미료 식물로 중요한 위치를 차지하는 리크는 지중해 동쪽 해안의 Levant가 원산지이며, 이 지역을 중심으로 해서 지중해 연안에 야생식물로 자

정유(0.1~0.45%)의 독특한 향기는 에스트라골(estragole: methyl chavicol)과 리나룰(linalool)로 구성되고, 항균, 항미생물 작용이 있다. 약리적 효과로는 신경 안정, 통증 완화, 이뇨작용, 위액 분비 촉진, 신경통, 두통, 가래, 구내염에 좋다. 바실은 두뇌 활동을 활발하게 함과 동시에 두통 개선, 졸림을 방지한다. 신장의 활동 촉진, 벌레 물림에 살균 작용을 하고, 추출한 오일은 음료, 향수, 목욕제 제조에 사용한다.

2.10 방울다다기양배추

학명: *Brassica oleracea* L. var. *gemmifera*
(영): Brussels spouts **(독):** Rosenkohl **(불):** Chou de Bruxelles

(1) 원산지 및 재배 내력

방울다다기양배추를 영명으로 Brussels spouts라고 부르는 것은 벨기에의 수도인 브뤼셀에서 오래전부터 재배되어왔기 때문이다. 16세기 프랑스에서 양배추 액아로부터 발생하는 작은 새끼양배추를 발견했다는 기록이 있으며, 일부 사람들은 케일이 돌연변이를 일으켜서 생겼다고 한다. 스위스에서 1623년 Bauhin이 달걀 크기의 작은 양배추를 50개 수확했다고 보고한 것이 최초의 기록이다. 유럽의 보급은 19세기 이후부터 재배되었고 영국에서 가장 많이 재배되고 있다. 국내에는 1980년대에 수입되어서 고려대학교에서 시험재배되었고(박 등, 1993), 1990년대 초부터 일부 농가가 잎을 쌈채로 생산하였다. 1990년대 후반 제주도의 몇몇 농가가 정상적인 방울다다기양배추를 수확해서 오늘날에 이르고 있으나 재배면적이 넓지 않다(박과 유, 2000). *Brassica oleracea* 먹을 수 있는 양배추의 의미이고 변종 명의 *gemmifera*는 둥근 싹을 뜻한다.

2010년에 영국에서 케일과 방울다다기양배추를 교잡하여 카레테스(kalettes)라는 식물을 만들었는데, 결구가 되지 않은 방울양배추가 달리며 유럽에서 인기 있다.

(2) 식물학적 특성

양배추에서 선발된 채소로서 배추과에 속하는 2년생 초본이다. 줄기는 1m 정도 자라지만, 때에 따라서는 1.5m까지 자란다. 줄기 끝 경정은 배추처럼 느슨한 결구 형상을 하며, 잎의 엽병은 매우 길다. 줄기와 엽병이 달리는 겨드랑이에 2.5~3cm 크기의 방울양배추(sprouts 또는 heads)가 한 그루에 90개 가량 달린다(그림 2.10 좌).

다른 양배추처럼 시원한 기후를 좋아하는데, 어린 모종이 저온을 받으면 화아분화가 되는 녹색식물 감응형이다. 꽃눈분화는 조생종은 4~7°C에서 5주, 만생종은 9주간이 필요하다. 생육적온은 평균 18~23°C로서 내한성이 몹시 강해 -10°C에서도

그림 2.10 방울다다기양배추(좌, 제공: Geyer), 녹색종(좌)과 카레테스(우, 출처: Tried & True)

잠깐 동안은 견딘다. 따라서 제주도에서는 1~2월에도 노지에서 월동이 가능하다. 그러나 더위에 대한 견딤성은 양배추보다 약한데, 우리나라의 여름 한더위는 차광하지 않고도 지낼 수 있으나 병해로 인해 곤란하다. 온도가 23°C 이상이 되면 방울양배추가 잘 결구하지 않고 병해가 많아진다. 방울양배추는 잎이 20매 이상 달리는데, 기온이 20°C 이하의 저온이 되면 달리기 시작한다. 방울양배추가 달리기에 가장 적당한 조건은 잎이 40매 이상으로 식물 전체가 잘 자란 상태로 온도가 13°C 이하인 경우이다. 결구 중에 외온이 높아지면 결구하는 외엽이 벌어져서 품질이 많이 떨어진다. 알맞은 방울양배추가 액아에서 형성되기 위한 온도 범위는 5~20°C로 비교적 저온인 조건에서도 형성이 된다. 겨울을 넘긴 식물은 저온 감응을 받아 4월 이후 방울양배추로부터 추대가 이루어져서 개화한다. 꽃은 노란색이며, 4개의 꽃잎을 가진다. 종자의 천립중은 3.0~3.5g이며, F_1 계통 중에는 3.5~4.5g이 되는 것도 있다. 발아율은 90%이며, 1g당 종자 수는 약 300립이다. 종자의 발아력은 3~4년 정도 유지된다.

카레테스는 방울양배추 크기이며, 겨드랑이에 반결구가 되는 방울양배추가 달린다.

(3) 품종

주로 일본 등 외국에서 수입하여 재배하고 있으며 국내 종은 많지 않다. 식물은 엽색에 따라 녹색종과 적색종으로 나누고, 정식 후 수확기에 따라 조생종(120~150), 중생종(150~200일), 만생종(200일 이상)으로 나눈다. 초장에 따라 큰 키, 중간 키, 왜성으로 분류한다. 취미재배가는 수확량은 적지만 관상 가치가 있는 적색종을 재배해볼 만하다.

① 녹색종: 'Hwstia'(150일 조생종), 'Peer Gynt'(파종 후 160일, 냉동저장 용이), 'Citadel'(175~200일), 'King Arthur'(200일, 다수, 서리 내성), 'Sigmund'(250일 겨울 수확)

② 적색종: 'Rubine'(140~150일), 'Falstaff'(148일)

③ 카레테스: 카레테스 자체가 브랜드 이름이며, 미국에서는 ‘Lollipops’라는 품종이 있음(그림 2.10 맨 우측)

(4) 재배 관리

작형: 국내에서 재배되는 곳은 많지 않으나, 봄재배(5월 파종, 6월 상순 정식, 10월 수확), 여름재배(7월 상순 파종, 8월 상순 정식, 11월부터 12월 걸쳐 수확), 고랭지 재배(4월 중하순 파종, 6월 정식, 9월부터 12월 수확)가 있다. 여름재배는 육묘기간에 그리고 봄재배는 생육 기간에 무더워지므로 내서성이나 내병성이 강한 조생종이나 중생종을 택해야 한다.

카레테스는 재배방식이 방울다다기양배추와 같다.

재배: 직파재배와 육묘재배 방법이 있다. 육묘법은 128공 트레이에 육묘용 상토를 채워서 종자를 파종한 후 20~30°C로 관리하면 늦어도 10일이 지나면 모두 발아한다. 발아 후에는 온도를 낮추어 20°C 내외로 육묘하는데, 야간에는 12°C 이하가 되지 않게 한다. 육묘기간은 시기에 따라 다르나 약 30일이 필요하다. 육묘 후에 정식을 하는데, 수확의 편의성을 고려하면 외줄 가꾸기가 좋다. 왜냐하면 작은 양배추가 식물 전체를 돌아가면서 달리기에 2줄을 붙여 심으면 수확하기가 어렵기 때문이다. 손 수확용은 75×50cm(2,700주/10a) 또는 75×40cm (3,300주)로 심는다. 기계 수확을 위해서는 심는 거리가 75×50cm(2700주), 또는 75×33cm(4,000주)이 되어야 한다.

유럽에서는 파종기를 이용해 코팅 종자를 직파재배한다. 이 경우에는 75×15cm로 파종하고, 발아 후에 건강한 개체만 75×60cm되게 남겨 두고서 재배하는데 일부 농가에서만 이루어진다.

정식 직후에 관수를 충분히 실시하여 뿌리내림을 촉진하고 약 8~12일쯤 되어 제초제를 뿌려주는 것이 좋다. 이는 식물과 식물과의 간격이 넓어 잡초가 많이 발생하기 때문이다.

가정재배 또는 소규모재배의 경우에는 어느 정도 자라면 지주를 세워서 넘어지지 않게 결속을 해 줄 필요가 있다. 그러나 포장에서는 튼튼하게 기르고 비교적 빽빽한 간격을 유지해서 서로 넘어지지 않게 하는 것이 중요하다.

일시 수확을 할 경우는 수확 1~2개월 전에 생장점을 제거하는 적심 작업을 하여 이미 착생한 방울양배추가 충실하게 자라도록 한다. 아래 잎이 노랗게 변할 때 노엽을 제거하는 적엽작업(摘葉作業)을 실시하는데, 이는 엽병에 의해 작은 양배추가 압박을 받아 부정형의 구가 되지 않게 하는 이점이 있다. 그러나 대단위 재배에서는 적엽에 많은 노동력을 요구되므로 해서 실시하지 않는다.

토양은 사질계가 아닌 토양이면 어느 토양에서나 잘 자라는데, 특히 비옥하고 수분 공급이 알맞은 점질 토양에서 양호한 생장과 좋은 품질의 방울양배추를 생산할 수 있다. 사질토에서는 어느 정도의 생육이 이루어지지만 초장이 짧아서 많은 수량을 올리기가 어렵다.

건조에 약하므로 관수를 충분히 해야 한다. 아울러 장마기에는 배수도 철저히 하여 과습이 되지 않게 관리한다. 알맞은 산도는 pH 7로서 산성에는 약하므로 6.5 이하가 되지 않게 토양을 관리한다.

양분 흡수는 아주 높은데, 10a당 N 20kg, P_2O_5 10kg, K_2O 35kg, CaO 23kg, 그리고 MgO는 20kg이다. 그러므로 여름재배의 경우에 시비량은 10a당 퇴비를 3톤, 고토석회 120kg과 질소, 인산, 칼리를 각각 8월 하순에 밑거름으로 20kg을 주고, 덧거름으로 9월 중순에 각각 10kg씩 시비한다. 줄기의 아래쪽 방울양배추부터 수확하는데, 위쪽에 착생하는 것들도 질소와 칼리 성분이 필요하기 때문이다. 따라서 총시비량은 10a당 질소 35~40kg, 인산 30kg, 칼리 35~40kg에 달한다.

모잘록병의 발생이 육묘기에 많이 발생하므로, 소독된 상토를 사용하도록 한다. 기타 무름병, 근부병 등이 나타나면 꽃양배추에 준하여 방제한다. 진딧물과 배추흰나비는 발견 초기에 방제한다.

수확: 수확기의 지상부 전체 무게와 방울양배추의 수량은 높은 상관관계에 있다. 식물 무게가 1,000g이라면 약 200g을, 2,000g이라면 약 500g의 방울양배추를 수확할 수 있다. 그러나 같은 재식 거리라도 식물 개체 간에는 수량의 차이가 심하다.

수확 방법은 여러 번 칼이나 가위로 수확하는 방법과 기계로 1회에 걸쳐 수확하는 방법이 있다. 보통 여러 번 수확하는 경우는 1회 수확 후 3~4주 지나서 수확하며, 마지막 수확도 같은 기간이 지나서 실시한다. 그래서 총 2~3회 수확한다. 수확 후에 크기에 따른 분류 기준은 직경이 각각 10~20mm, 15~35mm, 20~40mm, 또는 25~45mm로 품종의 특성에 맞게 분류한다. 분류된 방울다다기양배추는 상자 또는 망에 담아 5kg 또는 10kg 단위로 포장한다.

카레테스는 결구가 되지 않지만 어림잡아 탁구공 크기가 되면(그림 2.10 우), 아래에서부터 칼로 수확하며 쉽게 시듦으로 비닐 포장을 하여서 유통한다.

저장: 저장에는 3~5일 저장하는 단기저장과 2~3개월 저장하는 장기저장이 있다. 단기저장은 상온에서 저장하면 최대 일주일 저장이 가능하다. 장기저장은 저온이나 특수 포장재를 사용한다. 저온저장은 공중습도를 95~100%로 하면 10°C에서 10일, 5°C에서는 1.5~2주, 0°C에서는 3~5주이 가능하다. 특수 포장재인 기능성 세라믹 필름을 이용한 MA 저장(MA: modified atmosphere storage)에서는 상온(20°C)에서 최대 1주일 저장하는데, 20°C일 때 11일, 5°C일 때 11주, 0°C일 때 16주 정도 저장이 가능하다(박 등, 1993). 장기저장 후에는 바깥 잎이 지저분해지므로 1~2장을 벗겨내고서 상품화한다. 가정원예에서는 포기를 뿌리 채 수확하여 얼지 않게 지하실에 두면 10주 동안 저장이 가능하다.

CA 저장은 0°C에서 CO_2 농도를 4~5%, O_2 농도를 2~3% 그리고 습도를 95%로

유지하면 8~12주간 저장할 수 있고 좋은 품질을 유지한다. 냉동 저장은 -20°C에서 4개월간 실시할 수 있는데, 조생종인 '페어긴트'가 가장 좋고, '킹아더'가 다음으로 좋다. 저장 기간 동안 온도가 높고 기간이 길수록 비타민 C의 감소율은 높고 생체중도 비례하여 감소한다.

카레테스 잎이 열려 있어서 저장성이 매우 약하다. 상온에서는 1~2일 이상 저장이 어렵지만, 랩으로 싸서 냉장고에서 넣어 두면 1주일 정도 저장이 가능하다.

(5) 이용 및 기능성

이용: 가을에 늦게 수확한 것은 당분과 맛이 좋아지지만 비타민 C는 파괴된다. 그러나 저장성이 높아 유럽에서는 겨울철에 아주 귀중한 채소로 이용된다. 주로 익혀서 소스를 곁들여 샐러드로 먹거나 수프 등에 넣어 조리한다. 버터를 묻혀 허브와 함께 그릴을 해도 좋다.

카레테스도 샐러드, 그릴 등으로 조리한다.

기능성: 방울다다기양배추는 비타민A와 비타민 C(150mg)의 함량이 매우 높은 채소로 면역체계를 강화시켜 준다. 그 외 엽산, 디아민(비타민 B1), 리보플라빈(riboflavin), 나이아신(niacin), 칼륨, 칼슘, 철의 함량이 아주 많은 영양가가 높은 채소이다. 독특한 매운맛과 향은 다른 양배추 처럼 시니그린(sinigrin), 알릴이소티오시아네이트(allyl isothiocyanate)를 포함하고 있기 때문이다. 이 성분은 항암 작용이 있으며 대부분의 양배추에서 생성되는 물질이다. 방울다다기양배추는 결장암 발생을 줄여주는 대표적인 채소로 알려져 있다.

독일인들은 방울다다기양배추가 피로회복, 정신집중, 혈액 합성 활성화, 세포 생장 촉진, 모발의 윤기, 이뇨, 배변 촉진, 면역력 강화 등의 효과가 있다고 믿고 있다.

카레테스 100g에는 탄수화물 5.2g, 섬유 3.5g, 당류 1.5g, 단백질 3g, 비타민 C가 일일소비량의 40%(약 32mg)가 함유되어 있다. 기능성은 방울양배추와 같다.

2.11 붉은양배추(적채)

학명: *Brassica aleracea* L. var. *capitata* f. *rubra*
(영): Red cabbage **(독):** Rotkohl **(불):** Chou rouge

(1) 원산지 및 재배 내력

우리나라에서 많이 재배되는 양배추 가운데 붉은양배추는 70년대부터 재배가 시작되어 서양 채소로 분류한다. 양배추는 유럽이 원산으로 현재 야생종(*Brassica oleracea* L. var. *silvestris*)은 영국의 웨일즈, 아일랜드, 남스페인, 이탈리아 남부까지 분포되어 있다. 양배추를 이용하기 시작한 것은 기원전 2500년 경으로 추측된다. 기원전 600년 경에 켈트(Celts)인들이 북유럽에서 남하할 때 지니고 와서 지중해 연안의 각 지역에서 재배되었다. 아시아로의 전래는 분명하지 않으나, 인도에는 기원전에 결구가 되지 않는 품종이 전래되었다고 한다. 중국 남부에는 네덜란드인에 의해 전해져서 17세기부터 재배된 기록이 있고, 북부에는 그 이전에 중앙아시아를 통해 전래되어 재배됐다. 우리나라도 처음에는 중국에서 수입하여 재배한 것 같은데, 이는 양배추를 호배추라 부른 것에서 알 수 있다. 국내 양배추 재배는 1906년 뚝도 원예모범장이 생겨서 1907년부터 재배되었다고 한다. 그러나 붉은양배추는 언제부터 재배가 시작되었는지에 대한 기록이 없으며, 1984년에 전국에서 약 9.7ha가 재배되었는데 2016년 현재는 약 200ha가 재배되고 있다.

변종 명의 *capitata*는 결구, *rubra*는 적색 의미로 붉은양배추를 말한다.

(2) 식물적 특성

붉은양배추는 2년생 초본으로서 줄기는 곧바로 서고 가지를 만들지 않는다. 뿌리 근처에서 잎이 나는 근출엽(根出葉)으로 초기에는 잎이 결구되지 않으나, 일정한 잎 수 이상을 갖게 되면 결구한다. 야생 양배추는 각 기관이 진화하여 여러 가지 변종을 갖는데, 꽃이 분화 발달하여 브로콜리와 꽃양배추가 되었고, 잎 줄기 및 측아가 발달하여 결구종인 양배추, 붉은양배추, 사보이양배추 그리고 방울다다기양배추로 분화가 됐다. 또한 줄기의 아래쪽이 비대해져서 콜라비로 진화되었다.

양배추는 잎의 색깔에 따라 녹색양배추와 붉은양배추로 나뉜다. 붉은양배추는 안토시안 색소가 많은 것으로 16세기 이후에 재배됐다(그림 2.11). 붉은양배추 종자의 직경은 1~2mm이며, 천립중은 3g, 1L의 무게는 685g, 1g당 약 320개이다. 가장 발아하기 좋은 온도는 낮에는 30°C, 밤에는 20°C의 변온이 필요하며, 35°C 이상에서는 발아가 억제된다. 싹이 트는 데에 가장 낮은 온도는 0~5°C이며, 적당한 온도에서는 발아가 5~7일 동안 약 90% 정도 이루어진다.

그림 2.11 붉은양배추와 단면(우)

결구하는 데는 일정한 잎 수가 필요하며, 화아분화가 되면 잎 수가 증가하지 않는다. 저온에 대한 화아분화의 민감도는 품종에 따라 다른데, 줄기의 직경이 6mm 이상이고, 가을에 파종하는 일본계 품종은 잎 수가 18~20매, 봄 파종용 코펜하겐 마케트 계열는 3~5매에서 감응하며, 온도는 약 1개월 동안 8~10°C가 필요하다. 그러므로 저온에서 재배할 경우 꽃대가 올라 상품화가 곤란해진다. 개화하면 꽃대는 2m까지 자라며, 보통 줄기 한 개에 100~4,000개의 꽃이 피고, 꽃의 색은 노란색으로 4개의 꽃잎을 갖는다.

뿌리는 유묘기의 초기 단계에서만 원뿌리를 볼 수 있으며, 자라나면 곁뿌리가 많이 나와 구별이 어려워진다. 재배지의 토심이 깊은 경우에는 뿌리가 보통 1.2~1.5m까지 뻗는다.

붉은양배추는 일반 양배추와 같이 5~25°C에서 생육을 하며, 호냉성 채소로서 재배 적온은 15~20°C이다. 내한성과 내서성은 유묘기에는 매우 강하나 결구기에는 비교적 약하여 생육기에 따라 차이를 보인다. 더위에 대한 내성은 매우 약해서 23°C 이상이면 생육이 약해지고, 28°C 이상이 되면 생육을 멈추며 병충해의 피해가 심해진다. 그러나 낮에 온도가 높고 밤에 온도가 낮으면 생육이 잘 이루어진다. 내한성은 매우 강해서 −4°C 정도까지 잘 견딘다. 일반적으로 −8°C까지도 내성이 있으며, 일시적으로 −18°C까지 내려가도 적응한다. 품종에 따라 저온에 의한 화아분화에서 차이가 있으므로 고온기를 앞에 둔 봄 파종 재배에서는 온도 감응성이 둔한 계통의 품종을 선택해서 재배하여야 한다.

기타 환경 조건으로 충분한 햇빛과 알맞은 관수가 필요하다. 관수가 불량하면 결구의 비대가 나쁘고 아울러 쓴맛이 강해진다. 그러나 수확기에 접어들어서 갑자기 다량의 관수를 하면 열구현상이 나타나므로 토양수분의 급변을 방지하여야 한다. 토양이 과습하면 뿌리가 썩게 되므로 여름철 논에 재배할 때는 배수를 잘해 준다.

(3) 품종

유럽에서는 붉은양배추도 일반 양배추처럼 봄재배용, 여름재배용 그리고 겨울재배용으로 품종의 분화가 완전히 이루어져 있다. 붉은양배추는 회사마다 다양한 품종을 공급하나 주요 품종은 다음과 같다. 조생종으로 '루비볼'('Ruby Ball', 조생종, 65일), '루비 볼 하이브리드'('Ruby Ball Hybrid', 68일), '레드 에이크'('Red Acre', 76일), 중생종으로 '랭딕 어얼리 레드'('Langedyk Early Red', 90일)와 '엘푸르트'('Erfurt', 90일 이상)가 있다. 만생종으로는 '랭딕 어텀 레드'('Langedyk Autumn Red', 암적색, 110일)가 많이 재배된다. '루비볼'은 국내 재배 면적의 거의 90% 이상을 점유하는 품종이다. 조생종으로 적기에 정식을 하면 65일째에 1.3kg이 되고 재배 기간이 다소 길면 1.6kg에까지 이르게 된다. 추위와 더위에 잘 견디며, 저온에도 결구를 잘하는 특징을 갖는다. 남부지방에서는 가을부터 봄 재배가 가능하며 고랭지에서도 잘 자란다.

(4) 재배 관리

작형: 붉은양배추의 작형은 봄재배(1~3월 파종, 3~5월 정식, 4~6월 수확), 여름재배(7월 파종, 8월 정식, 11~1월 수확, 제주), 가을재배(8월 파종, 11월 정식, 5월 수확, 제주 남부)와 고랭지재배(5~6월 파종, 6~7월 정식, 7~8월 수확, 평창)로 나눈다. 그러나 작기 선택은 재배지의 환경과 재배시설 등을 고려하여 결정하여야 한다.

재배: 노지에 직파하지 않고 플러그 트레이에 육묘를 해서 심는다. 재배 면적에 따라 작으면 108공이나 128공을 준비하여 파종한다. 파종은 정식 예상일로부터 봄, 가을은 2개월 전에 하고, 여름재배는 약 1개월 전에 한다. 파종하여 온도를 16~20°C로 유지하고 싹이 난 후에는 14~16°C를 목표로 해서 관리한다. 관수는 너무 많이 주지 말고 다소 강건하게 육묘한다. 최근에는 필요한 모를 육묘장에서 주문해서 심는 경우가 늘고 있다.

토질에 대한 적응도는 폭 넓지만, 경토가 깊고 배수가 잘되는 사질토가 좋다. 정식 2~3주 전에 시비하고 땅을 잘 갈아서 정지작업을 한다. 본 잎이 6~7매 시에 정식하는데, 정식 거리는 품종이나 재배형에 따라 차이가 있으나 40×60cm(10a 4,150주) 또는 45×75cm(10a당 3,000주)를 기준으로 한다. 정식 후에는 제초제를 뿌려주며 그 후 중경과 시비를 하는데, 결구가 시작되기 직전인 잎이 15매가 되기 전에 모든 작업을 마친다. 만일 결구 후에 제초나 중경을 행하면 뿌리나 잎이 상해서 오히려 생육에 나쁜 영향을 준다.

시비량은 재배시기, 생육기간 그리고 토질에 따라 다르지만, 성분량으로 10a당 질소 25~27kg, 인산 18~20kg, 칼리 23~25kg을 준다. 그 외 퇴비 약 3톤과 석회를 10a당 100kg 정도 시비한다. 질소와 칼리는 60~70% 정도 밑거름으로 주고 나머지는 덧거름으로 준다. 그러나 조생종은 밑거름 위주로 재배한다. 토양 산도는 약산성에서 중성 토양이 알맞으며, pH 5.5 이하에서는 수량이 감소한다. 시비 요령은 무멀칭 재배는 초여름재배에 2회 덧거름을 주고, 가을재배나 월동재배에서는 3회 정도 나눠서 준다. 특히, 월동재배는 제주도의 경우 겨울을 넘기기 전에 1회, 그리고 겨울을 넘겨 2월부터는 1개월 간격으로 2회 정도 덧거름을 준다. 마지막 시비는 결구를 시작하는 시기가 적당하며 결구가 상당히 진행된 다음에 덧거름을 주면 오히려 결구를 지연시키고 열구현상을 일으키게 된다. 그러나 비닐 멀칭재배에서는 70% 정도를 밑거름으로 주고, 덧거름을 1회 주는 것이 인건비를 줄이고 편리하다.

병해는 노균병(가을), 무름병(늦가을), 균핵병, 검은무늬병, 무사마귀병 그리고 뿌리썩음병이 많이 발생하며, 방제법은 꽃양배추와 같다. 충해로는 배추흰나비와 진딧물이 많이 나타나는데, 조기에 살충제를 이용해서 방제한다.

수확: 수확은 품종에 따라 적기에 실시하는데, 구의 크기에 따라 큰 것을 먼저 수확하고 작은 것은 1주일 정도 기다렸다가 수확한다. 봄 뿌림하여 여름철에 수확할 때는 생육 후기로 갈수록 온도가 높아지므로 늦지 않게 수확을 한다. 수확량은 10a

당 약 4톤 내외인데, 여름에 수확하는 것이 가장 수량이 높다.

저장: 붉은양배추를 4~5월에 수확하여 상온(15~18°C, 습도 50~89%)에서는 약 1주일 정도 저장할 수 있고, 비닐에 포장한 경우에는 8~12일 정도 저장할 수 있다. 그러나 온도를 냉장고 안의 온도인 10°C(상대습도, 90~95%)로 내릴 경우에는 8~10일 저장이 가능하고, 비닐에 포장한 경우에는 15~20일을 저장할 수 있다. 온도를 더욱 내려 냉장하는 상태인 0°C(상대습도, 88~98%)로 조절하면 상자에 넣은 상태에서는 15~20일, 비닐에 포장해서는 25~30일 동안 저장이 가능하다. 늦가을에 수확하면 낮은 온도에서 수개월 동안 저장할 수 있다.

(5) 이용 및 기능성

이용: 신선한 붉은양배추는 샐러드, 쌈 등으로 이용한다. 유럽에서는 절단하여 익힌 후에 페널이나 쿠민 같은 허브 종자를 넣어 양배추 냄새를 낮춰서 먹는다. 일부에서는 한국의 김치처럼 소금만을 이용하여 발효시킨 사우어크라우트(Sauerkraut)을 만들거나 다른 채소와 같이 식초를 첨가하여 병조림으로 만들기도 한다. 또한 스튜와 스프로 조리해서 먹는다.

기능성: 붉은양배추에도 배추과 채소의 독특한 향이나 맛을 내는 이소- 또는 티오시안네이트(iso- and thiocyanate)가 글루코시놀레이트(glucosinolate) 상태로 잎에 함유되어 있다. 이들은 조리할 때 잎을 자르면 효소인 글루코시다제(glucosidase)에 의해 글루코시놀레이트가 분해되어 나타난다. 이와 같은 성분을 많이 섭취하면 갑상선의 비대를 일으키지만 평상시에 조금씩 먹는 것은 건강에 영향이 전혀 없다. 글루코시놀레이트가 많으면 쓴맛을 내는 경우가 많은데, 이때는 잎을 세절하여 물에 15분 정도 담갔다가 꺼내면 매운맛이 가셔서 샐러드로 이용하기에 좋다. 붉은양배추즙을 먹으면 위궤양에 좋으며, 비타민과 티오시아네이트(thiocyanate) 등은 폐암, 위암, 직장암 등 예방에 좋다.

2.12 브로콜리와 브로콜리니

학명: *Brassica oleracea* L. var. *italica*
(영): broccoli **(독):** Brokkoli **(불):** Brocoli

(1) 원산지 및 재배 내력

원산지는 지중해 동부 연안이며, 기원전 6세기부터 로마제국에서 재배되어 당시에 이미 이탈리아의 중요한 채소로 자리 잡았다. 영국에는 18세기에 전해졌고, 미국에는 이탈리아의 이민자들에 의해 전파되었다.

국내에서는 1980년대 초부터 재배되었으나, 2000년대 여행자유화 이후, 소비가 증가하였다. 브로콜리 재배면적은 2000년 28ha에서 2015년 1,918ha로 연평균 32.5% 증가하였고, 같은 기간 동안 생산량은 778톤에서 23,464톤으로 연평균 25.8%가 증가하였다. 수입량은 2011~16년까지 6년간을 평균해 보면 연간 1,200만 달러이다. 따라서 고품질로 국내 생산하면 수요가 충분한 작물이다.

Broccoli는 이태리어인 broccolo(양배추의 꼭대기 꽃)에서 유래하여, brocco(작은 손톱, 새싹)의 의미를 갖는데, 이는 브로콜리의 형태를 표시한 것이다. 변종명의 *italica*는 '이태리' 의미로 브로콜리가 거기서 유래되었기 때문이다.

차이니스 브로콜리(Chinese broccoli)는 카이란(kairan) 또는 가이란(gairan)으로 명명되었으며 중국이 원산이다. 브로콜리와 같은 배추과로 학명은 *Brassica oleracea* var. *alboglabra*이다. *alboglabra*는 albus(흰색)과 glabrus(무모, 'hairless')의 합성어로 노란꽃이 피는 배추와 달리 흰꽃이 피면서 잎에 털이 없는 것을 표현한 것이다.

브로콜리니(broccolini)는 일본의 사카다 종묘가 1998년 브로콜리와 카이란을 교잡한 새로운 잡종을 미국에서 재배하면서 알려진 채소로서, 1999년부터는 호주에서도 상업적인 생산을 하고 있다. 현재 여러 나라에서 재배하며, 유럽의 주말농장에서 인기가 많다.

(2) 식물학적 특성

양배추에서 분화된 식물로 꽃대가 형성되는 식물에서 선발된 채소이다. 배추과에 속하며 Italian broccoli(또는 Calabrese broccoli, 한 개의 둥근 봉오리가 형성됨), asparagus broccoli(여러 개의 작은 꽃대가 생기고 작은 꽃봉오리가 다수 형성됨), purple broccoli(자색 화구를 형성)등으로 구분된다. 그러나 통상적으로 모두 브로콜리라고 부른다.

브로콜리는 2년생 초본으로 생육 적온은 15~20°C이며, 0°C까지 잘 견디지만 25C 이상에서는 생육이 곤란하다. 발아에 알맞은 온도는 20~30°C 또는 20°C이며, 5~10일의 발아 기간이 필요하다. 종자의 천립중은 2.5~3.5g이며, 3~4년 동안 발아력을 유지한다. 겨울에는 낮은 온도에서 잘 견디므로 남부 해안에서는 무가온 온실에서 월동이 된다. 잎은 양배추보다 좁고 잎자루 쪽은 결각이 심하지만 끝으로 갈수록 결각은 줄고 완만한 장타원형으로 된다. 꽃잎은 노란색으로 4개이다. 식용 부위의 꽃봉오리는 녹색, 자주색, 노란색 등 다양하며, 꽃이 생기기 전의 통통한 줄기만 이용하는 종류도 있다. 품종에 따라서는 생장점에 한 개의 꽃만 생기기도 하고 생장점 아래의 잎겨드랑이에 여러 개의 작은 꽃이 달리기도 한다. 꽃눈분화에 적당한 생육단계, 요구하는 온도 및 처리 기간은 품종군에 따라 다르다. 조생종은 5~6매 잎 단계에서 15°C에 3~4주(20°C, 6주일), 중생종은 10매 단계에서 15°C에 6주, 그리고 만생종은 15매 단계에서 15°C에 6주가 필요하다. 일반적으로 싹이 난 후에 조생종은 70~80일, 중생종은 80~90일, 만생종은 90~100일이 지나 꽃대가 오른다.

꽃눈분화기의 식물 크기는 줄기 직경 5~8mm, 생체중 4~50g 정도이다. 브로콜리는 꽃봉오리[화뢰(花蕾)]의 성숙 기간이 온도, 품종, 재식 밀도, 재배 기술 등에 따라 차이가 나지만 분화 후에는 고온이 화뢰의 발달을 촉진한다.

카이란 잎은 둥글거나 장타원형으로 양배추잎처럼 두껍고 품종에 따라 약간의 청록색(blue-green)을 띤다. 어릴 때의 모양은 케일 같기도 하며, 초장은 30~40cm 정도된다.

브로콜리니(broccolini)는 꽃대가 매우 길고, 잎자루는 자주색을 띠며, 잎은 가장자리가 약간 오글거리면서 전체적으로 케일 같은 모양이다. 화뢰는 작은 브로콜리처럼 생겼으며, 재배 방법도 브로콜리와 동일하다(그림 2.12).

그림 2.12 브로콜리(좌)와 브로콜리니(우, 출처: Vesseys)

(3) 품종

국내에서 육성되는 브로콜리 품종도 보급되나 주산지인 제주도에서는 외국 품종에 대한 의존도가 매우 높다. 품종은 재배기간에 따라 조생, 중생, 만생종으로 나눈다. 품종명에 표시한 생육일수는 정식 후에 수확기까지의 일수로, 육묘기간(20~25일)은 뺀 기간이므로 이를 고려해서 파종한다. 브로콜리는 화구색이 다양하나 여기서는 녹색과 자색종만을 제시하였다. 측화형(側花形)은 중앙의 주 꽃봉오리를 수확한 후에 측화가 자라서 2~3차례 수확이 가능한 품종으로 수확 기간이 3~4주 더 길어진다. 꽃과 줄기를 먹는 중국채소 카이란과 브로콜리니 품종도 제시하였다.

① 조생종(58~65일): 'De Cicco'(48일, 측화형), 'Blue Wind'(55일, 측화형), 'Amadeus'(56일, 측지형), 'Early Purple Sprouting'(65일, 자색종), 'Green Comet'(70일)

② 중생종(66~75일): 'Diplomat', 'Fiesta', 'Marathon', 'Walthan'(내한성 강함),

'Belstar'(봄~가을용), 'Express'(측지형), 'Paraiso'(75일), 'Early Sprouting Late'(자색종)

③ 만생종(75일 이상): 'Apollo'(측화형), 'Santee'(80~115일, 자색종)

④ 카이란: 'Suiho'(44일), 'Happy Rich'(55일)

⑤ 브로콜리니: 'Broccolini Asparatio'(녹색종, 60~90일)

(4) 재배 관리

작형: 봄재배(1~3월 파종, 4~6월 수확), 여름재배(4~5월 파종, 7~9월 수확), 가을재배(6~7월 파종, 9~2월 수확)로 나눈다. 여름에는 고랭지재배만 가능하다.

재배: 육묘는 자가육묘와 육묘공장 공정육묘법이 있다. 자가 육묘는 플러그 트레이 128공에 파종해서 30일(여름)~50일(겨울) 내외에 육묘하여 노지나 온실에 정식하는 재배법이다. 온도관리는 파종 후 싹이 날 때까지는 주간 30°C, 야간 20°C를 목표로 관리하고, 발아 후에는 20~25°C, 이후에는 서서히 온도를 낮춰서 육묘 후반기에는 13~15°C 정도가 되어야 튼실한 묘가 된다. 육묘기간 중에 잘 관수하며, 특히 후반기에는 모가 크므로 매일 관수한다. 보온과 환기에 유의하고 낮에는 25°C 이상의 고온이 되지 않도록 관리한다.

육묘공장 묘는 반드시 품종을 잘 확인한 후에 구입하여 재배한다. 정식 모는 조생종은 25~30일 전후에 육묘하여 본 잎이 4~5매, 만생종은 35~45일 육묘하여 잎이 6~7매 자란 모가 좋다. 모는 떡잎이 붙어 있어야만 좋은 모종이다.

포장은 퇴비, 석회, 붕소를 뿌리고 경운한 후 이랑을 만들기 전에 복합비료를 살포하고, 경운 후에 비닐 멀칭을 하면서 이랑을 만든다. 산성 토양에서는 무사마귀병에 걸리기 쉬우므로 반드시 중성(pH 6~7)에 가깝게 개량한다. 시비량은 퇴비 2~3톤, 고토석회 100~120kg을 뿌리고 경운한다. 이랑을 만들기 전에 질소 30, 인산 25, 칼리 30kg/10a 수준으로 뿌린다. 1회 수확하는 경우에는 잎이 이랑 사이를 덮기 전에 질소와 칼리를 각각 10kg/10a 수준으로 덧거름을 준다. 측지형은 1차 중앙 화뢰를 수확한 직후에 뿌려주는 것이 측화의 수량을 올릴 수 있다.

재식법에는 외줄 재배와 2줄 재배가 있다. 외줄 재배는 중앙의 화뢰를 수확하고 난 후에 겨드랑이에서 생기는 화뢰를 수확하기에 좋고, 2줄 재배는 중앙의 화뢰를 한 번만 수확할 때 재식 본 수가 많으므로 좋은 재식법이다. 외줄 재배는 70cm 이랑 폭에 주간 거리 30cm(약 4,000주/10a), 2줄 재배는 120cm 이랑 폭에 주간 거리 35cm(4,500주)~40cm(4,100주)로 심는다. 브로콜리는 잎의 영양가도 높아서 주변에 다른 배추과 작물을 같이 심어도 배추흰나비가 유독 선호한다. 따라서 가정원예에서는 매일 아침마다 해충 제거에 노력해야 하고, 일반 노지재배에서는 약제 방제를 정기적으로 한다. 물을 알맞게 주면 수량이 증가가 되며, 생육상태를 봐가면서 덧거름을 1~2회 준다.

카이란은 봄과 가을재배를 하는데, 브로콜리처럼 육묘한 후에 심어서 가꾼다. 3~11월까지 비가림재배나 온실 내에서 시설재배가 가능하다. 플러그 트레이 128공에 파종하여 20~30일 정도 육묘한 후에 30×30cm로 간격으로 심는다. 재배시기에 따라 정식 후 잎만 수확하면 재배기간이 짧지만 화뢰가 형성되어 출뢰된 줄기를 잎과 같이 수확하려면 다소 오래 걸린다. 재배 시기와 목적에 따라 다르지만 일반적으로 정식 후 30~80일이 되면 수확한다.

브로콜리니는 4~6주 육묘하여 서리 위험이 없을 때 정식한다. 60×30cm로 심고 60~90일이 되면 수확한다.

수확: 심은 후에 조생종은 60일, 중생종은 70일 만생종은 80일이 지나야 꽃봉오리가 생기며, 적당한 크기가 되면 수확한다. 후작의 입식의 여유가 있으면 식물을 밭에 두고 측화를 수확할 수가 있으나, 한국인은 작은 측화를 선호하지 않아 소규모 텃밭 재배에서만 적용할 수가 있는 방법이다. 화뢰를 수확하고 연한 잎은 쌈채소 또는 말려서 시래기로 이용하면 좋다. 기타 병충해 방제는 꽃양배추에 준한다.

카이란의 수확은 꽃봉오리가 배추 꽃대처럼 올라 흰꽃이 개화되기 직전에 수확하는데, 부드러운 화경에 잎을 서너 개 붙여서 15~20cm 길이로 수확한 후 10개씩 묶어서 판매한다.

브로콜리니는 20~25cm 길이의 화경을 주당 3~5개 수확한다. 10개를 한 묶음으로 하여 출하한다.

저장: 브로콜리는 상온(18~20°C)에서 3일 정도 가능하다. 농가에서 비닐로 개별 포장을 해서 출하하면 5~6°C에서 10일 저장이 가능하다. 만일 1°C에서 상대습도를 95%로 유지하면 무포장은 10~12일, 비닐 포장은 45일 동안 저장이 가능하다.

카이란은 상온에서 1~2일 유통되며, 저온에서도 3일이면 상품성이 떨어지는데, 이는 브로콜리와 달리 서너 개의 잎이 붙어 있기 때문이다. 온도는 0°C, 습도는 90~95%에서 랩 등으로 싸서 보관하면 1주일 동안 저장이 가능하다.

브로콜리니는 가능하면 수확하여 바로 이용한다. 조직이 브로콜리보다 유연하여 상온에서 여린 꽃대가 고개를 쉽게 숙인다. 비닐에 포장하여 냉장고에 넣어 두면 10일 정도 저장이 가능하다.

(5) 이용 및 기능성

이용: 브로콜리는 샐러드, 스프, 피자, 주스 등 다양한 형태로 이용한다. 국내에서는 익혀서 마요네스 등에 찍어 먹거나 분쇄하여 브로콜리 스프로 많이 이용된다. 카이란은 꽃, 잎, 줄기를 익혀서 나물로 먹거나 각종 동남아 요리에 첨가하여 이용한다. 브로콜리니는 브로콜리와 동일하게 요리하는데, 익혀서 먹거나 튀김을 하며 일부에서는 생으로 먹기도 한다. 브로콜리 새싹은 무싹과 함께 영양가가 높아 아시아뿐만 아니라 유럽에서도 각종 샐러드에 싹채소로 이용한다.

기능성: 브로콜리는 사람이 섭취해야 하는 10가지 식품 중의 하나로 카로틴이 양배추(40ug)보다 약 15배(575ug/100g 생체)가 많고, 비타민 C가 배추보다 약 3배(87mg/100g 생체)가 높다. 풍부한 마그네슘은 근육 운동, 심장 기능, 호르몬 생성을 돕는다. 일본에서는 당뇨병 예방과 혈압 강하에 좋다고 알려져 많이 식용한다. 브로콜리 싹은 싹인 난후 4일째에 비타민과 매운맛이 최고에 달한다.

독일에서는 장의 점막 보호에 최고로 좋은 채소로 인정되는데, 특히 장 점막의 파열 또는 경화조직의 개선을 위해서 1주일에 3회 이상 브로콜리를 먹으면 급속하게 재생된다고 알려져 있다. 그리고 풍부한 설포라판(sulforaphane)이 꽃과 싹에 들어있어 우리가 먹는 채소 중에서 항암 작용이 가장 크다고 알려져 있으며, 전립선암의 발생을 감소시킨다. 인돌-3-카비놀(indole-3-carbinol)은 강력한 항산화제로 DNA의 구조를 보호하며, 여성들의 유방암과 난소암 발생률을 감소시킨다.

카이란은 베타카로틴, 비타민 K, 비타민 C, 루테인(lutein), 제아잔틴(zeaxanthin)과 칼슘이 많이 들어있어 노인성 실명을 일으키는 황반 퇴화를 감소시키거나 막아준다. 이와 같이 항산화 물질이 많아 항암 작용을 하고, 피부를 좋게 하며, 엽산과 풍부한 비타민은 산모의 건강 증진과 태아 발육을 좋게 한다.

브로콜리니 100g에 비타민 C가 무려 117mg이 들어 있어서 하루 필요량의 196%를 충당한다. 그래서 감기 예방에 좋고 기타 보건적인 효능은 브로콜리와 같다.

2.13 비트

학명: *Beta vulgaris* L.

(영): Beet **(독):** Salatrube **(불):** Betterave poragere

(1) 원산지 및 재배 내력

식용 비트는 사탕무우(sugar beet), 스위스 차드(chard), 근대(mangold)와 유사한 근연식물로 남부 유럽의 지중해 연안이 원산지이다. 야생종을 약용으로 이용한 것은 기원전 10세기부터일 것으로 추측되는데, 최초 기록은 기원전 2~3세기 그리스, 로마시대에 나타나며, 기원 1~2세기 전에 Dioscorides는 뿌리를 이용하는 작물로 기록하고 있다. 처음 채소로서 조리법을 기록한 것은 3세기경 Apicius로서 당시에 이미 뿌리가 상당히 발달했음을 알 수 있다. 그 후 재배되어 오다가 15세기경에 비교적 뿌리가 크고 단맛이 풍부한 종이 발표되었고, 네덜란드의 Dodoens가 1550~1560년 샐러드로 이용할 수 있을 정도로 뿌리가 커진 품종을 선발하였다. 유럽에서 보편적으로 재배된 것은 17~18세기로 추정된다.

아시아지역에는 아라비아 사람들에 의해 북부 인도와 중국에 처음 전파되었다고 하나 연대는 정확하지 않다. 국내에서는 1990년 후반부터 대도시 근교에서 조금씩 재배되기 시작하였고, 현재는 여름철에 잎을 쌈채소용으로 재배하는 수경농가와 뿌리를 생산하는 농가가 있으며, 주말농장에서도 인기가 있는 서양 채소이다.

학명의 *Beta*는 라틴어의 bette(붉다)에서 유래했고, *vulgaris*는 '보통'이라는 의미로 재배종을 뜻한다.

(2) 식물학적 특성

비트의 근연종에는 다음 몇 가지가 있다. 과거에는 변종명을 기재하여 구분했으나 최근에는 모두 *Beta vulgaris* L.로 통합하고 작물명을 붙인 그룹으로 나눈다.

Beta vulgaris subsp. *maritima*:지중해 연안에서 자라는 야생종이다.
Beta vulgaris L. var. *altissima*: 사탕무우(sugar beet)로 유럽 설탕의 제조 원료이다.
Beta vulgaris L. var. *alba*: 사료용 사탕무로서 당도가 낮다.
Beta vulgaris L. subsp. *vulgaris*: 샐러드용으로 재배하는 식용 비트이다.
Beta vulgaris L. subsp. *cicla*: 잎을 이용하는 채소로서 한국명은 근대이다.

이들 비트의 근연종의 특징은 뿌리에 나이테 같은 둥근 겹무늬가 있으며, 형태는 환상 비대형이다. 뿌리를 자르면 비트만 속이 붉고 다른 근연종은 백색이다. 그러나 최근에는 비트의 뿌리가 노란색, 흰색인 품종도 있다. 모든 근연종이 나이테와 같은 층이 생기는 것은 사부(篩部)와 목부 조직이 번갈아 가면서 중심부로부터 밖으로 비대하면서 층을 형성하기 때문이다. 일반적으로 목부 조직(木部組織)에 붉은 색소인 안토시안(anthocyan)의 분포가 많고 사부 쪽이 낮아 무늬가 형성된다. 안토시안의 농도는 생육이 빠른 품종에서는 낮아 다소 밝은색을 나타내고, 생육이 느린 품종은 붉은 색깔이 진하다. 빨간색과 흰색이 교호되는 환형의 스트립형(striped types)도 있다.

뿌리의 형태는 둥근형으로 우리가 식용으로 하는 부분은 배축(hypocotyl)이다. 그러나 사탕무는 배축이 짧고, 사료용 비트는 배축이 길어 뿌리의 형태가 다르다.

잎의 색은 식용 비트는 연한 녹색에서 다소 붉은색이 섞인 녹색이며, 표면은 매우 번들거린다. 그러나 황색종은 엽병이 노란색으로 잎의 색이 연록이며, 백색종은 엽병이 근대처럼 흰색이고 잎은 녹색이다. 잎의 색과 뿌리의 색은 전혀 상관관계가 없으나 일반적으로 잎이 어두우면 뿌리도 색이 짙다. 뿌리의 색이 붉은 품종은 대부분 엽병의 색이 붉다.

비트는 2년생으로 발아 후 수확기까지 조생종은 50일 전후, 중생종은 60일 전후. 그리고 만생종은 70~100일이 필요하다. 첫해에는 개화하지 않고, 다음 해에 개화하므로 종자를 얻으려면 14~16개월 반이 소요된다. 뿌리 상태로 월동하면 초여름에 개화하는데, 꽃대 길이는 1m에 달하며, 꽃은 황록색으로 여러 개의 집단으로 많이 달려서 원추화서를 형성한다. 과실은 위과(僞果, pseudocarp)로서, 딱딱한 과피를 갖는데 그 속에 콩팥처럼 생긴 갈색의 2~6개 종자가 형성된다. 종자 천립중은 13~22g이며, 1kg에는 약 50,000~80,000립이 포함된다. 종자에 서너 개의 씨가 들어 있어서 100알을 파종하면 100~230개의 유식물을 얻을 수 있다.

종자는 8~30°C 범위에서 발아할 수 있는데, 20~30°C의 변온이나 20°C 정온에서 발아가 잘된다. 발아 기간은 보통 7~14일 정도 걸린다.

생육하기 알맞은 온도는 13~18°C로 시원한 기후를 좋아하는 호냉성 채소로서 온도가 22°C 이상이 되면 생육이 저하되어서 품질 좋은 비트를 생산하기 어렵다. 하지만 중부지방에서는 봄에 심어 멀칭하고 배수를 잘 해주면 여름의 장마기를 견딜 정도로 내서성도 있다.

비트는 유묘기와 성숙한 후에 0~5°C의 온도에 일정 기간(약 2주일) 노출되면 화아분화를 일으켜서 추대하므로 수확할 수 없게 된다. 그러나 12시간 이하의 단일조건에서는 저온이라도 추대가 안 된다. 따라서 재배할 때에 10°C 이상의 온도 관리가 중요하다.

비트를 포함한 근연종은 칼리가 부족하면 나트륨을 이용하는 유일한 특수 작물이다.

그림 2.13 비트(출처: Park Seed)

(3) 품종

비트의 근피색은 적색, 황색, 백색종이 있으며, 뿌리절단면도 적색종, 적색과 흰색이 교호로 무늬를 이루는 스트립형, 황색종이 있다(그림 2.13). 수확기에 따라 조생종(50일 내외), 중생종(55~65일), 만생종(65일 이상), 근형에 따라서 환형(丸形)과 원통형인 실린더형(cylinder type: 근장, 20cm)으로 구분한다. 내서성이 강하고 육색이 좋은 것을 선택하여 재배한다.

① 적환 조생종: 'Early Wonder', 'Gladiator', 'Little Ball', 'Mini Ball', 'Red Ace'

② 적환 중생종: 'Big Red'(가을재배용), 'Crosby's Egyptian', 'Detroit Dark Red'

(여름재배용), ‘Perfect Detroit’(가을재배용), ‘Ruby Queen’(가공용)

③ 적환 만생종 ‘Green Top Bunching’(녹색엽), ‘Perfect Detroit’(가공용)

④ 적색 실린더형: ‘Cylindria’(중생), ‘Formanova’(중생), ‘Forono’(만생)

⑤ 적색 스트립형: ‘Bassano’, ‘Di Chioggia’(조생), ‘Candy Stripe’

⑥ 황색 환형: ‘Touchstone’(중생), ‘Golden’(중생), ‘Golden Detroit’(중생)

⑦ 백색 환형: ‘Avalanche’(중생), ‘Blankoma’(중생), ‘White Detroit(중생)

(4) 재배 관리

작형: 봄뿌림재배, 여름뿌림재배, 가을뿌림재배가 있다. 봄뿌림재배는 3~5월에 씨를 뿌려 5~7월에 수확하는 재배형으로 지온이 9°C 이상될 때 씨를 뿌리며, 주로 조생종인 ‘Early Wonder’ 등이 좋다. 여름뿌림재배는 주로 고랭지에서 가꿀 수 있는 작형으로 6월에 씨를 뿌려 8~10월에 수확한다.

재배: 직파재배와 육묘재배가 있다. 직파재배는 파종하기 전에 종자를 24시간 물에 담그는데, 2~3차례 깨끗한 물로 바꿔준다. 파종할 때의 깊이는 2~3cm가 알맞다. 한 개의 씨를 파종하면 1개 또는 3개의 싹이 나오며, 노지에 직파할 경우에는 1.2m 이랑을 만들어서, 줄 간격 30cm에 약 2.5cm 간격으로 씨를 뿌리면 1~2주 후에 발아한다. 잎이 2~3매 자라나면 둥근 계통은 튼실한 개체만 남기고 포기 간격을 약 10cm로 솎아 준다. 그러나 실린더형은 간격을 다소 넓게 하여 약 15cm 간격으로 솎아 준다. 검정 비닐 멀칭을 하면 10×30cm로 구멍을 뚫고 종자를 3립씩 1.5cm 깊이로 점뿌림을 한다. 줄뿌림할 경우는 10a당 약 2kg 내외의 종자가 필요하다. 그러나 파종기를 이용하여 점뿌림을 하면 약 700g이면 충분하다.

육묘법은 72나 108공 플러그 트레이에 파종하고, 30~40일 정도 육묘하여 정식을 한다. 정식을 할 때 뿌리가 잘 뻗게 곧게 심는 것이 중요하다.

재배기간 동안 일반 관리는 토양 수분이 급변하지 않게 하는 정기적인 관수가 필요하며, 비닐 멀칭을 하지 않은 노지재배에서는 1~2회 중경과 잡초를 제거한다.

병해로는 잘록병과 갈색점무늬병이 있다. 잘록병은 토양과 종자 소독을 철저히 하며 돌려짓기를 하여 방제한다. 갈색무늬병은 잎이 원형이며, 적색의 반점이 생기는데 보르도액과 다이젠을 살포해 방제한다. 기타 생리적으로 잎이 비틀리거나 생장점이 고사하고, 뿌리의 내부에 검은 반점이 생기는 현상인 붕소 결핍증이 나타나기 쉬우므로 10a당 1kg의 붕사를 반드시 밑거름으로 준다.

비트는 토양의 종류와 전혀 무관하게 충분한 양분과 수분만 있으면 잘 자란다. 그러나 가능하다면 비옥한 양토가 좋다. 뿌리를 깊게 뻗으므로 토양은 약 20cm 깊이까지 잘 경운을 하는 것이 필요하다. 시금치와 비트는 서로 기지현상(忌地現象)이 심해서 시금치 재배 후에 비트를 재배하면 생육이 억제된다.

알맞은 산도인 보통 pH 6.0~7.0을 유지하는 것이 좋으므로 석회를 충분하게 뿌려

주는 것이 필요하다. 시비량은 10a당 질소 15kg, 인산 11~15kg, 칼리 24kg을 표준으로 시비하는데, 질소와 칼리의 절반은 뿌리의 비대기 바로 전에 덧거름으로 준다.

수확: 조생종은 뿌리 직경이 3cm 내외로 굵어지면 수확을 시작한다. 중생종은 직경이 약 5cm 정도 되면 수확한다. 대체적인 수량은 10a당 약 2.5~4톤에 달한다. 크기에 따라 직경을 5~8cm 또는 8~12cm로 나누기도 하는데, 이는 중만생종에서 분류하는 법이다. 잎을 절단한 뿌리나 잎을 부착한 채로 10개씩 묶어서 출하한다.

저장: 국내에서는 잎을 수시로 수확해서 모둠 쌈채로 출하하는 곳이 많다. 특히 고온기인 여름재배에서 많이 이루어진다. 잎은 수확하여 바로 5~6°C 저온저장고에서 저장하였다가 비닐 포장하여 출하한다. 잎을 제거하고 뿌리만 10°C에서 저장하면 5~6개월 정도 가능하고, 0°C, 상대습도 98~100%에서는 8~10개월 가량 저장이 가능할 정도로 저장성이 매우 높다. 저장 시 비트가 -1.7~-1.1°C에 접하면 쉽게 썩게 되므로 0°C 이하가 되지 않게 주의한다.

잎을 부착한 상태로 비트를 출하하는 경우에는 저장성이 급격히 떨어지므로 저온유통이 필수적이다. 잎을 붙은 비트는 0°C, 상대습도 98~100%에서 10~14일 동안 저장이 가능하며, 5°C에서는 저장 기간이 절반으로 줄어든다.

(5) 이용 및 기능성

이용: 뿌리는 생체나 익혀서 샐러드로 이용하며, 통조림으로 가공해서도 유통된다. 어린잎은 시금치처럼 샐러드를 만들어 이용하며, 국내에서는 여름철 쌈채소로 인기가 있어서 모둠 쌈채로 혼합하여 판매된다. 그러나 비트에서 전형적인 흙냄새가 나서 싫어하는 사람도 있는데, 원인 물질인 지오스민(geosmin)은 인체에 해가 없다. 비트의 붉은색을 추출하여 식용색소로 이용하는데, 토마토 가공품, 아이스크림, 시리얼 등의 천연착색제로 인기가 있다.

기능성: 독특한 색깔을 나타내면서 당분 함량이 높고, 기타 무기염, 비타민, 소량의 유기산, 사과산, 포도산, 옥살산(oxalic acid) 등을 함유한다. 적색종에는 적색소인 베타인(betaine), 베타라인(betalain)이 함유되어 있고, 황색종에는 베타산틴(betaxanthins)이 함유되어 있다. 베타인류와 엽산(folate)은 혈관계에 유해한 호모시스테인(homocysteine)을 감소시켜 심장병, 심장마비, 치매, 말초 혈관계 질환(손, 발쪽 혈관 흐름 억제)을 예방한다. 비트를 적당히 섭취하면 피부와 모발 건강에 좋다. 비트에 들어있는 적색의 색소 물질인 베타시아닌(betacyanin)은 항암 효과가 있으며, 우리 몸의 대사작용에 이용되지 않고서 소변으로 배설되고 이뇨 작용이 있다.

유럽에서는 위염, 치질, 변비 개선에 효과가 있고, 월경 시의 혈액 보강제, 온화한 강심제, 뼈 결합조직의 강화, 피부나 머릿결을 좋게 하는 효과가 있어서 많이 섭취한다. 최근 연구에서는 매일 한잔의 비트 주스를 먹으면 암 발생률을 낮춰 준다고 알려져 있다.

2.14 서양고추냉이

학명: *Armoracia rusticana*

(영): Horseradish **(독)**: Meerrettich **(불)**: Raifort sauvage, Mederick

(1) 원산지 및 재배 내력

서양고추냉이는 원산지가 지중해 및 서아시아로 추정되는데, 현재 유럽 전역에 야생화되어 있다. 고대 그리스와 로마인들은 약용으로 사용했으며, 중세기에도 잎과 뿌리는 약용으로 사용한 기록이 있다. 중세 이후 독일, 스칸디나비아 반도, 영국에서는 고기나 생선을 먹을 때 허브로 사용하기 시작했다. 오늘날에는 서양고추냉이를 연어와 곁들여 먹으며, 독일과 영국에서 요리에 많이 사용된다. 미국에 전파된 경로는 이민자들이 가져간 것으로 알려져 있다.

국내 연구는 1980년대 초에 고려대학교에서 시작했고 조직배양법을 정립하였다(박과 김, 1988), 1997년부터 하남시 가나안농원과 1998년 공주 엔젤농장에서 매운맛의 잎을 쌈채로 처음 생산했다(박과 류, 2000). 근래는 쌈용잎과 함께 뿌리를 생산 판매하는 농가도 있다.

학명의 *Armoracia*는 라틴어의 옛날 이름인 켈트어의 ar(가깝다), mor(바다), rich(지방)이라는 3개 단어가 합해진 것으로 식물이 염분이 많은 지역에서 자라는 데서 연유한다. 종소명인 *rusticana*는 라틴어의 *rusticanus*에서 유래된 '지방으로부터'라는 뜻이다.

영명의 horseradish는 독일어 Meerrettich에 기원을 두는데, meer(sea)가 영국인들에게 mähre로 들렸고, 이것은 늙은 말을 의미해서 horseradish(Rettich는 radish)라 명명한 것으로 알려져 있다(Counter and Rhodes, 1969).

그림 2.14 잎과 꽃(좌)과 포장한 뿌리(우)

(2) 식물학적 특성

배추과에 속하며, 내한성이 강한 여러해살이다. 잎은 가늘고 길며 80cm까지 자라는데, 잎 가장자리는 결각이 심하지 않다. 그러나 일단 화아분화가 이루어지면, 잎은 로제트(rosette)가 되어 결각이 매우 심하게 나타난다. 잎은 녹색이나 관상용 품종은 녹색에 흰 반엽(斑葉)이 나타나서 녹색과 흰색이 혼합된 잎을 갖는다. 꽃대는 1.5m 정도 크는데, 가지가 몇 개로 나누어지며 그 끝에 꽃잎이 4개인 흰색의 꽃을 갖는다(그림 2.14). 개화 후에 달걀 모양의 과실이 생겨나고 그 안에 암갈색의 작은 종자가 생기지만 불임성이기에 발아력은 없다. 주로 뿌리를 잘라서 번식시키는데, 뿌리에는 한 개의 원뿌리[主根]가 있고 그 끝에서 몇 개의 실뿌리가 자라 나온다.

서양고추냉이는 한 번 재배한 곳에서는 원뿌리를 캐내도 실뿌리가 남아서 잡초화가 될 가능성이 큰 작물이다. 이들을 밭에서 완전하게 제거하기 어려우므로 재배 후 관리에 유의해야 한다.

선선한 기후가 좋으며, 내서성은 중간 정도이나 내한성은 아주 강하다. 다소 습한 토양이 좋지만, 과습한 토양에서는 뿌리의 발육이 좋지 않다. 그러므로 노지에서는 여름철 장마에 대비하여 이랑을 높게 만들고 배수를 잘해야 한다.

너무 강한 햇빛보다는 다소 그늘지는 곳에서 잘 자라고, 알맞은 햇빛은 독특한 맛과 향을 상승시키지만, 햇빛이 너무 약하거나 강하면 맛이 오히려 떨어진다.

(3) 품종

국가별로 선별되어 지역명을 붙인 재배종이 많다. 독일의 경우에는 바바리안 고추냉이와 함부르크 고추냉이가 있는데, 바바리안종은 뿌리가 가늘고 길며, 함부르크종은 뿌리가 다소 굵고 짧다. 유럽에서 재배되는 헝가리, 불가리아, 유고슬라비아종은 매운맛이 강하고 독일종은 다소 약하다. 미국에서는 다음 4가지 계통이 재배된다.

① Maliner Kren계: ‘Maliner Kren’(유럽 원산, 내병성 약함 가정원예용)

② Bohemian계: ‘Bohemian Giant’(내병성 강함, 재배용), ‘Sass’, ‘New Bohemian’

③ Big Top Western계: ‘Big Top Western’(20세기 육성종, 바이러스 강한 판매용)

④ Variegata계: ‘Variegata’(녹색, 흰색의 반엽종, 2~3년 후 뿌리 식용, 매운맛이 약함, 관상용)

(4) 재배 관리

작형: 뿌리 재배, 쌈용 재배, 관상용 재배가 있다. 뿌리 재배는 봄에 종근(種根)을 심어서 가을에 수확하는 방법과 해를 넘겨 다음 해에 필요할 때 뽑아서 이용하는 방법이 있다. 쌈용 재배는 종근을 봄 일찍 심어서 잎이 손바닥 정도로 자란 것부터 수확하는 방식이다. 여름재배 동안에는 잎의 부드러움을 증진하기 위하여 약간의 차

광을 할 수 있는 시설이 필요하다.

관상용 재배는 봄에 반엽 품종의 종근을 심어 수년간 한 곳에서 관상하면서 재배하는 형태이다.

재배: 농장에 모본을 재배하면서 정식에 사용할 종근을 캐내서 분리하는 것이 중요하다. 뿌리를 캘 때는 조심스럽게 파내서 원뿌리에 붙은 잔뿌리가 상하지 않게 하며, 캐낸 원뿌리는 다듬어서 판매하고 연필 굵기 정도의 종근으로 사용할 잔뿌리는 약 30cm씩 잘라서 묶은 후 지하실이나 땅속에서 마르지 않도록 모래를 채워 보관한다. 그러면 다음 해 봄에 2~3개의 가는 잔뿌리가 끝부분에서 나온다. 이것을 3월 말~4월 초에 고구마를 심듯이 외줄 이랑을 만든 후 80cm의 이랑 간격에 주간 거리 40cm로 머리를 한 방향으로 해서 심는다. $1m^2$에 4개의 뿌리가 필요하므로 10a당 4,000개를 겨울 동안 저장해야 한다. 심은 후 6월 초까지 뿌리의 머리끝에서 자라나는 잎은 놔두고 옆에서 자라나는 잎만 따준다. 뿌리 끝이 아닌 옆에서 나는 잎을 그냥 놓아두면 머리가 여러 개 생겨나 상품성이 떨어진다.

재식 후에는 주간 거리가 넓어 잡초가 많이 자라나므로 제초 작업을 잘 해 주어야 한다. 보통 정식 전후에 제초제를 뿌린다. 5월 중에 잎이 난 머리부분을 살짝 위로 당기면 원뿌리 주변에 작은 뿌리가 난 것을 볼 수 있는데, 이것을 제거한 후에 매끄러워진 원뿌리를 다시 흙으로 덮어준다. 이 작업을 하지 않으면 원뿌리가 비대를 하지 않고 곁뿌리만 무성해져서 상품성이 없다. 물론 대단위 재배에서는 이 작업을 안 하기도 하지만 그만큼 뿌리의 상품성은 낮아진다. 곁뿌리 제거 작업은 땅이 굳어 있으면 어려우므로 비가 온 후나 충분히 물을 준 후에 실시한다. 집약적으로 재배하는 농가에서는 7~8월에 한 번 더 이와 같은 작업을 한다. 서양고추냉이는 본래 재생 능력이 매우 강해 잎이 난 머리 부분만 조심스럽게 몇 번 뽑았다가 다시 심어도 가을이 되면 굵은 원뿌리를 형성한다.

쌈용 재배는 종근 길이를 10~15cm 정도로 잘라서 30cm 간격으로 심어 재배하는데, 한여름은 다소 차광을 시키면 잎이 부드럽고 매운맛이 낮아 먹기에 좋다. 노지에서는 관수를 잘해 주어야 하며, 2~3매 수확하고 나서 물비료를 준다.

관상용 재배는 반엽종의 번식용 뿌리를 구입하여 화단의 적당한 위치에 심는다. 퇴비 이외의 비료를 많이 주면 잎이 너무 커서 관상 가치가 떨어지므로 재배 시에 고려한다.

토양은 가리지 않고 자란다. 후일에 뿌리를 캐내는 작업을 위해서는 모래땅이 좋지만, 잔뿌리가 많이 자라나고, 맛, 향, 수량이 떨어진다. 반면에 점토질이 많은 토양에서는 뿌리가 나무처럼 단단해지고 너무 맵게 자라난다. 따라서 경토가 깊고 단단함이 중간 정도의 토양인 사양토에서 재배하는 것이 좋다. 토양 산도는 중성 또는 다소 알칼리성인 pH 6.8~7.2 정도가 알맞다. 일반적으로 3년에 한 번씩 재배지를 바꿔준다. 서양고추냉이는 염분에 매우 민감하다. 퇴비는 10a당 약 4톤 정도를 주고, 연간 N 10kg, P_2O_5 8kg, K_2O는 12kg을 시비한다. 병해는 많지 않고 충해로는 배추흰나비, 진딧물, 굼벵이가 있으며 방제가 필요하다.

수확: 가능하면 늦가을에 수확한다. 원뿌리를 몇 번이나 뽑아 올리고 측근을 제거함으로써 생육이 8월부터 10월까지 늦게 이루어지기 때문이다. 수확 시기는 서리가 내린 후 잎이 시들 때가 알맞다. 수확할 때는 눕혀서 심은 원뿌리를 위쪽으로 당기면서 끝쪽의 어린뿌리가 상하지 않도록 조심해서 캐낸다. 그래야 다음 해 심을 종근을 얻을 수 있기 때문이다. 좋은 상품의 뿌리는 최소한 180g 이상이어야 한다. 수량은 종근 4,000개/10a를 심으면 시장에 팔 수 있는 뿌리를 약 3.000개 가량 수확할 수 있으며, 평균적으로 2톤 정도이다.

저장: 서양고추냉이는 대부분의 근채류처럼 예냉(pre-cooling)을 할 필요가 없다. 이는 수확기가 추운 계절이기 때문이다. 저장온도는 −1~0°C로 충분한 상대습도에서는 6개월~1년을 저장할 수 있다. 그러나 일반적으로 6개월 이내에 이용하며, 장기저장은 맛을 나쁘게 한다. CA 저장은 맛을 나빠지게 하므로 적용하지 않는다.

(5) 이용과 기능성

이용: 뿌리는 매우 딱딱하여 가늘게 채를 써서 고기와 같이 먹는다. 그 외 즙액으로 만들어 샐러드에 첨가하거나 소시지와 같이 이용한다. 유럽의 연어요리에서는 필수적인 허브이다.

대단위 재배에서는 기계 수확을 하는데, 원뿌리와 곁뿌리가 엉켜 있어서 다음 해에 심을 종근 만을 확보한 후 수세 후에 마쇄하여 병조림이나 통조림을 만들고, 일부는 건조하여 분말로 만들어 식품 가공에 첨가물로 사용한다. 신선 뿌리용은 일부만 골라서 출하하는데, 유럽의 경우 1급은 직경 3cm 이상, 길이 14cm 이상, 무게 180g 이상이다. 국내에서는 크기에 구분 없이 랩으로 싸서 1개씩 판매한다.

기능성: 서양고추냉이의 특성은 독특한 향기와 매운맛이며, 이는 글루코시드(glucoside)인 시니그린(sinigrin)과 같이 알릴이소티오시안네이트(allyl-isothiocyanate), 부틸티오시안네이트(buthyl-thiocyanate)가 많이 함유되어 있기 때문이다. 그 이외 미네랄과 풍부한 비타민 C가 함유되어 있다.

잎과 뿌리의 매운맛은 항생작용과 함께 강력한 순환계 촉진작용을 한다. 폐나 요도감염 시에 이뇨 효과가 있다. 또한 통풍과 류마티스에 좋다. 습포를 하면 동상, 근육통, 좌골신경통 치료 및 혈액 순환 촉진 등에 효과가 있다. 그러나 많이 사용하면 피부에 발진이 나타날 수가 있다. 일반적으로 적당한 섭취는 암에 대한 저항력이나 암세포 증진을 막아준다.

2.15 셀러리

학명: *Apium graveolens* L.
(영): celery **(독):** Sellerie **(불) :** Célerirave, Céleri

(1) 원산지 및 재배 내력

셀러리는 미나리과에 속한다. 야생종은 매우 넓게 분포되어 있어 북으로는 스웨덴, 남으로는 아프리카의 알제리, 이집트, 에티오피아 그리고 동으로는 인도 서북 산간지대에서도 자란다. 원산지는 유럽, 서남아시아, 북미 등으로 매우 광범위하다. 셀러리는 재배 역사가 매우 오래된 식물로서 고대 이집트 시대에 이미 재배되었으며, 로마인들은 약용이나 데쳐서 채소로 이용하였다. 야생종 가운데 뿌리가 굵어서 식용에 이용할 수 있는 셀러리악(celeriac)이라는 변종(變種)이 생겨났다. 중세 때는 약용으로 사용되었으나, 17세기 말부터 영국에서 채소로 인정했다. 국내에 들어온 역사는 불분명하지만, 본격적인 재배는 1970년대 고랭지를 중심으로 재배되어 왔다. 근래에 겨울에는 시설에서 재배되고, 여름에는 고랭지에서 재배가 이루어진다.

속명(屬名)의 *Apium*은 그리스의 고어인 apion(습한 지역)에서 유래했는데, 이는 셀러리가 습한 곳에서 잘 자라기 때문이다. 종명인 *graveolens*는 '강하다'는 뜻으로 향기가 강함을 뜻한다.

(2) 식물학 특성

식물학적으로 셀러리는 산형화과(Umbelliferae)에 속하며, 셀러리 속(*Apium* L.)에는 다음 4가지 변종이 있는데, 1개의 야생종을 제외하면 3개의 재배 변종이 있다.

Apium graveolens L. var. *silvestre* : 야생종
var. *secalinum* : 잎셀러리(Leaf celery)
var. *rapaceum* : 셀러리악(Celeriac)
var. *dulce* : 셀러리(Celery)

셀러리는 원래 2년생 식물로, 첫해에는 로젯(rosette)형의 잎만을 형성하여 월동하고 다음 해에 줄기가 신장하여 추대하여 개화한다. 식물의 크기는 보통 60~90cm에 달하며, 추대하면 1m 이상이 된다. 엽병은 관다발이 분포되어 울퉁불퉁하게 얕은 골을 만들고 털이 없다. 잎과 엽병의 색은 녹색, 농록색, 담녹색, 황색, 자주색 등 다양하며, 뿌리 가까이 나온 잎의 엽병이 보통 셀러리에서는 길며, 2~3회 날개 모양의 우상복엽(羽狀複葉)이다. 잎의 가장자리는 거치(鋸齒)가 심하다. 꽃은 복산형 화서(複繖形 花序)로서 이른 가을에 꽃잎과 수술이 5개인 작고 흰색인 꽃이 핀다. 종자는 회색 또는 갈색이며, 길이는 1~1.5mm, 폭은 0.5~0.75mm, 두께 역시 0.5~0.75mm

그림 2.15 셀러리(좌), 셀러리악(우) (제공: Geyer)

이다. 천립중은 0.35~0.50g이며, 1g의 종자 수는 2,100~3,000개이다. 종자 1L의 무게는 450~530g이며, 1kg의 종자의 부피는 2~2.2L이다. 보통 발아율은 66~77%이며, 발아력을 3~4년 지닌다. 발아 온도는 20~30°C이고, 광조건을 좋아하며 발아 기간은 14일이다.

잎셀러리나 셀러리는 뿌리가 굵어지지 않고 뿌리 뭉치를 형성하는 천근성(淺根性)이지만, 셀러리악은 뿌리가 비대하고 둥글게 무처럼 자라며 땅속 깊이 뿌리를 내린다.

화아분화는 12°C 이하에서 일정한 기간을 접할 경우 이루어지기에 유묘기의 온도관리가 중요하다. 이는 셀러리에 꽃대가 생겨나면 상품성이 없어지기 때문이다.

(3) 품종

셀러리는 엽병의 색에 따라 녹색종, 황색종, 적색종으로 나뉜다. 국내에서는 재배가 거의 없지만, 중국에서 재배되고 있는 잎셀러리는 녹색, 황색, 적색, 백색종으로 나뉜다. 셀러리악은 아시아지역에서 재배가 거의 이루어지지 않지만, 유럽이나 미주에서는 상당히 이루어지고 있다.

황색종군인 '톨 골든 셀프 블랜칭'(Tall Golden Self Blanching), 녹색종군인 '톨 유타 트라이엄프'(Tall Utah Triumph), 적색종군인 '자이언트 핑크'(Giant Pink)와 '자이언트 레드'(Giant Red), 백색종군인 '자이언트 화이트'(Giant White) 등 수많은 품종이 판매되고 있다. 저온에 강하고, 추대가 늦으며, 엽병의 바람들이가 없는 내병성 품종을 선택해서 재배한다.

잎셀러리 품종에는 '프랜치 디난트'(French Dinant), '스프 셀러리 암스테르담'(Soup Celery Amsterdam)이 있다. 중국에도 백색, 적색, 녹색 품종이 많이 있다.

셀러리악은 구의 크기에 따라 소구, 중구, 대구종(大球種)으로 나누는데, 대구종은 만생종이다. '브리란트'(Brillant, 대형), '이람'(Iram, 중간 크기), '마블 볼'(Marble Ball, 중간 크기, 저장 양호), '텔루스'(Tellus, 뿌리 표면 매끄러움) 등이 있다. 바람들이가 잘 나타나지 않고, 뿌리의 형태가 둥글며, 외형이 보기 좋은 품종을 선택하여 재배한다.

(4) 재배 관리

작형: 봄뿌림재배, 고랭지재배, 여름뿌림재배, 가을뿌림재배 등의 작형이 있다.

① 봄뿌림재배: 1~2월에 파종하여 3~4월에 비가림 온실에 정식하여 5~6월에 수확하는 재배형이다. 파종은 온실 내에 실시하며, 이 기간에 13°C 이하의 저온은 화아분화를 촉진하므로 육묘 시의 온도관리를 유의해야 한다. 셀러리악은 한여름이 되기 전에 수확한다.

② 고랭지재배: 2~3월에 온실 내에 파종해서 5~6월에 심어서, 단경기인 7~8월에 수확한다. 또는 3~4월에 파종하여 6~7월 옮겨 심고 9~10월에 수확한다. 셀러리악 재배에 알맞다.

③ 여름뿌림재배: 남부 해안지대에서 5~6월에 파종하여 7~8월에 옮겨 심고 연말까지 수확하는 작형과 7~8월에 씨를 뿌려서 10~11월에 옮겨 심고 1~3월에 수확하는 월동형이 있다. 한여름에 육묘하므로 한냉사를 이용하여 서늘하게 유지하면서, 바이러스병 방제에 힘써야 한다.

④ 가을뿌림재배: 10~11월에 뿌려서 1~2월에 옮겨 심고 4~5월에 수확한다. 남해안과 제주도의 온실재배에서 가능하다. 저온기이므로 온도관리를 철저히 한다.

재배: 육묘 시에 셀러리를 30×35cm로 심을 경우, 약 10,000주/10a가 필요하다. 셀러리 종자 1g은 약 2,000~3,000립이므로, 이론상으로 5g이면 10,000개의 묘를 기를 수 있다. 그러나 셀러리의 발아율이 60~70% 정도로 낮으므로 2배의 분량인 10g이 필요하며, 이는 약 20mL의 종자에 해당이 된다. 셀러리악을 40×30cm로 심는다면 약 8,300주, 50×30cm 심으면 6,700주가 필요하다. 육묘 시에 셀러리는 105공이나 72공이 가능하고, 셀러리악은 72공일 때 80일 정도 육묘가 가능하다. 좋은 상토를 채우고 파종하는데, 유럽에서는 기계 파종을 하지만 국내에서는 사람 손으로 파종한다. 일부에서는 묘상에 흩어서 뿌린 후에 육묘하여 본 잎이 2~3매 나오면 72공이나 105공에 옮겨 심어 육묘하는 농가도 많다. 발아 기간은 주간 30°C, 야간 20°C로 관리해 주면 10일이 소요되고, 2주쯤 뒤에는 거의 싹이 나지만 21일까지 걸리는 것도 있다.

플러그 육묘이거나 이식 육묘를 하더라도 관수와 온도관리가 중요하다. 관수는 수온이 16°C 이상되는 물로 충분히 실시하며, 주간에 외온이 오르더라도 25°C 이상, 야간에는 16°C 이하가 되지 않게 관리한다. 온도가 너무 저온이면 화아분화가 이루어져서 꽃대가 생성되어 상품성이 낮아지며, 너무 고온이면 호흡에 의한 양분의 소모가 많아져서 불량 묘가 되기 쉽다.

여름철의 고온 시 육묘는 대형 터널을 만들어서 한냉사로 덮으면 온도의 상승을 막아줄 뿐만 아니라, 진딧물이 날아 들어와 바이러스를 감염시키는 것을 방제할 수 있다. 이 시기는 너무 고온이 되지 않게 관리하며, 알맞은 시기에 병충해 방제를 해야 한다.

봄철에는 8~9주, 여름철은 6주 이상 육묘해서 본 잎이 5매 이상이 되면 정식이 가능하나 보통 6~7매가 좋다. 최근에는 육묘공장에서 모종을 보급하므로 좋은 품종을 구입하여 사용하는 농가가 늘고 있다. 미국은 거의 기계로 정식을 하나 국내에서는 사람이 직접 심는다. 1.2m 이랑에 4줄(셀러리) 또는 3줄(셀러리악)로 심는다. 정식 후에 노지에서는 잡초 방제와 장마기 배수 등을 잘 해야 하며, 건기에는 정기적인 관수가 필요하다. 이랑을 비닐 멀칭을 하면 잡초 방제와 장마기의 과습을 막을 수가 있어서 좋다.

셀러리나 셀러리악은 다비성 작물이므로, 시비는 10a당 퇴비를 3~4톤, 질소 40~60kg, 인산 20~25kg, 칼리 60~90kg 그리고 약 200kg의 고토 석회가 필요하다. 그러나 이와 같은 시비량은 품종이나 재배 형태, 토질 등에 따라 다소 조정을 해야 한다. 보통 하우스 재배의 경우는 노지재배보다 30~50% 적게 시비한다. 아울러서 잎셀러리는 셀러리 시비량의 절반만 뿌려도 충분하다.

시비 방법은 인산은 전량 밑거름으로 주고, 질소와 칼리는 50~60%를 밑거름으로, 40~50%를 덧거름으로 사용한다. 완전히 활착한 후에 덧거름을 1회 시비하고, 그 후 10일 간격으로 2회를 실시하여 합계 3번 준다. 병충해는 발생 전에 조기 방제한다.

생리장해 및 병해: 다음과 같은 생리장해와 병해가 있다.

① 엽병 바람들이: 처음에는 노화된 외엽에 생기나 차츰 내부의 엽병으로 진행된다. 이는 엽병 내의 유세포(柔細胞)가 고사하여 희게 보이기 때문이다. 주로 질소비료의 과다 시비, 건조, 저온 그리고 꽃대가 생기면 많이 발생한다.

② 속썩음병[心腐病]: 온도가 높을 때 재배하면 가장 문제가 되는 것이 고온에 따른 칼슘의 흡수 장해이다. 칼슘이 부족하면 결구상추에서 나타나는 것과 같은 속썩음병이 생기는데, 칼슘 부족 이외에 질소 과다, 붕소 부족, 건조 상태에서 많이 발생한다. 수확하기 한 달 전후 왕성한 양분의 흡수가 이루어지는 시기에 염화칼슘($CaCl_2$) 0.3~0.5% 액을 10일 간격으로 2~3회 뿌린다.

③ 엽병 내부 코르크화: 셀러리의 생장점이 검게 변하면서 썩거나, 생장점이 멈추며, 엽병의 표면이 트는 현상은 붕소의 결핍이므로 붕소(0.2%)의 엽면살포와 더불어서 붕소의 흡수를 저해하는 질소나 칼리의 다량 시비, 저온, 건조 등이 일어나지 않게 한다.

④ 셀러리악 바람들이: 뿌리가 큰 품종(800g 이상)에서 많이 나타나는 현상으로 질소비료 과다, 재식 거리가 너무 넓을 때, 품종 특성에서 온다. 바람들이에

둔감한 품종을 선택하고 재식 거리를 알맞게 하며, 질소질 비료 시비를 적당하게 한다. 잎이 너무 무성하게 자라고 건조할 때 잘 나타난다.

⑤ 추대: 셀러리에서 추대하면 상품화가 안 된다. 육묘 시에 13°C 이하로 내려가지 않게 관리하고 너무 이른 시기에 정식하는 것을 피한다. 정식 후에 갑자기 온도가 내려가면 비닐이나 부직포로 막덮기를 하여 저온 감응을 막는다.

⑥ 얼룩 잎 색깔: 셀러리 모자이크, 오이모자이크의 감염으로 나타난다. 연작을 피하고, 육묘 시 감염되지 않은 종자 사용과 철저한 진딧물 방제가 필요하다.

⑦ 잎마름병[葉枯病, *Septoria apii*]; 발생은 6월에 비가 많이 내릴 때나 하우스 내부가 습하고 온도가 20~25°C일 때 많이 발생한다. 주로 잎에 발생하나 엽병에도 나타난다. 병반은 처음 둥근 담황색인데, 차츰 커지면서 3~10mm 크기의 바퀴 모양을 이룬다. 병이 진행되면 아랫잎이나 새잎에도 나타나고, 심하면 잎이 퇴화되고 변색되어 죽는다. 오래된 병반 중심부에 흑색의 작은 점이 생긴다. 종자 전염을 하므로 종자를 48°C에서 30분간 열탕 처리한 후 냉수에 깨끗이 씻어서 파종한다. 발병 초기에 지네브수화제 400배액과 캡탄수화제 600배액을 살포한다.

⑧ 검은무늬병[黑斑病, *Cerocospora apii*]: 병든 부위가 균사 상태로 월동해서 1차 감염원이 된다. 처음에는 황록색의 물에 데친 것 같은 작은 반점이 생겨난다. 이것이 점점 커져서 회갈색 또는 암갈색의 반점을 이루며 병반은 원형을 이룬다. 엽병에서도 물에 데친 것 같은 병반이 생기는데, 엽병에 따라 줄처럼 길게 나타나는 경향이 있다. 종자를 소독하고 발생지의 연작을 피하며, 피해가 나타나면 식물을 태우고 그 주변의 토양을 깊게 파서 다른 곳에 묻는다. 병해가 발생하면 지네브수화제 400배액, 톱신수화제 500배액, 다코닐 400배액을 5~7일 간격으로 수회 살포한다.

⑨ 무름병(*Erwinia carotonova*): 지제부의 줄기가 물러지고 냄새가 난다. 연작지에서 많이 발생한다. 발견하면 즉시 제거하고, 벤네이트를 관주해서 번지는 것을 막는다. 연작을 하지 않는다.

수확: 수확하기 전에 연백(blanching)을 시키려면 줄기의 아랫부분 엽병을 신문지로 묶어서 2~3주간 처리해준다. 연백 품종은 줄기의 절반이 연백이 되어야 판매할 수가 있다. 셀러리는 정식 후에 55일, 셀러리악은 75일 이상이 되면 수확한다. 셀러리는 수확용 칼로 줄기를 자르고 윗잎을 절단하여 상자에 담는다. 국내외에서 유통하려면 엽병 길이가 최소한 20.3cm가 되어야 하며, 최고 상품은 30.5cm 이상이어야 하므로 이를 고려하여 절단한다. 셀러리악은 소규모 재배에서는 가을철에 얼지 않게 부직포를 덮어두고 필요할 때에 수확하여 출하하는 방법을 선택한다.

저장: 국내의 셀러리는 주로 엽병과 잎의 일부를 랩으로 싸서 5~8°C의 상태에서

저장하여 판매한다. 랩으로 싸면 0°C에서 2~3주 동안 저장이 가능하지만, 저장기간이 길어지면 엽병의 바람들이가 나타난다. 잎셀러리는 비닐 포장 시에 동일한 조건에서 2주일 저장이 가능하다.

셀러리악은 0~1°C, 98% 습도를 유지해 주면 8개월 동안 저장할 수가 있다.

(5) 이용 및 기능성

이용: 기능성 성분 섭취를 위해서는 셀러리는 신선하게 샐러드로 먹는 것이 좋다. 핵산이 많으므로 육수를 내는데, 사용하는 방법이 보편적이나 피클의 형태로 조리하여 저장하게 되면 맛이 좋아 섭취하기 쉽다. 잎은 홍합요리를 할 때 넣으면 비린내를 없애고 독특한 향과 맛을 내서 아주 좋다. 벨기에에서는 홍합요리에 반드시 셀러리 잎과 줄기를 넣는다. 잎셀러리는 스프와 데침용으로 사용한다.

셀러리악은 생체로 샐러드로 먹거나 수프를 만들어서 먹는다. 그 밖에 그릴을 하거나 피클로 만들어 이용한다.

기능성: 최근 연구에 의하면 셀러리는 많은 채소류 중에 고혈압 환자의 혈압을 낮추는 효과가 가장 크다고 밝혀졌다. 이는 셀러리에 함유된 프탈라이드(phthalides)가 혈관벽의 근육조직을 완화하여 피의 흐름을 증가시키기 때문이다. 이 성분은 스트레스를 일으키는 호르몬 생성을 낮추므로 셀러리를 먹으면 기분이 상쾌해진다. 영양가는 다른 채소보다 떨어지나 상큼한 향기인 아핀(appiin)을 함유하고 있어 신경안정과 불면 치료, 위산 촉진을 하여 입맛과 소화를 돕우고, 변비를 예방하며, 신장활동을 촉진하여 배뇨를 좋게 한다. 열량이 낮고 수분과 칼륨 함량이 높아서 피부를 아름답게 하는 미용과 다이어트에 효과가 있다. 그 외에 항산화 효과가 높은 폴리아세틸렌(polyacetylene)이 풍부해 암세포 생장을 억제한다. 셀러리의 독특한 향기는 락톤 세다노리드(lactone sedanolide)에 기인하며, 정유 주성분은 아피올(apiol)이다.

민간요법적으로는 스트레스, 당뇨병, 신경염, 관상동맥 장애 및 각종 결석증에 예방 및 치료 효과가 있으며, 갱년기 장애, 생리불순에도 효과가 있다.

2.16 스위트콘(단옥수수)

학명: *Zea mays* L. var. *saccharata*
(영): Sweet corn **(독):** Zuckermais **(불):** Mais sucre

(1) 원산지 및 재배 내력

원산지는 열대 아프리카로 지금으로부터 5,400~7,200년 전에 멕시코와 중앙아메리카 그리고 남아메리카에서 주식량 작물이었다. 콜럼버스가 신대륙을 발견한 후

1520년에 유럽으로 종자를 가져가서 구대륙에서도 재배가 시작되었다. 그 후 유럽인들에 의해 인도, 중국, 일본, 한국으로 전파되어 재배되었는데, 주로 식용, 사료용, 공업용으로 사용되었으며, 근세에 들어 단옥수수가 개발됨에 따라 채소로 쓰인다.

국내에는 원나라 군들에 의해 옥수수가 전파되었다고 전해지며, 채소용은 2차 대전 후에 알려졌다. 한국인은 간식으로 찰옥수수를 즐겨 먹지만, 단옥수수 재배 농가는 많지 않다. *Zea*는 옥수수 속을 뜻하고 *mays*는 Taino족의 옥수수 명칭 *mahiz*에서 유래되었고, 변종 명인 *saccharata*는 단맛의 라틴어이다.

그림 2.16 스위트콘(좌, 제공: Geyer)과 베이비콘(우, 출처: ebay)

(2) 식물적 특성

옥수수는 1년생 식물로서 뿌리는 수염뿌리를 형성하는데, 때때로 줄기의 아래 2~3마디에서 곁뿌리가 돋아 나와 땅속으로 들어가서 도복 방지와 양수분을 흡수하는 역할을 한다. 뿌리는 보통 지중 70cm 이내에 분포한다. 줄기는 둥글고 곧바르며, 크기는 1.5~2.5cm에 달하는데, 드물게는 가지가 갈라지기도 한다. 잎의 폭은 5~12cm이다. 수꽃은 식물의 정상에 달리고 개화 기간은 약 10일이며, 암꽃은 줄기상의 잎겨드랑이에 1개 또는 여러 개 달리는데 수꽃보다 7~10일 정도 암술대가 늦게 나온다. 단옥수수는 한 주에 1~2개의 열매를 수확한다(그림 2.16).

종자의 발아율은 85%이며, 옥수수의 천립중(千粒重)은 종자의 크기에 따라 다른데, 소립종은 43~90g, 중립종은 65~140g, 대립종은 380g이다. 그러나 단옥수수는 120~130g 정도가 주를 이룬다. 종자의 발아 적온은 20~30°C이며, 발아 기간은 1주일이다. 16°C 이하거나 35°C 이상인 온도에서는 발아가 어렵다. 단옥수수의 최저 생육 지온은 13°C로서 토양 온도가 10°C 이하인 곳에서는 발아가 안 된다. 그래서 봄 일찍 텃밭에 심으면 지온이 낮아 발아 기간이 늦어진다. 꽃가루도 35°C가 넘으면 1~2시간만 생존하므로 개화기의 고온은 수량을 많이 떨어뜨리는 원인이 된다.

일반 옥수수에서 수꽃이 개화하는 데는 50~100일 걸리며, 암꽃이 필 때까지는 62~112일이 필요하다. 단옥수수는 파종에서 수확기까지 70~110일이 걸리는데, 일반적으로 중생종은 파종 후 84일이 지나면 수확한다. 베이비콘(baby corn)은 암이삭이 도출되고 4~5일 지나 옥수수알이 형성되기 전에 옥수수의 이삭자루를 제외한 어린 씨방과 태좌부의 어린 속(cobs)을 칭한다(그림 2.16 우). 이처럼 옥수수 암술 속만을 목적으로 재배하는 경우 수확기가 20일 가량 빨라진다.

옥수수는 적당한 수분 공급이 필요하며, 이삭이 나오는 출수기(出穗期) 전후의 건조는 옥수수의 생육과 품질을 극단적으로 나쁘게 한다. 강수량은 발아에서 출수기까지 약 100mm 정도가 필요하고, 출수기 전후의 약 1개월 동안은 140mm 정도가 필요하다.

(3) 품종

단옥수수는 초장, 숙기, 옥수수 이삭의 모양, 옥수수 낱알의 색, 당함량 그리고 내병성 등에 따라 나눈다. 그러나 농가에서는 싹이 나서 수확기까지 기간에 따라 조생종(생육기간 60~70일), 중생종(70~80일), 만생종(80~90일)으로 구분한다. 그리고 낱알의 색에 따라 황색, 백색, 2색(bi-color: 황색, 백색), 잡색(황색, 백색, 적색 등 3색 이상)군으로 분류한다. GMO 옥수수도 있지만 주로 사료용이며, 단옥수수는 가공하지 않고 생으로도 먹으며, 미국의 채소 시장에서 재래육종이 한 품종만 유통된다. 초기에는 주로 미국에서 수입하여 재배하였는데, 최근에는 국내에서 육종하여 판매한다. 국내 육성 보급 품종은 '초당옥수수'(1992년 육성), '고당옥'(2014년 육성, 24 °Bx), 일반 옥수수로 '찰옥1호'(1989년 육성), '자색 옥수수' 등이 있다.

단옥수수 재배 시에는 당이 높은 품종일수록 발아와 육묘할 때에 일반 종자보다 2~3°C 높게 관리해 주어야 한다. 노지에 심을 때에도 주변에 재래종 품종이 재배되는 경우에는 바람에 의해 자연교잡되어서 단맛이 많이 떨어지므로 격리해서 재배해야 한다. 자연교잡 품종은 주변에 다른 품종이 없으면 자가 채종해서 다음 해에 심어도 되지만 풍매화여서 퇴화가 빠르기에 상업적인 생산에서는 곤란하고 취미원예에서만 가능하다.

일반적으로는 단옥수수의 당량에 영향을 끼치는 배유의 돌연변이체(mutant) 종류에 따라서 5개 그룹으로 분류한다. 각 그룹마다 황색, 백색, 2색(황색, 백색), 잡색(백색, 청색, 자색 등 다양)으로 구분하며, 조생, 중생, 만생종을 소개하면 다음의 표 2.2와 같다. 외국 품종에는 su(단옥수수 표준 품종), se(당도를 올린 품종), sh2(특별히 당도가 높은 품종) 등 다양한 돌연변이 특성이 표기되어 있는데, 이를 고려해서 선택하여 재배한다.

그러나 여기에 제시된 품종은 세월이 흐름에 따라 변하므로 재배 시는 현재의 단옥수수 품종을 조사해서 선택하여 재배하는 것이 중요하다.

표 2.2 단옥수수의 분류와 품종(발췌: Wikipedia; Salunke and Kadam, 1998)

계통 분류(유전자)	특징	주요 품종(색, 재배기간: 일)
Sugary hybrid (su)	단옥수수 기본 품종	Early Sunglow(황색, 62), Jubilee(황색, 81), Golden Cross Bantam(황색, 85), Silver Queen(백색, 92), Sugar and Gold(2색, 67), Honey and Cream(2색, 84), Hooker(잡색, 70)*, Painted Hill(잡색, 75)*, Black Mexica/Aztec(잡색, 76)*
Sugary extender (se)	당도, 저장기간 향상	Spring Treat(황색, 67), Tuxedo(황색, 75), Kandy Korn EH(황색, 89), Spring Snow(백색, 65), Silber King(백색, 82), Argent(백색, 86), Bon Jour(2색, 70), Ruby Queen(적색, 75), Precious Gem(2색, 80)
Super sweet (sh2)	격리재배, 고당도, 고온육묘	Extra Early Super Sweet(황색, 67), Early Xtra Sweet(황색, 70), Illini Xtra Sweet(황색, 85), Summer Sweet White(백색, 73), Tahoe(백색, 81), How Sweet It is(백색, 85), American Dream(2색, 77), Honey N Pearl(2색, 78), Phenomenal(2색, 85)
Synergistic (sh2, se, su)	합성품종, 격리재배	Applause(황색, 72), Honey Select(황색, 79), Silver Duchess(백색, 78), Mattapoisett(백색, 80), Captivate(백색, 88), Pay Dirt(2색, 70), Synergy(2색, 76), Montauk(2색, 80), Cameo(2색, 84),
Augmented supersweet (sh2, se, su)	다유전자, 부드러운 품종	Xtra-tender 1dda(황색), Mirai 131Y(황색, 71), Devotion(백색, 82), Fantastic(2색, 73), Triumph(2색, 75), Mirai 350BC(2색, 78), Obsession(2색, 79)

*자연교잡 선발 품종, su(단옥수수 표준 품종), se(당도를 올린 품종), sh2(특별히 당도가 높은 품종)

(4) 재배 관리

작형: 하우스를 이용한 촉성재배, 터널을 이용한 반촉성재배 그리고 노지재배 및 고랭지재배로 나눌 수 있다. 촉성재배는 하우스 내에 2월 중순에 파종하여 5~6월에 수확하는 재배형으로 중부 이남에서 가능하다. 육묘기간은 25~30일 정도가 알맞다. 반촉성재배는 2월 하순에서 3월 상순에 씨를 뿌려서, 3월 중하순(남부)~4월 상순(중부)에 터널 내에 정식하여 6월 상중순에 수확하는 재배형이다. 보통 재배는 서리의 위험이 없는 4월 하순~5월 초에 노지에 파종하여 7~8월에 수확한다. 고랭지채소는 5월 중하순에 씨를 뿌려서 8~9월에 수확하는데, 파종기의 서리 또는 늦서리에 유의해야 한다.

재배: 파종하기 전에 충분히 경운하고 정해진 양의 비료를 시비하여 이랑을 만들고 검정 비닐 멀칭을 한 다음에 씨를 뿌린다. 노지에는 45×30cm로 파종하는데, 통로를 고려하면 10a당 약 5,000주 정도가 알맞다. 종자는 2개를 5cm 깊이로 파종했다가 나중에 1개만 남긴다. 발아율이 높으면 1립씩 파종하고 여분으로 가장자리에 파종했다가 보식을 하면 파종량을 줄일 수가 있다. 필요한 종자는 10a당 5~6L(4~5kg)이다. 파종할 때 재식 거리는 재배 시기, 품종에 따라 조정하는데 대단위 노지재배에서는 기계로 파종한다.

조숙재배를 위해 온실 내에 파종했을 경우, 발아가 되면 처음 2주일간은 하우스나 터널을 밀폐시켜 초기 온실의 온도를 21~30°C로 관리하는 것이 좋다. 봄철에 어린 식물이 정식 후 노랗게 되는 것은 온도 부족이고, 잎이 붉게 되는 것은 저온에 따른 인산 흡수 부족으로 나타나는 생리 작용이지만, 온도가 올라가면 정상으로 돌아온다.

직파를 하지 않고 육묘할 때는 50공이나 72공 트레이에 파종하여 잎 수가 3~4매될 때까지 육묘한다. 하우스 촉성 및 터널 조숙재배에서는 이랑 폭 1.2~1.5m에 30×30cm(19개 식물)로 3~4줄을 심는데, 통로를 고려하면 10a당 7,000주 정도가 알맞다.

가장 중요한 관리는 암꽃이 나타나는 시기를 전후하여 충분히 관수하는 것이며, 그 이외에 제초제를 이용해서 잡초를 방제하고 중경(中耕)을 실시하는 것이다. 암이삭이 나타나는 시기에 부근의 잎의 엽맥 사이가 약간 노랗게 변하면 마그네슘 결핍 증상일 수가 있으므로 미량의 원소 비료를 엽면 살포하는 것이 좋다. 암이삭은 보통 2~3개가 생기는데, 가장 상부의 것을 1개만 남기고 솎아서 1주에 1개의 단옥수수를 수확하는 것이 바람직하지만 3개까지 수확도 가능하다.

옥수수는 토양을 가리지 않고 잘 자라지만, 부식질이 많고 배수가 잘되는 비옥한 양토가 가장 알맞다. 자라기에 적당한 토양의 pH는 6~7이나 pH가 5~8까지인 범위에서도 잘 자라는데, 이는 산과 알칼리에 견딤성이 강하기 때문이다. 옥수수는 흡비력이 강해 척박한 땅에서도 잘 자라는데, 10a당 시비량은 퇴비 1.5톤, N 24kg, P_2O_5 16kg, K_2O 24kg을 시비하기도 한다. 시비 요령은 질소와 칼리는 2번에 나누어서 실시하며, 밑거름으로 60%를 주고 나머지 40%는 암이삭이 분화되기 전에 준다. 조생종은 본 잎이 6~7매, 중생종은 약 10매, 만생종은 12~13매일 때가 완전히 전개한 시기이다. 기타 규산질 비료는 밑거름으로 100kg/10a를 반드시 시비해 주어야 하는데, 이는 각종 병해에 강해지기 때문이다.

병해는 적지만, 충해로는 조명나방 피해가 매우 심하므로 초기에 방제하여야 한다. 6월에 접어 들어 첫 번째 암꽃이 피면 조기 약제를 살포하는 것이 좋다. 농약을 살포하지 않으려면 망사주머니를 어린 옥수수에 씌워주면 좋은데, 이는 조명나방의 비래를 막아주고 옥수수가 익을 때에 까치로부터 피해를 줄일 수 있기 때문이다.

수확: 베이비 콘은 옥수수 암술이 출수하고 4~5일에 암이삭 전체를 수확하여 껍질을 벗기고 속만 포장한다. 다 자란 옥수수는 암이삭이 핀 후 22~25일이 지나서 옥수수의 수염이 갈색으로 변하면 수확기에 접어든 것이다. 또한 유숙기(乳熟期)가 되고 옥수수 알이 품종 고유의 색을 나타내면서 이삭 끝에서 약 3cm 정도의 알갱이가 아직 희면서 덜 익은 상태로 손톱으로 옥수수 알을 누르면 우유와 같은 흰 물질이 튀어나오면 수확 적기다. 수확은 반드시 아침 일찍 수확해서 바로 저온저장한다. 1주일에 2~3회 실시하며, 주로 전정 가위나 손으로 실시한다. 보통 $1m^2$당 4~6개의

300g 내외인 옥수수를 수확하는데, 수량은 1,500~1,800kg/10a이다.

저장: 실온인 20°C에서는 저장하면, 서당이 10%, 0°C에서는 1~2%가 감소한다. 이는 옥수수의 단맛을 내는 서당(sucrose)이 수확 후에 상온에서 하루가 지나면 녹말로 변화하여 함유량이 절반으로 떨어지기 때문이다. 서당에서 녹말로의 전환 속도는 온도에 민감한데, 10°C에서는 0°C보다 6배, 21°C에서는 10배 그리고 32°C에서는 20배나 빠르다. 수확 직후에 1°C에서 상대습도가 95%이면 4~6일 동안 저장이 가능하다. 국내에서는 수확 후에 저온저장을 하여 유통을 하지만, 미국의 경우에는 재배단지 내에 설치된 감압장치를 이용하여 옥수수의 호흡을 떨어뜨린 후에 저온상태로 운송하거나, 밭에서 수확한 옥수수 열매의 온도를 찬물(1~2°C, 30분 처리)로 떨어뜨리는 하이드로-쿨링(hydro-cooling) 처리 후에 0~0.5°C(95~98% 상대습도)로 저장하였다가 출하하는 방법을 많이 사용한다.

(5) 이용과 기능성

이용: 베이비 콘은 주로 샐러드나 가공용으로 사용하며, 많은 양이 통조림으로 유통된다. 단옥수수는 완숙되지 않은 옥수수 알을 익혀서 간식으로 먹거나 옥수수 알을 분리하여 샐러드, 스프, 기타 식가공용으로 사용한다. 단옥수수의 알은 기계로 절단하여 익힌 후에 주로 통조림 형태로 판매하는데, 사람에 따라서는 자신의 정원에서 기른 옥수수를 바로 생식(生食)하기도 한다. 미국에서는 생산품의 약 70%가 가공처리되고 30%만 신선한 채소로 유통되며, 가공처리의 약 60%는 통조림, 40%는 냉동 판매한다.

기능성: 베이비 콘에는 핵산이 많이 함유되어 있어 강장에 좋다. 단옥수수는 탄수화물의 함량이 높고, 섬유질이 많으며, 우유와 거의 동등한 수준의 단백질과 지방, 비타민과 무기질을 함유하고 있다. 주요 기능성 물질은 듀린(dhurrin), 제아잔틴(zeaxanthin), 제아틴(zeatin) 등이다. 듀린은 시안 성분을 발생하지만 익히면 분해되어 없어지며, 제아잔틴은 카로티노이드 계통으로 항산화능이 있으며, 노인의 시력 개선에 효능이 있고, 제아틴은 핵산으로서 우리 몸에 매우 유익하다. 씨눈에는 노화를 억제하는 비타민 E(토코페롤)와 신경조직에 필요한 레시틴이 함유되어 있다.

옥수수 수염인 암술대를 '옥미수'라 하며, 말린 것을 달인 후에 음복하여 방광염, 임질, 신우염, 황달 간염, 고혈압, 담석증, 당뇨병, 통경, 부종 등의 치료에 사용하였다. 특히, 옥수수 수염은 이뇨 작용이 매우 강해 민간요법에서 널리 이용되며 많은 음료수로 개발되었다.

유럽에서는 옥수수가 항암 작용과 심장병 예방, 충치 치료에 효과가 있다고 알려져 있으며, 멕시코에서는 설사병 치료제로 사용되기도 했다. 미국에서는 이뇨제와 온화한 흥분제로 잘 알려져 있다.

2.17 식용대황(루바브)

학명: *Rheum rhabarbarum* L.
(영): Rhubarb **(독)**: Rhabarber **(불)**: Rhubarbe

(1) 원산지 및 재배 내력

식용대황(食用大黃)은 채소용으로 쓰이는 대황을 칭하는데, '루바브'라고도 한다(이 등, 2016). 유럽과 아시아의 남동부에서부터 시베리아 남부까지가 원산지인 채소로서, 1295년에 아시아에서 유럽으로 마르코폴로에 의해 약용 대황이 전파되었고, 1778년에 이탈리아에서 미국으로 전파되어 1806년부터 미국에서도 재배가 이루어졌다. 현재는 유럽, 북미 등지에서 어린 엽병을 이른 봄에 과실의 대용으로 이용하고 있는데, 열대지역에서는 고랭지에서만 재배가 이루어진다. 영국의 요크셔주, Wakefeld 지역에서 1939년에 200여 농가가 7,800ha를 재배해서 했지만, 전후에 산업이 붕괴되었다. 현재는 12농가가 생산하는데, 유럽 식용대황 촉성재배의 90%를 차지하며, 2월에 축제가 있을 정도로 아직까지 인기가 있다.

학명의 *Rheum*은 그리스어인 eheo(흐르다)에서 유래하였으며, 이는 뿌리에 함유된 설사 촉진 물질을 가르키는 것이다. *rhabarbaum*은 식용대황을 의미하는데, 볼가강(Rha)을 건너온 외국식물이라는 뜻이다. 영명의 Rhubarb는 그리스어의 식용대황 이름인 rheonbarbaron에서 라틴어의 rheubarbarum로, 그리고 고대 프랑스어인 rheubarbe를 거쳐서 붙여진 이름이다.

(2) 식물적 특성

대황은 대황속 여뀌과에 속하는 다년생 초본으로 재배종을 포함하여 히말라야, 중국, 한국 등에 20여 종이 분포하는데, 장군풀(왕대왕, *R. coreanum* Nakai)은 우리나라에서 자생한다(강과 심, 1997). 국가표준식물 목록에는 알렉산드라대황, 터키대황, 중국대황, 루바브(식용대황) 4개 종이 등재되어 있다. 생약으로 뿌리를 사용하는 종은 러시아대황, 터키대황, 동인도대황, 중국대황 등이 등재되어 있다. 약용 중국대황(*R. pamatum* L)은 기원전 2,700년의 기록에도 나타나는 오래된 식물이다. 특징은 근경에서 많은 근출엽(radical leaves)을 내며, 초장은 1~2m에 이른다. 보통 8월부터 땅속에 근경이 생겨서 겨울을 넘기고 봄에 싹이 난다. 엽장은 50cm로 매우 길고, 엽병부는 30~60cm로서 이 부분을 식용으로 이용하는데, 폭이 5~8cm에 달한다. 잎은 심장형이며, 잎의 표면에서는 광택이 난다. 꽃대는 1~2cm에 달하고, 꽃은 초록빛을 띤 백색이며, 원추화서이다. 종자는 수과(瘦果)로 긴 원형의 달걀 모양이며, 가장자리에 날개 같은 것이 달린 우상형(羽狀形)이다. 색은 갈색이며, 길이는 6~10mm, 폭은 5~7mm이다. 발아율은 90%로서 1g당 약 35~60립이다. 천립중은 17~30g으로 발아적온은 20~30°C이며, 파종 후 4일째 되면 발아하고 기간은 14일이 걸린다.

식용대황은 호냉성 채소로서 생육적온은 13~16°C이다. 새싹이 나는 데는 최소한 5°C 이상이 요구되며 서리에도 강하다. 식용대황은 반그늘에서 최대의 수확이 나는 보기 드문 채소로서 영국 등지에서는 과수원에서 나무 아래에 심는 간작(間作)으로 많이 재배한다.

수분의 요구도는 높지만 침수는 3일 이상 견디지 못하며, 겨울에도 장기간 과습하면 안 된다. 식용대황은 여름철에 비가 알맞게 오거나 배수가 양호한 지역에서 잘 자란다.

겨울에 촉성재배를 통한 새싹을 생산하기 위해서는 생장점이 저온에 접해서 휴면을 타파시켜야 한다. 토양 아래 10cm 깊이의 온도는 오전 9시에 10°C 이하에서 -2°C까지가 좋다. 매일 10°C 이하로 유지되는 경우에 이를 적산하여 조생종인 'Timperley Early'는 115~150°C(15일 처리), 'Holsteiner Blut'와 'Goliath' 같은 주 촉성용 품종은 225~300시간(30일 처리)을 접해야 한다. 저온처리는 노지 또는 뿌리를 뽑아서 저온고에서 처리하면 휴면을 타파시킬 수가 있다.

(3) 품종

유럽에는 70여 가지 품종이 재배되고 있으며(Rumpunen과 Henriksen, 1999), 미국, 캐나다에도 많은 품종이 있다. 엽병의 표피색과 내부 육질 부분의 색에 따라 녹색엽병에 녹색 육질인 것, 적색 엽병에 녹색 육질인 것, 그리고 엽병의 표피색과 육질의 색이 모두 붉은 것이 있다. 잼이나 젤리 가공용은 엽병과 엽육이 체리 적색인 것이 좋다. 식용대황의 경제적인 수명은 5~7년인데, 최근 품종은 10년 재배도 가능하다. 따라서 재배 목적에 따라서 품종 선택을 잘 해야 한다. 엽병 특성에 따라 분류하여 주요 품종을 제시하면 다음과 같다.

① 녹색엽병과 녹색육질 군: 'Victoria'(대표적 품종, 라스베리 색, 잎쪽은 녹색, 촉성품종), 'Riverside Giant'(내한성이 강한 매우 길고 녹색인 엽병을 가짐), 'German Wine'(가장 달콤한 품종으로 녹색줄기에 약간의 붉은 반점이 있다, 촉성용), 'Turkish'(중간 정도 향을 내며, 엽병의 안팎이 녹색이나 뿌리 쪽은 약간 붉은 빛을 띰).

② 적색엽병에 녹색육질: 'The Sutton'(엽병이 매우 크고 무거워 1kg까지 나가며, 적색에 녹색줄이 있는 엽병으로 맛과 품질이 좋은 촉성용), 'Holsteiner Blut'(아주 세력이 강해 1m 이상의 재식 거리 필요, 촉성용), 'Timperly Early'(조생종, 엽병적색-녹색, 육질 백색, 10년 재배, 촉성종)

③ 적색엽병과 적색육질: 'Colorado Red'(셀러리 같은 적색 줄기를 형성하고 잼과 젤리 제조에 최적), 'Cherry Red'(엽병 부드럽고, 두꺼우며 체리 적색 엽병), 'McDonald', 'Canadian Red'(통조림, 냉동, 파이 제조용 품종으로 적색종), 'Sunrise'(약간 분홍빛 엽병이며, 냉동, 통조림, 젤리, 파이용으로 좋다), 'Canada Red'(달고 즙에 향이 있는

체리 적색엽병)

(4) 재배 관리

작형: 재배 작형에는 하우스를 이용한 촉성재배, 터널을 이용한 반촉성재배와 노지재배가 있는데, 이러한 방법들은 주로 유럽에서 많이 이용되고 있다.

촉성재배에서는 11월 하순에서 1월 초순에 걸쳐 가온함으로써 12월 말부터 3월까지 수확한다. 온실 내 온도는 12~16°C를 유지하며, 20°C가 넘지 않게 관리한다. 반촉성재배는 2월 중하순에 터널을 씌워서 3~4월에 출하하는 형으로 근래 유럽에서 가장 많이 사용하는 재배법이다. 노지재배는 자연상태에서 난 잎을 4월 하순부터 5월까지 수확하는 재배형이다.

재배: 번식법은 종자번식과 영양번식이 있는데, 영양번식은 5년쯤 자란 포기를 파내서 0.3kg부터 1kg이 되게 뿌리를 잘라내서 심는다. 식물이 충분하지 않으면 포기를 이른 봄에 캐서 눈이 1개 붙은 것만을 여러 개로 나눠서 삽목한다. 보온 육묘를 하면 2~3주가 지나서 뿌리가 내리는데, 이것을 정식한다. 최근 유럽에서는 바이러스 감염을 방지하기 위하여 조직배양 묘를 생산하여 판매하기도 하지만 수요가 제한적이다.

종자번식은 온실 내의 포트나 플러그 트레이에 파종했다가 서리의 위험이 없는 5월에 정식을 하거나, 5월 초에 15×15cm, 깊이 2.5cm로 노지에 파종하여 튼실한 1년생 모로 육성하여, 다음 해 봄에 파내서 정식을 한다. 지역에 따라 겨울철이 따뜻한 곳이면 당년 9월에 정식할 수도 있다.

영양번식에서는 자신이 재배하고 있는 오래된 식물로부터 뿌리를 분리해서 심든지 아니면 원하는 품종의 뿌리를 구입하여 심고 재배한다. 주로 유럽이나 미국에서 택하는 방법이며, 대단위 재배나 가정원예가가 이용한다.

재배를 위해서는 일정한 크기의 눈이 붙은 뿌리를 심는다. 심는 거리는 '빅토리아', '홀스타이너 블루트'는 1×1.2m로 한다, 그 이외 품종은 품종의 세력에 따라 1.5×0.5m(1333주/10a), 2.0×0.5m, 1.0×1.0m(1000주/10a)로 심는 것이 좋다. 심을 때는 싹이 상처 입지 않게 하고, 생장점이 4cm 정도 깊이가 되게 심는다. 심은 후의 관리는 제초와 물을 알맞게 주는 작업이다. 촉성재배 시는 1m^{2}에 물주는 양은 100~150L 정도가 필요하다.

노지에서 조기 출하를 하려면 3월에 비닐 멀칭을 하는데, 비닐은 유공(직경 1cm 구멍 500개/1m^2 또는 50개) 비닐을 1겹 또는 2겹을 막덮기하고, 싹이 나오면 서리 위험이 없을 때는 벗겨 주고 서리가 내리는 날은 다시 덮어준다. 온실에서 촉성재배를 시작하기 전인 1~2월에 지베레린 10~20ppm 용액을 생장점에 뿌려주면 엽병이 긴 식용대황을 얻을 수 있다.

연백재배(軟白栽培)는 2년생 뿌리를 이용하는데, 촉성재배는 11월에 서리가 내려서 충분한 저온을 받은 포기 또는 냉장실에서 1개월 정도 저온처리한 개체를 12월

그림 2.17 식용대황(좌)과 암실 촉성(우, 출처: Wikipedia)

중순에 암실 창고에 넣고서 20°C 정도 유지해 주면 싹이 돋아난다. 봄철에는 해동 2주 후에 뿌리를 캐서 상자에 담아 실내에서 연백을 하며, 싹이 날 위치의 노지에 터널을 만들고서 흑포, 검정 비닐로 덮어주거나 큰 화분, 항아리 등으로 씌워주면 3~4주 후에 연백된 줄기를 수확할 수가 있다. 연백이 되면 잎은 노랗고 줄기는 적색이 된다. 영국의 요크셔지역에서 촉성재배를 많이 한다.

가을부터 겨울 동안 연백을 시킨 식용대황을 계속해서 출하하려면 온실에서 재배해야 한다. 3년 동안 자란 식물이 가을 서리를 맞아 잎이 죽은 후에 땅속 10cm 깊이의 지온이 10°C 아래로 내려간 날수를 조생종은 15일, 만생종은 30일 이상 접하게 한다. 온실의 바닥에 1m 폭으로 전열선을 서너 개 깔고 비닐을 덮은 후에 저온처리된 식물을 밭에서 캐서 $1m^2$에 8~10개 정도 놓는다. 식물의 사이에는 흙이나 볏짚으로 덮고, 물을 충분히 준 후에 터널을 만들어서 검정 비닐을 덮고 조생종은 초기에 약 14°C, 싹이 13~14cm 자라면 10~12°C가 되도록 조절한다. 만생 대형종은 처음 17°C, 나중에 순이 어느 정도 자라나면 13~14°C로 유지한다. 터널 내의 습도는 90%가 되게 분무해 준다. 촉성기간 동안 햇빛이 없는 이른 아침이나 일몰 후에 포기의 아래 지표 가까이에서 생기는 썩은 잎은 제거한다. 촉성기간 동안 관수량은 $100 \sim 150L/m^2$를 표준으로 한다. 촉성기간은 6~8주 필요하며, 겨울 동안 2차례 정도 촉성재배를 한다. 영국에는 암처리를 위한 별도의 건물을 이용하여 촉성재배를 한다(그림 2.17 우).

노지재배에서는 토양을 특별하게 가리지 않는데, 수분이 충분하며 유기질이 풍부한 곳에서 수량이 많다. 봄철 조기 재배형은 지하 수위가 높지 않고 지온이 쉽게 상승하는 토양이 좋다.

토양산도는 중성이나 약한 산성이 알맞다. 식용대황은 흡비력이 강하여 충분한 퇴비와 비료를 공급해야 한다. 특히, 1년 차에는 퇴비를 충분하게 뿌려서 뿌리의 발달을 도와야 하는데, 필요량은 2~3톤/10a이다. 표준시비량은 10a에 N 20kg(여러 번 나눠줌), P_2O_5 10kg, K_2O 30kg 그리고 MgO는 5kg이 알맞다. 장기재배를 하므로 평년에는 봄과 가을에 퇴비를 뿌리고, 이른 봄에 인산과 칼리를 뿌려 주는데, 재식 후 처음 2년은 시비를 하면서 식물과 식물 사이를 깊게 갈아서 뿌리가 잘 내리게 한다. 질소는 2~3회 나눠서 준다. 토양을 정지할 때는, 아스파라거스를 재배할 때처럼 퇴비와 석회 등을 충분히 뿌리고, 깊게 갈며, 준비한 비료를 밑거름으로 주고서 이랑을 만든다. 밭에서는 배수로를 만들고 이랑 없이 심어도 된다.

이른 봄에 수확하므로 병해가 적다. 그러나 유럽에서는 식용대황녹병(*Puccinia phragmitis*)과 반점병(*Ramularia rhei*) 그리고 자색뿌리썩음병(*Rhizoctonia violacea*)이 보고되는데 연작을 피하고 약제를 사용하여 방제한다. 그 외 바이러스병의 피해가 많은데, 식물을 영양 번식시킬 때는 바이러스병이 감염되지 않은 식물을 전년에 표시해 두었다가 다음 해 봄에 종근으로 사용한다.

수확: 수확은 정식 후 2년 차 되는 해의 4월 초부터 하는데, 대개 1주일 간격으로 필요에 따라 실시하며, 한 그루에서 한 번에 3~4개 이상의 엽병을 잘라서는 안 된다. 보통 잎이 자라나서 3~5주일째에 접어들어 엽병의 길이가 25cm 정도 되면 손으로 엽병을 떼어낸다. 수확은 늦어도 6월 초순에 끝내는 것이 좋다. 첫해 수량은 촉성재배 시는 보통 10~12kg/m^2, 노지에서는 15kg/m^2 정도를 수확할 수 있다. 그러나 노지의 경우 3년째부터는 50kg/m^2(5톤/10a)를 수확한다. 봄철이 지나 잎에 산미가 강해지면 수확을 멈춘다.

국내는 출하 등급이 없다. 유럽은 1급의 경우, 엽병의 길이가 25cm 이상, 굵기가 20mm, 촉성용은 10mm 이상이어야 한다. 하우스 재배용은 1kg을 한 묶음으로 하고, 노지 재배용은 줄기가 크므로 5kg을 한 묶음으로 출하한다.

암실에서 연백 처리된 식용대황의 싹은 길이가 25cm 이상이 되면 노란 잎의 녹화방지를 위해 촛불을 켜고서 절단하여 일정 단위로 비닐에 포장하여 출하한다. 일반적으로 2~4kg/주 싹을 생산하며, 1m^2에서 20~60kg 연백이 된 싹을 생산한다.

저장: 다발로 묶은 상태의 엽병은 상온에서 3~4일 저장 유통이 가능하다. 그러나 잎이 부착된 연백된 식용대황은 1~2일 유통이 가능하다. 따라서 비닐로 포장하여 유통하며, 치커리의 연백을 시킨 싹(치콘)처럼 검정 비닐에 넣어서 출하한다. 연백된 노란 잎은 하루만 햇빛을 받아도 잎에 녹색이 생기기 시작하므로 상품성이 낮아진다. 엽병의 저장은 공중습도 90~95%인 조건에서 0~1°C에 4주간, 4°C에 2주간, 10°C에서는 1주일 정도 신선하게 저장할 수 있다. 유통기간 연장을 위해서는 비닐 포장이 권장된다.

(5) 이용 및 건강기능성

이용: 영양학적으로 가장 좋은 수확시기는 잎이 출현하여 10~35일이 될 때이며, 그 뒤에는 품질이 떨어진다. 6월 초순이 지나서 수확하면 엽병에 옥살산이 많아져서 품질이 나빠지므로 이용에 주의한다. 따라서 적기에 수확해서 이용하며, 먹기 전

에 껍질을 벗겨서 익혀 먹는데, 파이 등을 만들거나 우유나 소스를 첨가하여 먹기도 한다. 유럽에서는 스튜(stew)나 타르트(tart)용으로 많이 이용한다. 최근에는 잼, 젤리, 파이 등을 만들어 먹는다. 특히, 옛날에는 이른 봄에 과일이 없는 시기에 과실의 대체용으로 촉성 식용대황을 많이 이용했다.

기능성: 식용대황은 대량의 사과산(malic acid), 옥살산(oxalic acid), 구연산(citric acid)을 함유하여 신맛과 독특하게 쏘는 맛이 나며, 특이한 향기가 있다. 옥살산은 체내에 들어가 칼슘과 결합해서 칼슘 부족을 일으켜 영양학적으로 나쁜 영향을 끼치지만, 소량의 섭취로는 영향을 주지 않는다. 따라서 우유에 곁들여 먹으면 좋다.

식용대황은 수렴제, 건위제, 하제로 사용된다. 엽병은 식용은 가능하지만, 잎에는 독성이 있으므로 땅속에서 막 나온 어린잎을 제외하고는 절대 먹어서는 안 된다.

독일에서는 식용대황이 세포로의 영양분 전이 촉진, 장독성 완화와 변통 촉진, 신경의 활성화, 근육 기능 촉진, 피부를 젊게 하고, 모발에 윤기를 주며, 지방과의 결합을 통해 체중을 감소시키는 효과가 있다고 알려져 있다.

2.18 아스파라거스

학명: *Asparagus officinalis* L.
(영): asparagus **(독):** Spargel **(불):** asparge

(1) 원산지 및 재배 내력

야생 아스파라거스는 유럽에서 서부 아시아에 걸쳐 분포하는데, 러시아와 폴란드 남부의 황야에서는 소나 말의 사료로 이용된다. 그리스, 로마 시대부터 채소로 높이 평가되어 전 유럽에서 재배되었고, 미국에는 이주민들에 의해 전파되어서 오늘날에 이르고 있다. 전 세계적으로 중국(740만 톤), 페루(40만 톤), 멕시코(12만 톤), 독일(10만톤), 태국(6만 5천 톤) 등이 주요 생산국이다. 우리나라는 1970년대 초에 상당한 면적으로 재배하였으나 줄기가 썩는 경고병(莖枯病) 등의 문제로 재배가 중단되었다. 1990년대 후반부터 시설 재배하여 경고병 문제가 해결되었고 2001년 약 2ha로 시작된 것이 2016년 현재는 약 50ha 정도로 재배되고 있다. 2000년대 들어서 아스파라거스 소비가 증가가 되면서 2000년에 약 42톤(22만 달러) 수입되던 것이 2015년에는 635톤(455만 달러)이 페루, 태국, 멕시코, 호주 등지에서 수입되었다. 따라서 앞으로 생산만 잘하면 국내 소비시장은 아주 큰 작물이다.

학명의 *Aspargus*는 그리스어인 asparagos에서 유래되었는데, a는 한 묶음이라는 뜻이고, sparasso는 나누어진 가시를 뜻에서 보듯이 형태를 지칭하는 말이다. *officinalis*는 약용이라는 의미로 과거에는 약으로 사용되었다.

(2) 식물적 특성

아스파라거스는 백합과에 속하며, 자웅이주의 숙근성 식물로서 뿌리에는 굵은 영양 뿌리가 여러 개 모여서 국수처럼 엉켜 있다. 국내에서는 유사한 빗자루나물(*Asparagus schoberioides*)이 자생한다.

싹은 매년 봄에 지하 줄기로부터 나오는데, 완전히 자라면 초장이 1.5~2m에 달하고 그 수는 식물의 나이에 따라 다르다. 잎은 가시 모양이며, 원래의 보통 잎이 퇴화되어 바늘같은 막상(膜狀)으로 남아 있는데 의엽(擬葉, cladophylls)이라고 부른다. 의엽은 보통 잎처럼 엽록소를 가져서 동화 작용을 하며, 각 마디에 바퀴 모양으로 배열되어 있다.

여름이 되면 각 마디에서 가느다란 꽃대가 자라나오며 녹색의 작은 꽃을 맺는다. 암꽃이나 수꽃이 종(鐘) 모양을 이루고 6매의 꽃잎을 갖는다. 암꽃은 수술 부분이 퇴화하였고, 수꽃은 암술 부분이 퇴화하였다. 암꽃은 길이가 약 3.7mm, 직경이 2.1mm이고, 수꽃은 길이가 6mm, 직경이 2.3mm로 암꽃보다 다소 크다. 꽃색은 주황색이며 곤충에 의해 수정되는 충매화이다. 열매는 처음에는 녹색이었다가 익으면 붉은색의 구형으로 바뀌며, 열매 내부에는 검은색 종자가 1~2개 들어있다. 종자의 길이와 폭은 각각 3~4mm, 두께는 2mm이지만 둥근 것도 많다. 발아율은 97%이고, 천립중은 18g이며, lL의 무게는 530~790g인데, 1g당 종자 수는 35~60개이다. 보통 20~30°C에서 발아 기간이 10~30일 정도 걸리며, 발아력을 3~7년 가량 갖는 장명종자이다.

발아의 특성을 보면, 뿌리가 먼저 내려온 다음에 줄기가 나오는데, 다음 해에는 처음 줄기가 나온 방향, 즉 배유가 달린 반대쪽으로 새 줄기가 계속해서 자란다.

암수의 비율은 1:1이며, 수량은 수그루에서 20~30% 더 많으므로 암그루는 1년 차 열매의 착생을 가지고 표시해 두었다가 그해 가을이나 2년 차 이른 봄에 제거하고 수나무로 보식한다. 그러나 최근에 수그루만 생산하는 품종이 육종 보급된다. 한 번 심으면 5~6년이 되어 성숙한 식물이 되며, 15년까지 수확할 수 있다.

아스파라거스는 지온이 저온인 10°C에서는 발아가 늦어져서 17일이 지나야 발아하나, 25°C에서는 4일 후부터 싹이 나기 시작하여 14일이면 발아가 완전히 이루어진다.

줄기가 자랄 수 있는 온도 범위는 11.4~30.8°C인데, 가장 알맞은 온도는 16~24°C이다. 봄철에 순이 땅속에서 자랄 수 있는 최저온도는 5°C이다. 온도가 30°C가 넘으면 줄기의 신장하는 속도가 느려지는데, 이는 고온에 의한 호흡소모량이 많기 때문이다. 특히, 봄철에 싹이 돋아날 때 온도가 35°C 이상으로 오르는 곳에서 줄기가 6~8cm로 작고, 싹에 붙은 작은 잎이 벌어지는 개장현상(開張現象)이 나타나 싹을 수확할 수 없는데, 이는 고온에 의해 저장양분이 결핍되었기 때문이다.

그림 2.18-1 백색, 녹색, 자색종(출처: Wikipedia)

(3) 품종

싹의 색에 따라 녹색과 자색종으로 구분한다(그림 2.18-1). 국내에서는 자색종이 인기가 없으므로 녹색종을 선택하여 재배하는 것이 좋다. 과거에는 암수 혼합 품종(1:1)만 재배되었으나 최근 20년간의 육종을 통해서 수그루만 생산하는 품종이 육성되서 보급되고 있다. 이를 웅성 잡종(androecious F1) 품종이라 명명하였으며, 수량성이 높다. Knaflewski 등(2014)는 세계 각국 16개 품종의 생산성을 비교하였을 때, 'Gijnlim'과 'Mondeo' 등과 같은 웅성종(雄性種)이 좋았다고 한다. 녹색종, 자색종, 웅성종 가운데 내병성, 내저온성, 수량을 고려해서 선택하여 재배한다.

① 녹색종: 'Mary Washington'(미국 대표종, 중생종, 녹병에 강함, 방임채종), 'Apollo'(미국종, 저온과 고온에 잘 적응하는 내병성, 일대잡종), 'Atlas'(미국종, 내서성, 내병성 강함, 일대잡종), 'Pacific 2000'(뉴질랜드종, 다수성, 달콤한 향기, 일대잡종)

② 자색종: 'Precoce D'Argenteuil'(이태리종, 유럽 인기종. 줄기 작음, 방임채종), 'Purple Pacific'(뉴질랜드종, 자색종, 연백 가능, 방임채종), 'Purple Passion'(자색종, 방임채종), 'Stewarts Purple'(뉴질랜드 품종, 중생종, 달콤한 자주색 품종으로 큰 싹, 일대잡종)

③ 웅성종: 'Gijnlim'(네덜란드 품종, 품질 우수한 다수성, 유럽 농가 최고 선호 품종), 'Grolim'(네덜란드 품종, 조생종, 연백 품종), 'Jersey Giant,'(미국 품종, 내저온성), 'Jersey Knight'(미국 품종, 왕성한 품종, 각종 녹병, 시들음병에 저항성 강함), 'Jersey Supreme'(미국 품종, 내병성으로 극조생종), 'Mondeo'(독일 육성종, 병해 저항성, 장기 수확형 녹경 및 백경 겸용), 'Tiessen'(캐나다 품종, 추운 겨울을 잘 견디고 찬 봄에 잘 자람)

(4) 재배 관리

작형: 노지재배, 반촉성재배, 촉성재배로 나눌 수가 있다. 노지재배는 육묘 후에 심어서 매년 봄 수확하는 형태이고, 반촉성재배와 촉성재배는 2년생 뿌리를 이용하여 시설 내에 심거나 상자 등에 옮겨 심어서 재배하는 방법으로 과거 일본에서 적용했던 방법이다. 현재 국내에서는 온실에서 월동하여 가온하는 촉성재배 방법과 무가온으로 생산하는 반촉성재배를 주로 한다.

재배: 아스파라거스는 한 번 심으면 보통 10년에서 최대 15년까지 생산 가능하므로 재배지의 선택이 가장 중요하다. 재배지는 사질양토로 배수가 잘되며, 지하수가 낮아서 장마기의 침수나 지하수위 상승으로 인하여 뿌리의 부패가 이루어지지 않은 중성토양이 좋다. 따라서 국내의 논에서는 재배가 어려우며, 배수가 잘 되는 밭이 좋다.

재배지가 결정되면, 충분한 석회, 퇴비, 복합비료 등을 이용하여 토양의 비옥도를 증진시킨 다음에 준비한 모를 심는다. 일반 채소와 달리 아스파라거스는 2년생 묘를 심게 된다.

모의 육성법에는 노지직파법, 플러그 육묘법, 포트 육묘법이 있다. 직파 육묘는 대부분의 대단위 재배지역에서 수행하는 방법으로 잘 썩은 퇴비를 충분히 넣고, 1.5m 이랑을 만든 후에 50cm 간격으로 3줄 씩, 50×10cm로 3cm 깊이로 4월 중순에서 5월 초에 기계 파종을 한다. 필요 종자 수는 18,000/10a가 필요하다. 종자는 30°C의 온탕에 6시간마다 물을 갈아주면서 2일 정도 수침했다가 뿌린다. 싹이 나면 잡초 방제와 물주기를 잘하며 상황에 따라 복합비료를 덧거름으로 준다.

플러그 육묘법에서는 종자를 시설 내에서 128공에 1~2월 쯤에 파종하고, 육묘시 온도를 주간에는 28°C 이하, 야간에는 18°C 이상으로 관리하여 2~3개월 정도 자란 모종을 모 육성 포장에 심는다. 육성 포장은 퇴비 2톤에 복합비료 질소 수준으로 15~20kg을 밑거름으로 뿌린 후, 80~120cm 비닐 멀칭을 한 포장을 만든다. 여기에다가 모종을 45×15cm로 심어서 관리한다. 월동 후 다음 해 봄에 굴취하여 정식 모로 사용한다. 제주도 등지에서는 여름에 파종하여 2~3개월 육묘한 후 가을에 직접 정식하는 방법도 있다.

포트 육묘법은 9cm 포트에 파종하여 2~3개월간 육묘한 모를 봄에 심거나, 12cm 정도 포트에서 3~5개월간 육묘한 모를 가을에 심어서 가꾸는 방법으로, 주로 소규모 재배에서 적용한다.

재배법에는 노지재배, 반촉성재배, 촉성재배가 있다. 노지재배는 녹경재배(綠莖栽培: green asparagus)와 백경재배(白莖栽培: white asparagus)로 나눈다.

녹경재배는 우리나라에서 주로 재배하는 형태로서 충분한 시비(4톤 퇴비, N : P : K = 12 : 8 : 10kg/10a, 고토석회 100kg, 붕사 2kg) 후에 약 70cm까지 깊게 경운을 하고 써레질을 한다. 다음에 남북으로 이랑을 만드는 것을 목표로 줄 간격 1.5m에 폭

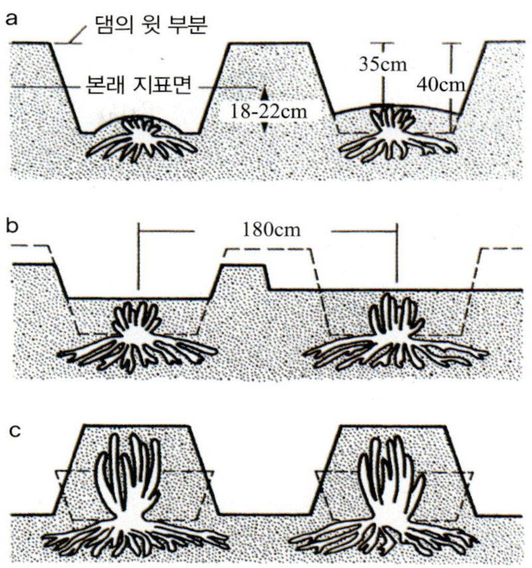

그림 2.18-2 연백용 재식법(Fritz and Stolz, 1989)

50cm, 깊이 40cm로 구덩이를 파고, 퇴비(5~10cm)를 깐 후에 흙(5~10cm)을 그 위에 덮은 후 준비한 모종을 심는다. 심는 주간 거리는 30(일반종)~45cm(수세 강한 품종)로 하고 뿌리가 원형으로 골고루 퍼지게 모를 놓는다. 이때 가장 주의할 것은 모의 새순이 형성될 방향을 모두 일정하게 남쪽을 향하게 한다. 그래야만 순이 같은 방향으로 진행되면서 생장하므로 수년 후에 충돌하는 문제가 발생하지 않는다. 심는 깊이는 15~20cm로 하여 복토를 한다. 그러면 평이랑이 되는데, 자라는 동안 장마 전까지 1~2회 복토를 하여 폭 70cm로 이랑의 형태를 만들어 준다. 이때 복토가 너무 얕으면 가늘고 많은 새순이 자라며, 너무 깊으면 굵지만 발생하는 순의 수가 적어진다. 노지에서는 북주기, 너무 웃자란 가지의 끝 잘라주기, 줄기마름병 예방을 위한 약제 살포, 제초 작업과 함께 여름철 배수를 철저히 한다. 가을에 서리가 내려 잎이 마르게 되면 줄기를 잘라서 태우거나 퇴비로 사용한다.

노지의 백경재배(白莖栽培)는 줄 간격 1.8m, 주간 거리 30~35cm로 정식을 목표로 하면 약 2,400주가 필요하다. 재식 구멍의 깊이를 60cm, 폭 60~70cm로 남북으로 긴 고랑을 판다. 바닥으로부터 20cm까지 흙과 퇴비, 복합비료를 혼합해서 깔고 그 위에 묘의 뿌리를 알맞게 펼쳐서 놓고서 약 5cm만 덮어준다. 그러면 원래 지표에서 약 20cm, 댐의 표면으로부터 40cm 아래 뿌리가 자리잡고 35cm에 생장점이 위치한다. 나머지 절반의 흙은 중간에 쌓아둔다(그림 2.18-2a). 그러면 아스파라거스를 심은 곳에 약간 골이 진다. 이 상태로 첫해를 보내는데, 4월 중순부터 8월 초순까지 3번 정도 요소 10kg/10a을 나누어(표 2.3 참고) 식물 옆에 좌우로 3번 정도 뿌려준다. 물론 잡초 제거를 잘해 주어야 한다. 우리나라에서는 장마가 시작되면 댐

그림 2.18-3 기계를 이용한 댐의 멀칭(좌)과 수확 전경(우, Geyer 제공)

이 무너지지만 그냥 놔 둔다. 온실 재배에서는 댐이 무너지는 문제가 발생하지 않는다. 이렇게 자라게 하다가 11월 말에 줄기를 전부 잘라준다. 이듬해 이른 봄에 준비한 봄 비료를 다시 주고 일부 흙을 덮어주며 나머지 절반은 옆에 남겨 놓는다(그림 2.18-2b). 2년째도 잡초, 병충해 방제를 하며 가을 비료는 8월에 준다. 역시 11월 말에 줄기를 잘라서 제거한다. 3년째 이른 3월에 물비료를 뿌려주고 4월 초에 나머지 흙을 이용하여 원뿌리로부터 높이가 40cm 되는 흙담을 만든다(그림 2.18-2c). 댐은 사람이 만들기 어려워서 외국에서는 모든 작업이 기계로 이루어진다(그림 2.18-3, 좌). 이때 생장점은 댐의 표면으로부터 35cm 아래에 위치해야 한다. 그 위의 표면을 밖은 검고 속이 하얀 비닐로 덮어서 땅속에서 흰색의 연백된 줄기가 자라 나오도록 유도한다. 온도가 너무 상승하면 하얀쪽이 위가 되게 피복한다. 댐이 높고 광차단을 해야지만 22cm 이상의 연백된 줄기를 수확할 수가 있다.

아스파라거스를 재배할 때에 3년 차 작업을 월별로 설명하면 다음과 같다. 1월에는 농사를 준비하고, 3월에 토양이 녹으면 비료를 뿌리며, 바로 뿌리로 부터 40cm 높이로 댐을 만든 후 비닐 덮기를 한다. 4월부터 수확을 시작하며, 5월이 되어서 온도가 올라가면 비닐을 덮은 댐 내에 찬 가스가 제거되도록 멀칭한 비닐을 수확할 때 자주 들추어 준다. 수확이 끝난 6월이 되면 댐을 좌우로 무너뜨리고 비닐을 잘 모아둔다. 이때 거름을 일부 주며, 병해가 나타날 수가 있으므로 약제 살포를 해준다. 7~8월부터는 잡초 방지를 하는데, 7월에도 식물 상태를 봐 가면서 덧거름을 시비한다. 9월이 되면 약제 방제를 하지 말고, 10~11월에 마른 잡초를 제거하고 아스파라거스의 줄기가 노랗게 변하면 토양으로부터 10cm 정도 높이로 절단한다. 겨울철 보호를 위해 복토를 약간하여 보호하거나 검정 비닐을 덮기도 하지만 대부분은 그대로 월동을 시킨다.

반촉성재배는 2년생 모를 정식하고 다음 해 봄에 일찍 터널로 덮어서 녹경을 조기 수확하는 방식으로, 비가림재배도 여기에 해당이 된다.

촉성재배는 가을철 온실 내에 노지재배와 동일한 방식으로 심어 월동시키면서

표 2.3 아스파라거스 시비 예 (단위 : kg)

비 료	정식 1년차		2년차		3년차		5년차		10년차	
	봄비료	가을 비료	봄비료	가을 비료	봄비료	가을 비료	봄비료	가을 비료	봄비료	가을 비료
퇴비	3,000		4,000			4,000		4,000		5,000
요소	15	10	20	10	10	35	10	55	20	70
용성인비	50		70			100		135		200
황산칼리	10		15	10		25	10	40		60
시비기	정식 전	8월 경	2월	7~8월	흙돋우기 전	북주기 전	흙돋우기 전	북주기 전	흙돋우기 전	북주기 전
성분량 N	12		15		20		30		40	
성분량 P	8		11		15		20		30	
성분량 K	10		12		18		25		35	

*퇴비의 성분량은 제외, 요소는 여름에 2~3회에 나누어 줌. 매년 고토석회 100kg, 붕사 2kg을 봄 또는 가을 퇴비를 뿌릴 때 시비한다.

재배하는 방식이다. 일본에서는 2~3월에 2년생 뿌리를 캐서 온실의 베드에 심어서 재배한 후에 싹을 채취하는 농가도 있다.

상자재배법은 2년생 모를 플라스틱 상자에 심고 점적관을 이용하여 영양관리를 하면서 녹경을 수확하는 방식이다.

온실에서는 수확한 후 다음 해를 위해, 수확기 이후 출아한 줄기가 연약하여 넘어지지 않도록 끈을 설치하여 방지해 주는 작업이 필요하고, 너무 자란 줄기는 상부를 잘라주는 정지작업을 해 주어야 한다. 아울러 통풍을 촉진할 목적으로 지상부로부터 30~40cm 위까지 착생한 곁줄기를 제거하는 작업이 필요하다.

시비: 토양을 가리지 않는 편이나 뿌리가 사방 3m, 깊이 3m까지 달하고 대부분의 중요한 뿌리는 1m 이내에 분포하므로, 표토가 깊고 통기와 배수가 양호하면서 비교적 보수력이 좋은 사질토양이나 식질양토가 재배하기에 알맞다.

생육이 가능한 토양산도의 범위는 pH 5.2~7.0이나 알맞은 산도는 pH 6.0~6.7이다.

정식한 후에는 시비를 표 2.3과 같이 실시한다. 표에서 나타낸 바와 같이, 매년 시비량이 증가하는 것은 식물이 자라면서 흡수량이 그만큼 증가하기 때문이다. 가을 비료는 2차례 정도 나눠서 8월경까지 실시하는 것이 좋다. 매년 봄에 고토석회 100kg과 붕사 2kg을 시비해 주면 잎의 황화나 줄기의 생리장해를 방지할 수 있다.

병충해: 아스파라거스에서 가장 주의해야 할 것 병해는 줄기마름병이다. 증상은 줄기가 물에 잠긴 것 같은 수침상(水浸狀) 병반이 커지면서 중심부가 담갈색으로 변하다가 흑색이 되어 죽으며, 우기에 주로 발생한다. 노지에서는 장마 전에 다코닐 수화제 등을 미리 뿌려서 방지한다. 검은무늬병은 줄기에서 검은색 반점의 형태로 나타나며, 결국에는 식물 전체가 죽게 된다. 장마가 시작되기 전에 벤레이트나 다이

포라탄을 미리 충분하게 뿌려준다. 시설재배에서는 여름 장마기에도 과습이 되지 않으므로 병 발생이 적다. 그러나 방심하지 말고 방제를 해야 한다. 충해로는 진딧물, 도둑나방, 거세미 발생이 여름철에 많으며, 철저한 방제가 필요하다.

생리장해: 생리장해의 대책을 종합하면 연백을 시키는 댐 내의 물리적인 구조가 좋아야 하며, 토양수분의 변화를 작게 하고, 연화된 줄기의 생육에 알맞게 댐 내의 미기상이 너무 고온이 되지 않도록 하면서 가스가 머무르지 않도록 관리하는 것이 매우 중요하다. 아스파라거스에 나타나는 생리장해와 대책을 간단히 설명한다.

① 싹꼬임: 싹이 꼬이면서 자라는 것은 바이러스 감염, 해충 피해, 지난해에 사용한 제초제의 잔류 독성 등 원인이 매우 다양하며, 포기에 표시해 두었다가 계속해서 나타나면 제거하여 태운다.

② 생장점 흑변: 싹의 끝이 타는 현상은 봄철의 가뭄에 적절하게 대처하지 못한 것으로, Ca 결핍과 같이 나타나는 현상일 수가 있다.

③ 엽 황변: 정상적인 잎이 일부 황화가 되면서 갈변하는 경우는, Mg의 결핍, 과다건조, 제초제의 잘못된 사용 등이 원인이다. 마그네슘 결핍의 경우는 황산마그네슘 0.3%액을 엽면살포를 한다.

④ 생장점 수침화: 초가을에 수침형이 되면 녹색종의 서리 피해일 가능성이 있으나 이때는 줄기가 마르는 시기이므로 크게 신경을 쓸 필요는 없다. 하지만 초기는 병해일 수가 있으므로 상황을 잘 판단하여 대처한다.

⑤ 줄기 바람들이 현상: 수확한 줄기에 나타나는데, 이는 겨울 동안 매우 춥고 건조한 조건과 함께 댐의 높이가 낮으면 댐내 온도가 너무 상승하고, 전년에 질소를 많이 시비한 때문으로 사전 방지가 필요하다. 특히, 운송 중의 고온은 바람들이를 촉진하므로 저온 유통 시스템이 필요하다.

⑥ 줄기 목화현상: 오래된 식물재배지나 댐이 너무 평평할 때, 품종 간에 차이가 있을 때, 또는 싹을 정기적으로 수확하지 않아 수확기가 늦어지는 때에 순이 단단해져서 발생한다.

⑦ 착색현상: 청색이나 붉은색 싹이 나타나는 경우는 덮은 비닐의 광 차단 부족, 늦은 수확, 댐 내의 과다한 건조, 더운 공기나 강풍으로 인해 비닐이 너무 움직여서 물리적인 상처를 줄 때에 나타난다. 줄기의 적색화는 과다한 댐의 보온, 더운 바람, 수확이나 분류할 때 저온처리가 부족한 경우에 나타날 수가 있다. 연백한 싹의 머리부분이 착색되면 상품성이 없어지는데, 이는 비닐로 덮은 토양이 너무 고온일 때에 나타나는 생리 작용이다.

⑧ 이상경(異狀莖) 현상: 녹경이나 백경이나 머리부분이 열리면 상품성이 없어지는데, 이는 댐의 20cm 윗부분이 너무 고온일 때 나타난다. 출현하는 줄기가 꼬이거나 휘는 것은 땅속에 흙덩어리가 있거나, 땅이 굳은 경우, 싹이 돌을 만났을 때에 나타나는 물리적인 현상이다. 녹경이 지상부에 돌출되면서 구부러

지는 경우는 모래땅에서 나올 때 끼었거나, 심을 때의 상처 때문이다. 출현한 줄기가 갈라지는 경우는 주로 수분 문제로 다른 채소류에서와 마찬가지로 건조 후에 과다관수로 토양수분의 변화가 심할 때 나타나므로 수분관리를 잘해야 한다.

⑨ 녹경 이취현상(異臭現象): 생장점의 Ca 결핍과 함께 2차 세균감염이 원인으로 줄기를 짧게 수확하고, 5월 말부터 더워지기 시작하면 수확할 때 청결하게 관리하고, 분류하여 출하하기 전 저장 시에는 물에 접촉하는 것을 피한다.

⑩ 줄기 쪼개짐 현상: 줄기가 갈라지는 현상으로 노지에서 수분의 변화가 심할 때나 저장 중에 공중습도 변화가 극심한 경우에 발생한다. 토양수분 변화, 저장고 습도변화 및 저장 후에 출고하여 너무 건조한 곳에서 판매하는 것을 조심하여야 한다.

수확: 수확기에 달한 줄기는 가능한 빨리 수확하는데, 남부는 4월 상순, 중부는 4월 중순에 시작하며, 2년 차에는 6월 25일까지 수확을 끝낸다. 그 뒤에 수확하면 다음해에 수량이 적어진다. 날씨가 따뜻하면 매일 오전과 오후 2회에 걸쳐 특수한 칼을 이용해서 수확하며, 수확 기간은 첫해에는 2주일, 2년 차에는 4주일, 3년 차에는 6~8주, 그 후에는 약 8주 동안 한다. 녹경(綠莖)은 20~25cm, 백경(白莖)은 17~22cm를 기준으로 해서 수확한다. 굵기는 10~16mm가 최상급이다. 녹경은 500g 단위로 출하하며, 상자의 무게는 5, 10kg 단위로 포장한다.

백경 수확은 댐을 덮은 비닐을 걷어내 돌출된 싹을 흙을 파헤치고 전용칼로 조심스럽게 절단한다. 이때 다른 싹의 생장점을 건들지 않게 하며, 채취 후에는 흙손으로 굴취 부분을 덮고, 검정 비닐로 댐을 다시 덮는다(그림 2.18-1 우). 바람이 센 날은 비닐이 나르지 않게 흙으로 고정을 한다. 백경 아스파라거스는 한 주에 싹을 8개(대략 400g)를 채취하며, 수확량은 500~800kg/10a이다. 수확 후에는 20~30분 정도 흙을 제거하기 위해 씻는 작업이 필요하다.

저장: 비닐에 포장하면 상온에서는 수일, 0.5~1°C에서 상대습도를 90% 이상으로 유지하면 3~6주일 동안 저장할 수 있다. CA 저장할 때는 CO_2를 5%, 산소를 10% 미만 그리고 온도를 2.2°C로 유지하고, 습도가 높아야 하며, 저장 기간은 약 4주로 출고 후 단기간에 판매해야 한다.

(5) 이용 및 기능성

이용: 영양가는 녹경(green asparagus)이 백경(white asparagus)보다 높지만 부드러운 맛은 백경이 낫다. 주로 익혀서 소스를 곁들인 샐러드나 각종 소시지에 곁들여 먹는데 백경 아스파라거스는 통조림용으로 많이 가공된다. 대만이 가장 주요한 수출국으로, 주로 백경을 유럽과 미국에 수출한다.

기능성: 싹에는 정유, 아스파라긴(asparagine), 아르기닌(arginine), 티로신(tyrosine), 플라보노이드 그룹(kaempferol, quercetin, rutin), 레신(resin), 탄닌(tannin) 등이 들어있다. "the royal vegetable"(채소의 제왕)이라 부를 정도로 최고급 채소인 아스파라거스는 채소 중에 가장 많은 아미노산을 가진 채소 중의 하나로서, 특히 아스파라긴(asparagine)산이 많이 함유되어 있어 숙취와 피로 회복에 콩나물보다 월등한 효과가 있다. 아스파라거스의 사포닌은 백혈병 세포 생장을 억제시키며 글루타티온은 항산화 효과가 있다. 루틴(rutin)이 포함되어 있어 혈관계 보호, 항염증, 항암 효과가 있다. 미량 원소인 크롬(chromium)이 풍부하여 세포로 글루코스를 운반하는 인슐린의 활동을 촉진시키는 역할을 한다. 어린 줄기에는 비타민 A와 C, E가 많이 함유되어 있어 시력을 개선하고 심장 문제와 상처 치유 및 이뇨 등에 효과가 있다. 특히, 뼈를 단단하게 해주는 비타민 K가 풍부하다. 중국 한방에서는 뿌리가 사랑의 충동을 느끼게 한다고 전해지는데, 이는 뿌리에 포함된 스테로이드 글리코시드가 실제로 호르몬 생산에 관여하기 때문이다. 사람에 따라서 아스파라거스를 먹으면 오줌에서 냄새가 심하게 날 수 있는데, 이는 메탄에티올(methanethiol)과 유황을 함유한 디메틸설피드(dimethyl sulfide) 성분으로 인체에는 해가 전혀 없다.

그 외에 콩팥의 기능을 돕고, 요산 배설을 촉진하며, 신장이나 전근육계의 옥살산 결정을 파괴시키므로, 요산 축적에 의한 신경통 류머티즘에 효과적이다. 아스파라거스는 코암, 폐암, 유방암, 임파선 암 예방에 좋고, 그 외에 여성 호르몬 불균형, 뼈마디 류마티스, 목과 폐의 건조에도 예방적 작용이 있다.

2.19 아티초크와 카둔

학명: *Cynara scolymus*
(영): artichoke, Globe artichoke **(독):** Artischocke **(불):** artichaut

(1) 원산지 및 재배 내력

남부유럽의 지중해 연안이 원산지로 그 지역에서 자생한다. 최초 기록은 기원전 8세기에 Homer와 Hesiod가 언급한 바 있어, 그리스, 로마 시대에는 이미 재배되었다고 본다. 그리스에서는 kaktos라고 부르며, 잎과 꽃을 식용한 것으로 기록되어 있다. 로마인들은 아티초크의 야생종으로 여겨지는 carduus(cardoon)를 재배했고, 이것이 중세 이전에 아랍인들에 의해서 스페인으로 전해져서 재배되었으며, 아랍어 arḍīšawkī에서 스페인어로 아티초크의 이름인 alcachofa로 명명되었고, 프랑스어인 artichaut로 변천하여, 오늘날 영명인 artichoke이 지어진 것으로 추측된다. 로마가 멸망하여 점차 잊혀졌던 아티초크는 15세기 이탈리아에서 처음으로 채소로 다루었고, 그 후 16세기에 프랑스를 시작으로 영국, 미국 등으로 전파되어 오늘날에 이르고 있다. 주요 생산국은 이탈리아(45만 톤), 이집트(27만 톤), 스페인(23만 톤), 알젠틴(11만 톤), 페루(10만 톤)이며, 전 세계에서 약 160만 톤이 생산된다(FAO, 2016). 한국은 1980년대 초에 고려대에서 처음 재배하였고, 1990년대 제주도에서 재배시험을 통해 2000년대에 몇몇 농가가 생산을 시도하고 있으나 시장은 아직 형성되지 않고 있다. 국내에서 cardoon은 관상용으로 분화를 판매하고 있으며, artichoke는 일부 지역에서 재배되고 있다.

학명의 *Cynara*는 그리스어인 Kyon(개)에서 유래되었는데, 꽃의 인편(鱗片)이 가죽같이 생겼고 끝은 개의 이빨처럼 날카로운 데서 붙여진 것이다. 종소명인 *scolymus*는 그리스어의 skolos로 가시(棘)을 가졌다는 뜻으로 꽃봉오리를 덮은 인편 끝에 뾰족한 가시가 많음을 뜻한다. 최근에 육성된 품종은 가시가 없으므로 재배하기가 편리하다.

(2) 식물학적 특성

야생종(*C. cardunculus* L. var. *sylvestris* Lamk)에서 선별하여 엽병을 먹는 카둔(*Cynara cardunculus* var. *altilis* DC)과 꽃봉오리를 먹는 아티초크(*C. cardunculus* L. var. *scolymus* L)로 분화하여 발전하였다.

아티초크는 여러해살이 숙근성 초본으로, 줄기는 1.5m에서 최대 2m까지 자란다. 잎은 엉겅퀴처럼 생겼는데, 길이가 50~90cm로 길며, 녹색종은 청록색에 은빛, 적색종은 녹색에 적자색이 혼합된 잎을 갖는다. 여름이 되면 줄기 끝에 직경이 8~15cm 가량인 한 개의 대형 꽃봉오리가 생겨난다. 품종에 따라서는 여러 개의 작은 꽃봉오리가 달리기도 한다. 식용 가능한 부분은 꽃의 가시 부분의 껍질을 벗겼을 때 나오는 “심장”이라 불리는 중앙 부위와 기저부의 편편하고 육질이 많은 꽃받기(화탁)이다. 뿌리는 90~120cm 자라므로 토심이 깊고 배수가 잘되는 곳에서 잘 자란다. 화아분화는 7~13°C에서 일어나는데, 종자를 심은 첫해에는 식물체가 45~60일이 되어 잎이 7~8매인 단계에서 반응이 잘 일어나고, 다년간 재배했을 때는 월동하면서 생장점에서 자연스럽게 이루어진다. 육묘 시에 32°C 이상의 온도에 오래 접하게 되면 꽃의 수가 줄어들고 개화가 지연된다. 21~24°C로 관리해 주어도 개화기가 지연되므로 18°C 이하로 육묘하는 것이 좋다. 꽃은 중앙에 큰 것이 생기고, 2~3차 분지에서는 작은 것이 달린다. 종자의 천립중은 74g, 1L의 무게는 630~660g이며, 1g당 종자 수는 13~15개이다. 발아적온은 20~30°C의 변온이 좋고 발아율은 72%이며, 암발아종자이다. 재배 온도는 13~24°C로 비교적 시원한 기후를 좋아하며 −5.5°C까지 견딘다.

카둔(cardoon)은 줄기 셀러리처럼 잎자루를 먹는 아티초크의 선조 식물인데, 키가 0.5~1.2m이고 잎자루가 녹색 또는 백색인 것이 다르다. 꽃봉오리가 달리지만 엉겅

그림 2.19 아티초크 꽃봉오리(좌)와 줄기 하단을 연백하는 카둔(우, 출처: Google)

퀴 같이 작아 채소로는 이용하지 않는다.

(3) 품종

채소에서는 꽃을 먹는 아티초크와 줄기를 먹는 카둔으로 각각 구분해서 다루지만, 여기서는 편의상 같이 설명한다. 아티초크는 수확을 위해 꽃봉오리에 가시가 없는 품종이 좋다(그림 2.19 좌).

아티초크: 녹색종과 적색종이 있으며, 영양번식과 종자번식 품종으로 구분한다.

① 녹색종: 'Vert de Laon'(대구, 유럽 인기종, 영양번식), 'Green Globe'(대구, 영양번식), 'Green Camus de Bretagner'(대구, 향기 좋음), 'Big Heart'(가시 없음), 'Imperial Star'(대구, 가시 없음), 'Verde Palermo'(중구, Italy), 'Blanca de Tudela'(중구, Spain)

② 적색종: 'Romanesco'(대구, 영양번식), 'Violet de Provence'(중구, 영양번식), 'Violetta di Chioggia'(중구, 영양번식), 'Purple Sicilian'(소구, 내한성 약함), 'Violetto'(측화 많음)

③ 종자번식 품종: 'Imperial Star', 'Madrigal', 'Lorca', 녹색종은 'Symphony', 'Harmony', 적색종은 'Concerto', 'Opal', 'Tempo'

카둔: 카둔에는 녹색종과 백색(아이보리색)종이 있다.

① 녹색 엽병종: 'Giant di Romagna'(긴엽병 품종), 'Tours'(세력 왕성, 잎 가시가 크므로 주의), 'Large Smooth'(엽병이 굵음), 'Gigante'(가시 없음, 줄기 부드러움, 내건성)

② 백색 엽병종: 'Plein Blanc Interma Ameliora'(맛 좋음), 'Ivory White Smooth'

(4) 재배 관리

작형: 7~8월 수확형과 가을철 수확형이 있는데, 가을철 수확형은 만생종을 이용한다.

재배: 흡지(吸枝, sucker)를 이용한 영양번식과 종자번식이 있으며, 영양번식은 육묘법과 분주법으로 나뉜다. 육묘법은 기존에 재배하던 식물이 있으면, 봄 일찍 식물을 파내고 어린싹을 가진 흡지를 잘라 떼어내 묘를 확보한다. 잘라낸 흡지를 직경 15cm되는 포트에 심어 7~8주 정도 기른 후 서리 위험이 없을 때 심는다. 노지에서는 서리의 위험이 없는 시기에 모주를 뽑아서 순을 가진 흡지를 분주(分株)하여 바로 텃밭에 심는다. 이 경우에는 땅속 30cm까지 삽으로 구덩이를 파고 흙과 퇴비를 적당히 섞어 넣은 후에 흡지를 10~12cm 깊이로 심는다.

영양번식성 품종의 묘는 유럽에서는 많이 제공되지만 국내에는 그렇지 않다.

종자번식은 포트 육묘재배와 직파재배로 나뉜다. 포트 육묘는 플러그 트레이 50공에 2립(평균 발아율 65~75%)씩 파종해서, 싹이 나면 약 3주 동안 기른 후에 한 주씩 10~12cm 크기의 화분에 옮겨 심는다. 육묘 공간에 여유가 있으면 처음부터 포트에 파종하여 육묘해도 된다. 발아기는 20~30°C의 변온을 주지만 발아 후에는 주간 18°C, 야간 13°C로 유지해서 기르는 것이 꽃눈분화 유기에 좋다. 육묘 중에 묘 상태에 따라 서너 차례 물비료를 만들어 준다.

직파재배에는 온실에서 파종하여 육묘 후에 심는 방법과 봄에 노지에 바로 심는 방법이 있다. 온실에서는 육묘용 상토를 이용하여 깊이 20cm인 묘상을 만들어 2월 중에 24cm×8~10cm 간격으로 파종하여 2개월간 길러서 5월에 옮겨 심는다. 육묘 중에 상태를 봐서 물비료를 1~2회 준다. 노지 직파는 주로 가정원예에서 4월 중순에 실시하는데, 2×1m 간격에 2~3개 종자를 4~5cm 깊이로 심는다. 1a에 약 15g의 종자가 필요하다. 종자 발아는 온상의 경우에 10~12일이 소요되며, 노지에서는 최대 21일까지 다소 더 걸린다. 자가 육묘가 어려우면 판매하는 모를 구입하여 재배하는 것이 편리하다.

정식할 때는 최대 10년은 재배하는 것을 고려해서 충분한 공간을 주는데, 줄 간격 2~4m, 주간 1m로 넓게 심는다. 그러나 캘리포니아에서는 주간 1.2~2.4m, 줄 간격 2.4~3.0m로 해서 기르기도 한다. 하지만 이는 수확 시에 트랙터를 염두에 둔 농장의 경우이다. 일반 재배에서는 3~4년에 갱신하며, 1.5×0.6m 또는 1.2×0.75m로 심는다. 정식 후에 50~60일 되면 첫 번째 꽃대가 오른다. 첫해는 1개 정도만 수확하고 다른 꽃은 제거하여 식물체를 튼실하게 길러야 2년째부터 수량이 많아진다.

정식 후 첫 번째 해는 식물 간의 사이가 넓으므로 다른 채소를 중간에 심어서 가꾸는 간작(間作)을 할 수도 있는데, 알맞은 작물은 상추, 오이, 셀러리 등이다. 재배 중에 가장 중요한 것은 충분한 물주기와 잡초 제거이다. 겨울을 넘기기 위해서는 잎은 남기고 꽃이 달린 줄기는 뿌리 가까이 잘라준다. 중부지방에서는 포기 위에 흙을 10cm 이상 덮고, 그 위에 볏짚을 덧씌우고 비닐을 다시 덮어서 생장점을 잘 보호하면 월동이 된다. 남부에서는 볏짚만 잘 덮어도 된다. 일시적으로는 -10°C까지 견딜 수 있다.

2년째 봄 일찍 거름주기를 하고 기르는데, 좋은 품질의 아티초크를 수확하기 위해서는 2년째 봄에 2~3개의 줄기만 남기고 나머지는 제거하여야 한다. 최근 제주도와 남해안에서 재배하는 곳이 있는데 온실에서 월동이 잘 된다. 장기 재배하더라도 4~5년에 한 번씩은 식물을 갱신하는데, 뿌리 노화로 세력이 약해지기 때문이다.

시비는 퇴비를 2~3톤, 석회를 100kg/10a 수준으로 뿌리고 뿌리가 깊게 뻗으므로 50cm 이상 경운을 한다. 마그네슘과 붕소가 함유된 원예용 복합비료를 질소 수준으로 10kg 정도 뿌려주고 이랑을 만든다. 첫해에는 6월 장마 전과 8월에 덧거름을 1회 4~5kg/10a 시비한다. 두 번째 해에는 초봄에 싹이 나서부터 약 2~3주 간격으로 복합비료를 여러 차례 시비한다. 시비량은 작물의 세력을 고려해서 해주면 되지만 총량은 10a당 질소 수준으로 20kg을 넘지 않는 것이 좋다. 이처럼 매년 봄철에 시비하면서 기르고, 식물체가 약하면 가을에 식물들 사이에 퇴비를 3~4톤/10a 뿌리고 경운한다. 장기 재배에서는 땅속 뿌리가 튼실해야 꽃봉오리의 수량이 증가한다.

유묘기에 일반 노지에 파종할 경우 모의 지제부가 잘록하게 되면서 넘어지는 모잘록병(立枯病, damping off)의 피해가 나타나므로 가능하면 소독된 상토를 이용한 육묘가 좋다. 재식 후에는 장마기에 무름병의 발생 우려가 있어서 배수를 잘 해 주어야 하지만, 비가림이나 온실재배에서는 큰 문제가 없다. 생리적인 병으로는 블랙팁(black tip) 현상이 나타나는데, 꽃봉오리 중앙이 썩은 것처럼 까맣게 되서 상품성이 없어진다. 이는 원인이 확실하지 않으나 건조기에 칼슘 흡수가 안 되어서 나타나는 것으로 추측된다. 따라서 석회 시용, 건조 예방을 위한 알맞은 관수, 화뢰 형성기 직전에 석회 엽면살포가 필요하다.

장기재배를 함에 따라 유묘기에 진딧물에 의한 바이러스 감염이 예상되기에 진딧물 방제를 철저히 해야 한다. 그 외 고자리파리나 민달팽이가 줄기나 뿌리 부분에 피해를 주므로 잘 방제한다.

카둔도 아티초크와 같은 방법으로 번식시켜서 심는데, 폭 1.0m, 주간 0.8m 간격이 좋다. 수확 2~3주 전에 신문지 또는 검정 비닐을 땅으로부터 30cm 정도 위치까지의 잎자루 부분을 감고 묶어서 연백 처리(軟白處理)를 한다(그림 2.19, 우). 그러면 줄기가 희고 연해지며 쓴맛이 다소 낮아진다.

가정재배에서는 20L 용량의 화분에 상토를 채운 후에 아티초크와 카둔을 한 그루씩 심어서 재배를 하면 관상 가치도 있다.

수확: 첫해에는 한 그루에서 1개 정도의 꽃봉오리를 8월부터 9월 초에 수확할 수가 있지만, 꽃대가 오르면 잘라버리고 첫해에는 수확을 않는 것이 원칙이다. 2년 차에는 6개, 3년 차에는 12개를 목표로 한다. 2년째부터는 6월부터 9월 초까지 3~4개 수확이 가능하다.

수확 적기는 꽃이 피기 바로 전으로 꽃봉오리 아래 10cm 부분을 자르는데, 지역에 따라서는 다소 짧게 자르기도 한다. 꽃봉오리는 직경이 6~15cm, 무게는 최대

500g까지 나간다. 분류는 규격이 없으며, 구경이 큰 것 또는 작은 것을 분류해서 한 상자에 24개씩 넣는다.

카둔은 셀러리처럼 포기를 수확하여 줄기 끝에 약간의 잎이 붙은 상태에서 전체적으로 길이가 45cm 정도 되게 다듬은 후에 종이 상자에 담아 출하한다.

저장: 아티초크는 상온에서는 2~3일 저장할 수 있다. 냉장저장을 할 때에는 가시가 있으므로 신문지로 적당히 싸서 비닐 백에 담아 냉장고 안에 놓아두면 최대 1주일 정도 저장이 가능하다. 수확 후에도 꽃봉오리의 성숙이나 노화가 계속 진해되어서 품질을 떨어뜨리므로 빠른 시일 내에 이용한다. 장기저장은 수확 후에 바로 온도를 0.5°C로 낮추고, 공중습도를 95% 이상 유지해 주면 2~3주간 저장할 수 있다.

카둔은 0°C에서 습도를 95~100%를 유지해 주면 2~3주간 저장이 가능하다. 셀러리처럼 포기로 유통되므로 상온에서는 2~3일 동안만 저장이 가능하다. 비닐 포장을 하면 유통기간을 다소 연장할 수 있다.

(5) 이용 및 기능성

이용: 아티초크의 꽃봉오리 껍질을 25% 정도 벗기고 약 40분 동안 증기로 익혀서 꽃 속과 꽃받기[花托]를 소스에 찍어서 먹으며, 어린 것은 꽃잎을 생으로도 먹을 수 있다. 그 외 그릴을 하거나 피자에 토핑해서 먹기도 한다. 수많은 머리카락 같은 어린 통꽃이 뭉쳐 있는 봉오리 중심부의 초크(choke)와 꽃받기 부분인 버텀(bottom)을 분리하여 통조림으로 만들어 판매한다.

카둔은 머위나 토란 줄기 먹듯이 줄기를 익혀서 치즈와 버터 등을 이용하여 다양하게 조리해서 식용하며, 통조림, 건조, 냉동을 해서 장기간 식용한다.

기능성: 아티초크에는 다른 어떤 채소에도 없는 시나린(cynarin)이 들어있는데, 이 성분은 세포를 젊게 하고, 간을 보호하며, 담즙 분비에 관여한다. 특히, 콜레스테롤을 낮추며 결석을 방지한다. 그 외 카로틴과 비타민 B, 철분이 많고 사과산 등이 들어있어 높은 영양가와 독특한 맛을 낸다.

아티초크의 효과에 대한 독일의 문헌을 보면, 간을 보호하여 강하게 해주고, 담즙 분비를 촉진시킨다고 한다. 석회가 많이 포함된 물을 마시는 유럽인들에서 담석의 발생을 막아준다. 아울러 모든 기관에 작용하여 젊음을 유지하게 한다.

아티초크는 콜레스테롤을 낮춰 주기 때문에 독일 제약회사에서는 추출물을 이용해서 약제로 만들어 판매하는데 식물성 약제이기에 인기가 많다. 그 이외 부종을 낮추고, 혈당을 조절하며, 소화불량을 막아주고, 염증을 예방해 주는 효과도 있다.

카둔도 아티초크와 같은 보건적인 효능이 있으며, 줄기의 칼로리가 매우 낮아 다이어트 채소로 적합하다. 누테오린(luteolin), 시리마린(silymarin), 카페익산(caffeic acid) 같은 항산화 물질이 많이 함유되어 있어서, DNA 파괴를 막고 세포 단백질을 보호하여 건강을 증진시키는 역할을 한다.

2.20 엔디브

학명: *Cichorium endivia* L.
(영): Endive **(독):** Endivie **(불):** Chicorée friseé, Escarole)

(1) 원산지 및 재배 내력

엔디브의 기원종(起源種)은 야생하는 *Cichorium pumilum* Jacqu.으로 지중해 연안부터 코카서스에서 투르크스탄에까지 분포한다. 그리스인과 로마인들은 예전부터 이용했으며, 성서(출애굽기 12:8)에도 기록이 나온다. 중세에 들어와서 독일에서는 Fuchs(1543)가 엔디브와 치커리로 분류하였고, 영국에서도 1548년부터 재배한 기록이 있다. 현재 이탈리아, 프랑스, 미국 순으로 재배 면적이 넓다. 아시아에는 서양인들에 의해 1800년대 말에 처음 알려졌다. 국내에서는 1980년대에 고려대학교에서 3품종의 시비 실험(박과 정, 1986)을 처음하였고, 그 후 1990년대에 쌈채소 붐이 일어 일반인들이 이용하게 되었다.

학명의 *Cichorium*은 그리스어인 Kio(행하다)와 chorion(밭)의 합성어로, 이 속(屬)에 해당되는 작물은 밭에서 재배된다는 뜻이다. *endivia*는 이집트어로 tybi(1월)를 의미하는데, 지중해성 기후에서 1월에 수확된다는 뜻이다. 이 말이 라틴어인 intybus 또는 intibus로 변해서 중세에 endivia를 거쳐서 영명인 endive가 되었다. 엔디브를 불어로는 escarole이라고도 부르는데, 이는 라틴어의 esca(먹을 수 있는 물질)에서 출발하여 라틴어인 escarius와 중세 라틴어인 escariola를 거쳐서 변화한 것이다.

(2) 식물적 특성

엔디브는 국화과(Compositae)에 속하며, 치커리와 근연식물로서 야생종은 2년생이며, 재배종은 1년생이다. 염색체는 $2n = 18$이며, 완전 자가화합성이다.

뿌리는 가늘고 길게 자라는데, 보통 130cm 정도 깊이까지 도달한다. 그러나 80%의 뿌리가 약 20cm 깊이 내에 분포하고, 15%가 20~25cm 깊이에 도달하며, 나머지 5%가 깊게 뻗는다.

잎은 품종에 따라 다른데, 에스카롤(escarole) 계통은 잎이 상추의 잎처럼 넓고, 잎의 결각이 없거나 약간만 있는데, 프리세이(frisee)는 잎이 작고 심하게 오글거려 파슬리 잎과 유사하다. 개화는 자연환경에 영향을 많이 받는다. 어린 묘를 1°C에서 6주간 처리한 후 따뜻한 묘상으로 옮기면, 단지 잎이 6~9매에서도 추대하여 개화한다. 정상적인 생육을 한 엔디브는 150~200개의 잎을 가져야 개화한다. 발아하는 씨나 유묘를 4.4°C에서 20일간 처리하면 개화한다. 그래서 종자 및 녹색식물 춘화 성질을 모두 가지고 있다. 일단 춘화처리된 식물은 장일과 광조건이 좋은 환경에서 개화가 촉진된다. 꽃대의 크기는 50~120cm이며, 자주색의 두상화를 2~3개 갖는다.

그림 2.20 엔디브 에스카롤 'Full Heart Batavian'과 프리세이(우, 출처: Wikipedia)

종자의 크기는 2~3mm, 두께는 1mm 정도로서 발아율은 75~94%인데, 판매용은 최소한 75%의 발아율을 가져야 한다. 천립중은 1.3g이며, 1g당 종자 수는 600~900립이다. 발아 기간은 6~10일이 걸리고 발아력은 4~5년간 유지되는데, 광조건 또는 암조건에서 모두 발아가 잘 된다.

상추를 가꿀 수 있는 조건이면 어디에서든 재배가 가능한 호냉성 채소(好冷性菜蔬)로서 스위스에서는 해발 2,000m까지도 재배한다. 온도요구도는 상추보다 낮아 겨울재배에도 적당하며, 월동재배 시는 −5°C까지 내려가도 견딘다. 그러므로 남부 해안이나 제주도에서는 비닐이나 부직포로 덮어서 잘 보온해 주면 노지에서 월동도 가능하나 품종에 따라 다르다. 겨울철 온실재배 시는 수막을 이용하여 최저 6~8°C를 유지하면 가능하다. 광요구도는 상추보다 많아 햇빛 조건이 좋으면 겨울철에도 생육이 좋다. 장일성이므로 상추처럼 초여름에 파종하면 신속히 추대하여 개화한다. 수분 요구도는 매우 높아서 셀러리와 거의 비슷한데, 생육이 왕성한 시기에 많이 필요로 한다. 생육 기간에는 물이 150~180L/m^2가 필요하다.

(3) 품종

넓은 잎의 에스카롤(escarole)과 오글거리는 컬리드 엔디브(curled endive)로 나눈다. 현재 세계적으로 많은 품종이 보급되고 있다.

① 에스카롤(*Cichorium endivia* L. var. *latifolia*): 광엽종(broad leaf endive)로서 잎이 상추잎처럼 생겼으나 두껍다. 국내에서는 인기가 없지만 서양에서는 배추처럼 결속하여 연백시켜서 노란 잎을 먹는다. 'Full Heart Batavian'(미국 품종, 상추잎 모양), 'Florida Deep Hearted'(미국종, 큰잎, 연백이 잘되는 품종), 'Bubikopf'(독일 품종, 노지 및 가정원예용), 'Kethel'(속잎이 검게 변하는 tip burn에 강한 품종) 등이 있다.

② 컬리드 엔디브(*Cichorium endivia* L. var. *crispum*): 국내에서 재배하는 종류로 오글거리는 품종을 프랑스에서는 chicorée friséee라고 하는데, 미국이나 유

럽에서 프리세이(frisee)라고 부른다. 잎이 매우 작고 오글거리며, 과하게 표현하면 머리카락처럼 작은 잎 품종도 있지만 국내에서는 재배되지 않는다. 'Green Curled Ruffec'(국내 재배하는 품종처럼 중간 정도 오글거림), 'Large Green Curled'(국내 재배종 정도로 오글거리는 품종), 'Salad King'(추위나 더위 견딤성이 강한 오글거리는 품종), 'Rhodos'(몹시 오글거리는 프리세이). 'Cigal RZ'(속잎이 검게 변하는 끝마름병에 강한 프리세이)가 있다.

(4) 재배 관리

작형: 엔디브는 봄재배(2~3월 파종, 3~4월 정식, 5~7월 수확)와 여름재배(5~6월 파종, 6~7월 정식, 7~10월 수확: 고랭지) 그리고 가을재배(8~9월 파종, 9~10월 정식, 11~2월 수확: 온실)로 나눌 수 있다. 그러나 수경 농가나 대도시 근교 농가는 한여름을 제외하고 주년재배를 한다.

재배: 엔디브는 가정원예에서는 텃밭이나 상자에 상추처럼 노지에 직파재배(直播栽培)를 하여 가꿀 수도 있지만, 주로 상추처럼 육묘한 다음에 본 밭에 옮겨 심는다.

육묘는 플러그 트레이 128공을 이용하여 파종한다. 파종 후에 온도를 20~30°C 변온이나 20°C 항온으로 관리하면 5~14일 경에 발아가 된다. 발아 후에는 17~20°C 내외로 온도관리를 하면서 관수를 잘 해준다. 육묘기간은 계절과 육묘 시 온도, 광 조건에 따라 다른데, 봄, 가을은 25~30일, 여름철은 25일, 겨울철은 30~35일 정도가 소요된다. 심을 때에 재식거리를 30×25 또는 40×20cm로 하면 $1m^2$에 평균 14주, 10a(1,000m^2)에 14,000개가 필요하다. 육묘하려면 128공 트레이는 110개 정도 준비하면 된다. 농가에 따라서는 162, 200공을 이용하는데, 그러면 트레이 수가 적게 필요하다. 겨울철 온실재배 시는 $1m^2$에 20주까지 심어서 가꾸므로 좀 더 많은 종자와 모종이 있어야 한다.

흑색 멀칭을 하면 중경(中耕)이 필요가 없지만, 무멀칭 재배에서는 파종 후 3~4주째에 중경을 한 번 실시하며, 이때 덧거름을 준다. 재배 시 주의할 점은 너무 건조하면 쉽게 추대가 되므로 관수를 잘 해 주어야 한다. 수확기에 가까워지면 2주 전에 엔디브의 잎을 배추처럼 묶어서 내부 잎을 연백시키는데, 이는 잎이 상추보다 두껍기 때문이다. 그러나 최근 품종은 자기 스스로 중심부가 연백이 되므로 꼭 묶어줄 필요 없다. 묶어 주는 경우에 연백이 촉진되나 비타민 A와 C는 감소한다.

엔디브는 토양 통기성이 높고, 토심이 깊으며 유기물이 풍부하고 햇빛을 잘 받는 식양토가 좋다. 토양 pH는 6.5 중성토양이 알맞다. 시비는 충분한 퇴비를 사용하고 수확량이나 재식밀도에 따라 다르다. 10a당 질소 20kg, 인산 10kg, 칼리 30kg, 석회 50kg 정도로 시비하는데 질소와 칼리는 절반을 밑거름으로 주고 나머지는 속잎이 오글거리는 로젯형을 만들기 시작하는 때 뿌려준다. 박 등(1986)이 'Bubikopf'를 이용한 시비실험에 의하면 20kg N/10a가 40kg N/10a보다 수량과 상품율이 높았다고 한바 과다 시비를 피하는 것이 좋다. 그러나 치마상추처럼 장기간 아래 잎부터 연속해서 수확할 때는 잎 수량이 낮아지면 질소 덧거름을 4~5kg/10a 수준으로 1~2회 주면 수량을 증대시켜 좋다.

수경재배에서는 상추배양액이면 잘 자란다. 그러나 가끔 양액 온도의 조절 부족 등으로 갈색 속썩음병이 발생하므로 내성이 강한 품종을 골라 심는다.

충해로는 달팽이, 진딧물 피해가 있으므로 방제한다. 병해로는 상추모자이크병, 흰가루병, 노균병 등이 발생하는데, 상추의 방제와 같이 대처한다. 가끔 생리적인 갈색심부병(褐色心腐病, tip burn)이 발생하는데, 부위는 잎 가장자리와 중심부이다. 이는 Ca의 부족으로 나타나므로, 일주일에 2번씩 $CaCl_2$나 $Ca(NO_3)_2$를 0.2~0.3% 농도로 살포한다.

수확: 일괄 수확은 정식 후 50~60일 사이에 한다. 포기상추처럼 다듬어서 포장하여 출하한다. 국내에서는 오글거리는 품종을 쌈용으로 재배하여 3~4일 마다 아래 잎을 수확해서 비닐봉지에 넣어서 출하한다.

저장: 상온에서는 상추처럼 수확한 잎의 신선도가 하루가 지나면 나빠지지만, 5~6°C에서는 하루 정도 더 저장이 가능하다. 유럽에서는 포기로 수확해서 판매하는데, 상온에서 2일 동안 유통된다. 비닐 포장하면 0~1°C(상대습도 95% 이상)에서 2~3주 저장이 가능하다.

(5) 이용 및 기능성

이용: 국내에서는 쌈 전용으로 사용한다. 그러나 다른 채소와 혼합하여 샐러드로 이용하며, 살짝 데쳐서 나물로 이용해도 된다. 유럽의 여름날에 가장 많이 먹는 채소 중 하나이며, 연백된 프리세이는 프랑스의 식탁에서 많이 사랑 받는다.

기능성: 맛은 상추와 유사한데, 약간 쓰며 잎은 다소 두껍다. 엔디브는 비타민이 풍부하며, 카로틴, 지아민, 리코틴산, 비타민 C, 섬유소 등이 많이 함유되어 있다. 엔디브에는 상추의 쓴맛과 같은 락투신(lactucin), 락투코피크린(lactucopicrin), 인티빈(intybin)이 함유되어 있는데, 진정 및 진통 효과가 있다. 또 다른 쓴맛 성분인 치코릭산(chicoric acid: dicaffeoyltartaric acid)은 식물체가 병충해로부터 자기를 방어하기 위하여 만드는 물질이지만, 사람이 섭취하면 항암, 항비만, 항바이러스, 항당뇨의 효과가 있다. 치커리 잎의 향 성분은 약 70%가 알데히드(aldehydes) 계통으로 헥세날(hexenal) 등이 주를 이룬다.

엔디브의 쓴맛 성분은 입맛을 돋우고, 소화를 촉진하며, 가래 생성을 낮춰 준다. 잎, 뿌리, 씨앗은 약용으로 사용하기도 하는데, 용제, 한제(寒劑), 강장제, 완화제(緩和劑) 등 각종 질환에 적용된다. 유럽에서는 엔디브, 당근, 셀러리, 파슬리 등 4가지 생즙 주스가 시신경 회복, 빈혈증 예방에 아주 좋다고 알려져 있다.

그림 2.21 워터크레스(좌)와 노지재배(영국, 출처: Wikipedia)

으로 삽수를 안배하고 약간 물을 채워서 10~14일이 지나 발근이 된 후에 상추전용 양액을 공급하면 잘 자란다. 미국에서는 노지에 가장자리 테두리가 있는 2×50m 폭의 이랑을 만들고 바닥에 검정 비닐을 깔고서 그 위에 부직포를 덮는다. 부직포가 물에 적게 관수를 한 다음에 워터크레스 삽수를 차례로 놓고 뿌리가 내리게 놔둔다. 1주일 후 뿌리가 내리면 양액을 공급하여 재배하는 노지수경법으로 워터크레스를 생산한다(박과 김, 2017).

토양에 대한 적응성은 비교적 넓은데, 부식질이 적고 배수가 좋은 사질토가 알맞다. 산성에는 강하지만 생육이 나쁘므로 중성에 가깝게 개량한다. 수질은 석회가 함유되어 있고, 흐르는 물이 풍부한 곳이 좋다. 영국에서도 깨끗한 물줄기를 이용하여 재배한다(그림 2.21 우).

시비는 토양재배의 경우는 양질의 퇴비를 10a에 3톤을 밑거름으로 주고, 화학비료는 N 15kg, P_2O_5 10kg, K_2O 15kg을 준비하여 밑거름으로 30%, 나머지는 매번 수확 후 1주일이 지나서 절단면의 상처가 아문 다음에 나눠서 준다. 식물의 세력이 약하면 추가로 시비한다.

인공적인 재배상이용 생산법은 땅을 잘 고르고 그 위에 재배 매지를 두 층 만드는데, 아래층은 아주 작은 자갈을 7.5~10cm로 깔고, 위층은 약 1.5cm 두께로 다소 큰 자갈을 깔아서 뿌리내림이 좋게 한다. 영국에서의 재배법은 주로 자갈을 깐 일정한 크기의 인공적인 재배상에서 저농도의 양액을 공급하는 방식을 적용한다.

재배 관리에서 중요한 것은 시비와 물관리이다. 시비는 수확하고 나서 1주일 후에 매번 복합비료를 약간씩 뿌려준다. 물관리는 항상 신선한 물을 공급하며 물 깊이 10cm를 유지한다. 노지에서는 노균병이 발생하는데 마네브나 지네브를 뿌려준다. 그 외 바이러스병의 피해가 있으니 진딧물을 방제하는데 반드시 생육 초기에 실시한다. 생육 중간에 뿌리면 농약으로 인하여 향기가 나빠진다.

수확: 수확은 재배방법이나 계절에 따라 결정한다. 노지는 3월부터 10월까지는

4~6주마다 칼로 줄기를 6~9cm 길이로 잘라서 상자에 넣어 출하한다. 여름에는 잘 자라므로 15~20cm 정도 길이로 절단하여 미나리처럼 단을 묶어서 출하할 수 있다. 11월부터 다음 3월까지는 1/3 정도 분량의 식물을 손으로 뿌리까지 뽑아 다듬어서 판매한다. 이렇게 함으로해서 솎음질도 병행이 된다. 수확한 식물은 깨끗이 씻어 뿌리를 제거한 후에 포장해서 판매한다. 영국에서는 무논을 오갈 수 있는 탑승형 절단 수확기로 절단하여 수확한다. 연간 수량은 3,500kg/10a에 달한다. 분류할 때 가장 중요한 기준은 신선하며 병충해의 피해가 없는 것이어야 한다.

포트 재배할 때나 텃밭에서 재배할 때는 필요 시마다 수확한다. 포트도 물비료를 만들어서 주면 여러 번 수확할 수 있다.

저장: 다발로 묶어서 일반 출하를 하는 경우, 상온에서 24시간이 지나면 잎이 연해서 상품성이 떨어진다. 따라서 판매 시에 단을 물에 담가 놓으면 저장성이 향상된다. 비닐을 이용한 포장은 상온에서 3~4일 저장이 가능하다. 그러나 0°C에서 95~100% 습도를 유지해 주면 최대 2~3주 저장할 수 있다. 왁스칠이 된 종이상자에 비닐 포장한 다발을 넣고서 상부에 얼음 가루를 채운 후 0°C에서 보관하면 2~3주 저장이 가능하다. 샐러드로 사용하고 남은 것은 살짝 데쳐서 냉동저장한다.

(5) 이용 및 기능성

이용: 잎과 줄기 끝은 주로 샐러드로 이용하며, 고기 요리에 첨가하면 맛을 좋게 한다. 주스나 수프의 재료로도 사용되며 다양한 요리와 어울린다.

기능성: 많은 영양분을 함유하여 한때는 세계 최고의 채소라는 명칭을 받기도 했다. 독특한 매운맛은 글루코시드(glucoside)의 일종인 글루코나스투르틴(gluconasturtiin)이다. 먹으면 매운 맛이 코로 숨쉬기가 좋을 정도로 느껴지는데 이 매운 성분이 기관지 건강을 증진하고 체내에서는 항암작용이 있다.

옛날에는 비타민이 많은 채소로 알려져서 괴혈병과 결핵의 특효약으로 사용됐으며, 그 외에 피를 맑게 하고, 해열, 진통의 효과가 있다. 잎의 즙액을 짜서 화장품 로션(lotion)에 첨가하기도 한다.

로마와 그리스인들은 정력제로 이를 이용했는데, 오늘날 의학적 분석에 의해 워터크레스에 함유된 높은 아연 때문임이 밝혀졌다. 영국에서는 워터크레스가 남성호르몬 생성을 촉진하고 정력을 증가시킨다고 믿고 있으며, 워터크레스 맥주가 사랑의 충동을 일으킨다고 알려져서 매년 열리는 지역 축제에서 즐겨 마신다.

모발의 건강을 위해 워터크레스 즙을 머리에 골고루 발라 주면 좋은데, 이는 철, 아연, 비타민 A, C가 많이 함유되어 있어 두피 건강에 좋기 때문이다. 비타민 K와 Ca가 많아 골다공증 예방에도 좋은 채소이다.

2.22 차이브

학명: *Allium schoenoprasum* L.
(영): Chives **(독):** Schnittlauch **(불):** Civette, Ciboulette

(1) 원산지 및 재배 내력

차이브의 야생식물은 북반구 전역에 걸쳐서 분포하고 있기에 원산지를 따지기가 어렵다. 즉, 유럽, 아시아(중국, 북인도, 이란), 북미(미국 럭키산맥) 등에 널리 분포하는데, 유럽의 알프스지방에서 자라는 야생종이 재배종에 가장 가깝다고 한다. 재배 역사를 보면 유럽에서는 약 2,000년 전부터 재배를 시작하여, 그리스와 로마인들이 이용하였다. 가정 채소로 각광을 받기 시작한 것은 16세기 이후이며, 그 후 많이 재배되어 이용되었다.

현재는 채소로서 식용하는 종과 꽃을 보는 관상용 종으로 분리되어서 재배된다, 유럽에서는 겨울과 봄에 촉성용으로 재배되는 경우가 많다.

학명의 *Allium*은 파과 식물들이 눈이 타는 것 같이 맵게 느껴지게 한다는 데서 연유된 켈트어의 '타다(燒)'에서 유래했고, 종소명인 *schoenprasum*은 그리스어인 Schoinos(난초), Prason(파)의 합성어로 잎의 모양새를 표현한 것이다.

(2) 식물적 특성

차이브는 둥근 잎 부추와 유사한 여러해살이로서 2년째부터 개화하는 식물이다. 부추처럼 잎을 자르면 새잎이 자라나와서 여름내내 식용할 수 있으므로, 독일에서는 Schnittlauch(잘라서 이용하는 파)라고 부른다. 붉은색 꽃이 피는 서양부추인데, 흰 꽃이 피는 동양부추(Chinese chive: *Allium tuberosum*)와는 다른 식물이다.

식물 한 포기는 직경 4mm, 길이 1~3cm로, 속은 희고 외피는 회색인 다수의 인경으로 구성되어 있다. 내한성이 매우 강하고, 잎줄기는 관상이며, 끝이 뾰족하고 녹색이다. 꽃은 6~7월에 피는데, 꽃대의 길이가 30cm 정도로 자라고 꼭대기에서 머리 모양의 꽃이 핀다. 꽃색은 자홍색으로 향기가 강하고, 여러 개 꽃봉오리가 자라나 포기 중앙에서부터 꽃피기 시작하여 가장자리로 지속된다(그림 2.22). 수술은 화피(花被)보다 작다. 과실은 캡슐(capsule)형인데, 아주 작고 형상은 양파와 유사하며 색깔은 검은색이다. 종자는 3각형으로 길이 2~2.5mm, 폭 1~1.5mm, 두께 0.75~1mm이다. 발아력은 아주 낮아서 보통 50% 정도이다. 천립중은 0.65~0.8g이고, 1L의 무게는 280g이며, 1g당 약 900~1,600립이다. 발아 기간은 온도가 20°C에서 14일이 소요되고 암발아종자이다. 좋은 종자라도 발아력을 1~2년만 갖는 단명종자이다.

그림 2.22 차이브(개화기)와 포트수경재배(우, 출처: Google)

(3) 품종

유럽에서는 채소용과 화훼용을 별도로 판매하고 있다. 반드시 채소용 품종을 선택하는데, 국가별로 방임채종을 한 차이브를 지역명이나 잎의 크기에 따라 이름 붙여서 유통한다. 유럽이나 미주에서 차이브(chive)하면 서양종을 일컫고, 차이니스차이브(Chinese chive: 부추)라 하면 부추를 일컫으므로 종자 구입시에 주의한다. 차이브를 고를 때는 병에 강하고, 잎이 쳐지지 않으며, 똑바로 서는 품종이 좋다. 최근에 알려진 주요 품종은 'Staro'(가공, 냉동저장에 좋음), 'Purly'(중간 크기 잎), 'Polyvert'(고정종으로 중간 크기 잎), 'Dolors'(작은 잎), 'Grolau'(노지보다 실내재배용) 등이 있다. 독일에는 'Erfurter Riesen-Schnittlauch'와 교잡종으로 'Hild'와 'Sperling' 같은 10여 종의 품종이 있다. 국내에는 수입하여 판매하며, 별도의 품종명 없이 차이브로 유통된다.

(4) 재배 관리

작형: 작형은 잎을 수확하기 위한 일반재배, 씨를 받기 위한 채종재배, 연중재배를 위한 촉성재배 등 재배 목표에 따라 파종기나 재배법이 각각 달라진다.

재배: 일반재배에는 직파법과 육묘법이 있으며, 직파재배 시에는 4월 말에서 5월 초에 밭에 1.2m로 이랑을 만들고, 25×25cm, 40×20cm 간격으로 한 구멍에 20~30개의 종자를 파종하는데, 10a당 2kg의 종자가 필요하다. 발아 기간은 토양온도가 낮으면 2~3주 가량 걸린다. 보통 잎이 난 후에 3개월 쯤 지난 8월 이후가 되면 수확이 가능하다. 그러나 잎을 얻기 위한 것이라도 첫해의 계속적인 수확은 다음 해 수량을 떨어뜨린다. 그러므로 첫해에는 1~2회만 수확하고 시비와 물주기 등으로 충실하게 관리를 잘해서 다음 해 봄부터 본격적으로 많은 양을 여러 차례에 걸쳐서 수확한다.

육묘법은 온실에서 2~3월에 72공이나 105공을 사용하여, 1공 마다 씨를 재래종은 25개, 1대 잡종은 10개 정도 뿌려서 발아시킨다. 18~20°C를 유지하면 1주일이 지나 발아하며, 4~8주 가량 육묘해서 4월 말~5월 초에 옮겨 심는다. 심은 후 80일 이상이 지나 7월에 들어서면 첫 수확을 할 수가 있지만 초가을에 수확해서 출하하며, 첫해에는 수확하는 횟수가 적어야만 다음 해에 수량이 많아진다. 갱신은 일반 노지재배의 경우 3~4년에 1회 실시한다. 가정원예가를 위해 직경 15cm 크기의 화분에 휴면이 타파된 차이브를 심어서 판매되는데, 겨울 동안 인기가 있는 허브이다.

채종재배도 같은 방법으로 육묘를 하는며, 씨를 뿌려 4월에 30×50cm로 다소 넓게 심고서 관리를 잘 해주면 다음 해 봄에 꽃이 피고 5~6월에 채종이 가능하다. 종자 채종용은 첫해 봄에 씨를 뿌려 다음 해 6~7월에 꽃이 필 때까지 둔 다음에 씨가 맺히면 수확한다.

촉성재배에는 휴면 타파법에 따라 고온처리법과 냉동저장법이 있다. 먼저 건전한 포기 육성을 위해서는 2월 중순에 직경 10cm 크기의 포트에 약 70~80개를 파종해서 4월에 노지에다가 25×25cm 또는 30×30cm로 옮겨 심는다. 활착되면 물주기와 관리를 잘 해준다. 장마기에는 과습되지 않게 배수를 잘 한다. 초겨울이 되는 11~12월 중순이 되면, 노지에서 포기를 캐내어 고온처리나 냉동저장법을 적용한다. 휴면타파를 위한 고온처리법은 온실에 비닐을 깔고 차이브 포기를 캐서 옮겨 놓고 태양열과 온풍으로 주야간에 걸쳐서 30~35°C로 3~5일 처리하면 잎이 완전히 마르고, 휴면이 타파된다. 침수처리 방법은 12~16시간, 35~38°C 물에 포기와 물을 1:1이 되게 담가 놓는 방법이다. 그러나 양이 많을 때는 물에 담그기가 번거로우므로 열풍건조에 의한 휴면타파를 해준다. 싹을 내려면 고온처리된 차이브 포기를 온실의 재배 베드에 올려 놓은 후 포기 사이에 피트나 코코넛 코이어를 채워 물을 뿌려 습하게 해준다. 온실 내의 기온을 첫 1주간은 23°C를 유지하고, 그 이후에는 15~18°C를 유지하면서 충분히 물주기를 실시하여 습도를 높여주면 싹이 난다. 부추처럼 잎이 잘 자라는데, 길이가 20~25cm로 자라면 예리한 칼로 뿌리 위의 2~3cm 높이에서 자르고, 물을 주면서 3월까지 2~3회 수확한다. 열 건조에 의한 휴면타파는 쪽파에도 응용되는데, 5~6월에 수확한 쪽파를 망에 담아서 30~35°C로 3주간 처리한다(양, 1997).

냉동저장법을 통한 촉성재배법은 11월에 포기를 캐서 상자에 담고, 처음에는 −8°C로 10~14일을 얼렸다가 다음에는 −3에서 −4°C로 유지하여 냉동실에 저장한다. 생산할 때에는 냉장된 포기를 꺼내 0°C에서 하루 동안 해동을 시킨 후에 온실 베드에 놓고서, 20°C의 물로 근권의 온도를 높인 후에 온실 내의 온도를 23°C로 올려서 재배하면 싹이 돋아난다. 싹이 나면 온도를 다시 낮추어 15~18°C로 관리해서 상품성이 있는 크기가 되면 수확한다.

촉성재배를 위한 포기재배와 잎 생산 노지재배에서는 시비량이 서로 다르다. 포기재배는 인경을 충분히 자라도록 하는 것이 목적이므로, 잘 썩은 퇴비 2톤을 밑거름으로 뿌리고, 10a당 N 12kg, P_2O_5 8kg, K_2O 20kg을 시비한다. 질소만 70% 밑거름으로 주고 장마 후에 덧거름으로 준다. 잎 생산 재배에서는 10a당 밑거름으로 퇴비 2톤, N 12kg, P_2O_5 12kg, K_2O 20kg을 시비하고, 잎을 수확한 후에 6kg의 N을 추가로 시비한다. 차이브는 양파보다 병해가 적지만, 여러 해를 한 곳에서 재배하면서 수확하므로 토양 선충방제를 잘 해야 한다.

수확: 베란다에서 재배하는 경우에는 필요할 때 잘라서 이용하며, 가끔씩 물비료를 준다.

촉성재배에서는 포기를 치상 후에 2~3주일이 지나, 잎의 길이가 25~30cm 정도될 때 수확한다. 냉동저장한 포기를 이용한 차이브 생산은 1년 연속 수확을 하며, 지속적인 수익을 올리기 때문에 유럽에서는 '차이브 마피아'라는 유행어가 생겼다. 수확한 잎은 단을 만드는데, 우리나라에서처럼 크게 묶지 않고 무명실을 이용하여 최대 엄지손가락 굵기 정도로 결속한다. 한 다발 무게는 국가에 따라 다르나 10g 또는 25g 정도이다. 10개 다발을 한 묶음으로 고무줄로 결속하여 상자에 담아서 출하한다. 첫 수확은 잎끝이 뾰족하여 보기가 좋지만 두 번째 수확은 한번 잎을 절단하여 끝이 몽땅해서 상품적인 가치가 떨어진다. 수량은 두 번 수확할 경우에 온실재배에서는 4~6kg/m^2 정도 가능하다.

저장: 자른 잎의 저장은 별도로 실시하지 않고서 유통되며, 상온에서 1~2일이 지나면 팔 수 없으므로 수시로 수확해서 출하해야 한다. 비닐봉지에 담고 -1에서 +1°C, 습도를 95% 이상 유지해 주면 최대 3주까지 저장이 가능한데, 절단 부위가 물러지는 현상이 없는지 잘 관찰한다. 포트에 심은 것은 3°C에서 잠시 저장한 후 출하한다.

(5) 이용 및 기능성

이용: 차이브는 독특한 향기가 있어 샐러드나 수프 등에 향신료로서 많이 이용된다. 그 밖에 버터나 치즈에 넣어서 맛과 보기를 좋게 하고, 오믈렛(omelettes), 크로켓(croquette), 푸딩(pudding), 파이(pie)에도 첨가한다. 절단하여 건조시킨 차이브는 수프, 감자, 고기요리에 쓴다.

기능성: 차이브에도 다른 파과 식물처럼 유황을 주성분으로 매운맛을 내는 설피드(sulfide) 계통이 많이 들어있으며, 주요 물질은 알린(alliin)으로 프로필 알린(prophyl alliin)과 메칠 알린(methyl alliin)이 들어있다. 이 성분은 강력한 항산화와 면역력 증가 효과를 가지고 있다. 그 외 3개의 글루코시드(glucoside)가 있으며, 말릭산(malic acid; 240mg/100g FW), 시트릭산(citric acid; 19mg/100g FW)도 함유되어 있다.

약간의 매운맛은 입맛을 촉진하며, 적당히 섭취하면 저혈압을 올려주고 각종 암에 대한 저항성을 길러준다. 콜레스테롤을 낮추고 신체의 면역체계를 강화시켜준다. 음식물이 상하는 것을 방지하며, 장내 나쁜 세균의 번식을 막아준다. 다양한 알린과 설피드 성분은 마늘처럼 항균, 항암작용이 있어 유럽인들이 즐기는 허브이다.

2.23 치커리

학명: *Cichorium intybus* L. var. *foliosum*
(영): Chicory **(독):** Zichoriensalat, Witlof **(불):** Chicoree witlof

(1) 원산지 및 재배 내력

치커리는 프랑스, 벨기에와 네덜란드에서 중요한 채소인데, 북유럽 전역이 원산지로 추정되며 캐시미르(Kashmir), 시베리아의 바이칼호 부근, 중국의 서북부에서도 자생한다.

고대 그리스 시대부터 이용하였고, 아라비아의 의사들은 잎을 Chicourey라고 부르면서 약용으로 사용했다. 16세기의 식물학자인 Turner의 기록에 의하면 1548년에 영국으로 엔디브와 야생종 치커리가 도입되었다. Dodonaeus(1616)는 처음으로 독일의 치커리를 야생종과 재배종으로 나눠서 게재하고 있다(Becker-Dillingen, 1956). 당시 치커리는 유럽에서 많이 재배되었는데, 생체 또는 익혀서 먹었고 프랑스에서는 뿌리를 말린 가루를 첨가하여 치커리 커피를 만들었다. 미국에는 18세기에, 아시아로의 도입은 1800년대 말에 이루어졌다. 벨기에에서, 1930년대 국제박람회 전시 준비를 위하여 치커리의 뿌리를 어두운 지하실에 저장했다가 봄에 꺼냈을 때 하얀 싹이 발생한 것을 발견할 수 있었다. 이것을 하얀 싹(벨기에어: Witloof, 영어: white leaf)이라 부르게 되었고, 그 이후 유럽에 퍼져서 재배되었다는 설이 있다.

국내에서는 1970년대에 뿌리를 커피 대용으로 사용할 목적으로 재배했으며, 채소용은 1980년대부터 고려대학교에서 유럽 품종을 시험재배하여 1994년 보고하였다(박 등, 1994). 쌈용으로 1997년 경에 몇몇 농가가 재배를 시작했고, 2000년대 들어서 쌈채소로 인기가 있어 결구용 적색 라디치오와 함께 재배가 이루어지고 있다.

학명의 *Cichorium*은 그리스어 kio(행하다)와 chorion(밭)이란 합성어로 이 속(屬)에 속하는 작물을 뜻하고 *intybus*는 *intybaceus*에서 왔는데 치커리 종류를 총칭한다. 변종명 *folisum*은 *foliosus*(잎이 많은)에서 왔는데 잎이 많은 치커리의 특징을 나타낸 것이다.

(2) 식물적 특성

치커리는 원래 다년생 식물이지만, 크게 두 가지 변종이 있다. 하나는 주로 뿌리를 채취해서 치커리 커피용으로 이용하는 *Cichorium intybus* L. var. *sativus*이고, 다른 하나는 샐러드용으로 잎을 이용하는 *Cichorium intybus* L. var. *folisum*이다.

파종한 첫해에는 뿌리와 잎을 모두 이용할 수 있는데, 이는 겨울을 넘겨 다음 해에 꽃이 피기 때문이다. 물론 봄(3월)에 온실에 씨를 뿌려 5월 초에 심으면 여름(6~7월)에도 꽃을 볼 수 있다. 뿌리의 형태는 품종이나 재배지에 따라 작게 또는 크게 굵

그림 2.23 라디치오(좌, 출처: Wikipedia)와 구루모로 및 수가 로프 치커리(우)

어지며, 마치 우엉 뿌리와 유사하다. 잎은 주걱같이 생겼거나 다소 난형이다. 7~9월에 추대하며, 줄기는 1m 정도 자라고 가지가 생기며 약간의 잎이 달려 있다. 꽃색은 하늘색으로 직경은 2.5~3.5cm이다. 염색체는 $2n = 18$이고, 타가수분이며, 자가 불화합성이지만 가끔씩 자가 화합성도 발견된다.

치커리 뿌리(생장점 포함)는 8~9월에 6°C로 1~2주일 처리하면 화아분화가 이루어진다고 한다. 꽃은 하늘색으로 예쁘나 개화 수명이 하루 정도로 짧아 절화 이용이 불가능하다. 씨앗은 수과(achenes)로 긴 도끼 모양이며, 도끼의 머리 쪽에 해당이 되는 곳에 3~5개의 모서리가 생겨서 주름져 있다. 길이는 2~3mm이며, 직경은 1mm로서 밝은 회색이다. 발아율은 보통 75~96%이고, 천립중은 1.35g이다. 1L의 무게는 440~518g이며, 종자 1g당 600~750립이다. 발아 기간은 20~30°C의 변온, 또는 20°C의 정온에서 7~14일이 소요된다. 발아력은 4~5년을 가진다.

치커리는 상추처럼 비교적 선선한 기후를 좋아하나 상추와는 달리 저온에 일정 기간(6°C, 1~2주) 접하면 꽃눈이 분화되고 그 이후 장일 조건에서 꽃대가 오른다. 그러므로 잎을 엔디브처럼 이용할 때는 저온 감응을 받지 않게 관리하거나 일정 크기에 달하면 수확해야 한다.

이탈리아 원예연구소의 연구 대상 1호 식물이 치커리일 정도로 이탈리아에서는 중요한 채소이다. 이탈리아 시장에서 보는 붉은색 채소는 적색양배추가 아닌 라디치오(적 치커리)이다.

(3) 품종

라디치오, 슈가로프, 그리고 노란 싹을 길러서 먹는 벨지움 엔디브, 카탈루냐 치커리 등 4 가지 계통에 각각 수많은 품종이 전 세계적으로 제시되어 있다.

① 라디치오(Radicchio): 결구된 속이 붉은 것과 다양한 반점이 있는 흰 것이 있으며, 결구형은 환형과 실린더형으로 구분된다: 'Rosso di Chioggia'(잎은 붉고 중늑(中肋)은 흰 결구종으로 환형, 국내 재배 〈그림 2.23 좌〉), 'Variegato di

Castelfranco'(흰 잎에 불규칙한 붉은 점이 있는 반엽 비결구종), 'Rosso di Treviso Precoce'(긴 잎은 붉고 중늑은 희다. 길쭉한 실린더형의 결구를 한다), 'Rosso di Treviso Trardivo'(아주 넓고, 흰 엽병이 뿌리에서 여러 개 길게 위쪽을 향하고, 곁에 약간의 빨간색 잎이 붙어서 마치 쭈꾸미 다리가 위를 향해서 오므라들고 있는 양상을 나타냄)

② 슈가-로프 치커리(sugar-loaf chicory): 잎이 넓고 녹색으로 결구하는데, 속은 다소 오글거리며 속모습은 배추와 유사하다: 'Zuckerhut'(독일 품종), 'Chicory Grumolo Verde'(이탈리아 품종, 뿌리는 땅속에서 월동 가능, 50일), 'Chicory Grumolo Bionda'(잎이 둥글고 긴 배추 모양)(그림 2.23 우)

③ 벨지움 엔디브(witloof type): 싹(chicon)용으로 품종이 많다: 'Chicory Witloof Zoom F1', 'Flash', 'Bea', 'Vintor', 'Focus', 'Lightening', 'Totem'.

④ 카탈루냐 치커리(Catalogna chicory): 잎이 마치 민들레 잎처럼 생겼는데, 위로 길게 붙어서 자란다. 'Chicory Catalogna Giant Chioggia'(민들레 잎과 유사함, 잎은 녹색이고 엽병은 백색, 70~75일), 'Chicory Catalogna Puntarelle'(연필처럼 가는 녹색잎, 이탈리아 인기 품종, 90일)

(4) 재배 관리

작형: 잎생산 작형은 봄재배, 고랭지재배, 가을재배, 시설 이용 연중재배가 있고 싹(치콘) 재배는 늦가을부터 봄까지 암실을 이용한 특수재배가 있다.

봄재배의 온실 육묘는 3월 중순 파종, 4월 하순 정식, 5~6월 수확을 하며, 노지직파는 4월 파종, 6~7월 수확을 한다. 여름재배의 고랭지재배는 6월 파종, 7월 정식, 9~10월 수확을 한다. 노지 가을 직파재배는 7~8월 파종, 10~11월 수확을 한다. 비가림 육묘는 8월 초순 파종, 8월 하순 정식, 10~11월 수확을 한다. 겨울재배(남해안, 제주)는 8월말 직파하여 11월부터 1월까지 수확하는 재배형이다. 연중재배는 쌈채전문농가의 시설재배으로서 적색 라디치오를 1월부터 파종하여 한여름을 제외하고 상추처럼 계속하여 아래 잎을 수확하는 형태이다.

재배: 잎 전용재배와 싹 전용재배로 나뉜다.

잎 전용재배는 모든 작형에 적용되는 방법으로 먼저 육묘를 한다. 엔디브 재배처럼 플러그 트레이 128공에 파종하여 20°C에서 5~10일 지나면 발아한다. 4~6주간 육묘하여 정식을 한다. 재식 거리는 품종의 종류에 따라 달리한다. 충분한 시비를 한 다음 1.2m 이랑을 만들고 검정 비닐 멀칭을 한 후에 30×30cm로 심어서 가꾼다. 정식 후 물주기를 충분히 해주는 것이 중요하다. 국내에서는 레드치커리를 결구시키지 않고 상추처럼 아래 잎을 지속적으로 수확하는데, 수확 후에 2~3차례 물비료를 주는 것이 좋다. 레드치커리는 대부분 무가온 온실에서 생산하는데, 고온기가 되면 꽃대가 생기게 된다. 이때 질소비료를 덧거름으로 충분히 주면 꽃눈 분화를 억제할 수 있다. 물커텐 온실에서는 야간에 물을 뿌려서 온도를 가능한 최대로 낮추어 주면 치커리의 개화를 지연시킬 수가 있다. 고랭지의 여름재배는 꽃대 오름의 평지보다 큰 문제가 되지 않는다.

토양 적응성은 매우 넓으나, 경토가 깊고 배수가 양호하며 유기질이 많은 땅이 좋다. 양분 흡수율을 보면 10a당 N 20kg, P_2O_5 10kg, K_2O 20kg 그리고 MgO 3kg을 시비하는데, 질소비료는 2~3차례 나눠서 준다. 질소비료를 30kg/10a 수준으로 많이 주면 수량은 증가하지만 잎끝마름(tip burn) 현상이 많이 나타나서 좋지 않다(박 등, 1994). 뿌리를 이용하고자 하는 경우에는 퇴비와 충분한 인산과 칼리비료를 주고 질소비료는 상대적으로 줄여주는 것이 근 비대를 좋게 하여 순의 수량을 끌어올릴 수 있다. 이런 원칙에 의해 시비량은 N 12kg(2~3회 나누어 줌), P_2O_5 8kg, K_2O 24kg, MgO 5kg이 적당하다.

병해로는 상추모자이크병, 흰가루병, 그리고 무름병 등이 있는데, 모두 상추방제법과 같이 예방한다. 특히, 국내의 시험재배 시에 썩음병(*Pseudomonas* spp.)의 피해가 고온기에 접어들면서 심하게 나타났다. 처음은 바깥 잎의 중늑이 물러지거나 전체가 썩는다. 연작을 피하고 톱신 M 1,000배액을 뿌려준다. 그 외에도 여름에 건조하고 햇빛이 강하면 일소현상이 나타나므로 주의한다. 충해인 달팽이류, 고자리파리 등의 피해가 발생하지 않도록 방제한다. 진딧물은 상추에 비해 피해가 거의 없는 편이다.

싹 전용재배(치콘 생산): 평지재배에서는 고온으로 인해 싹 생산용 치커리 재배가 곤란하다. 고랭지에서 가능하며, 6월 중하순에 파종해서 10월 중하순에 굴취 저장하여 치콘(chicon)을 생산한다.

파종은 손 또는 기계로 줄뿌림을 하는데, 10a당 약 300g의 종자가 필요하고 긴 종자를 파종하기 좋게 둥글게 환약처럼 만든 코팅 종자(coating seed)를 이용한 기계 파종 시에는 약 150g이면 충분하다. 심는 줄 간격을 30~50cm로 임의로 할 수 있으나, 주간 거리는 약 5~7cm로 하며 심는 깊이는 3cm가 알맞다. 발아되어 잎이 3~4매 되면 건실한 식물만 남기고 솎아준다. 솎을 때의 주간 거리는 줄 간격에 따라 다르다. 30cm 줄 간격은 주간 거리 12~15cm, 40cm는 10~12cm, 50cm는 8~10cm를 목표로 솎는다. 그러면 약 2~3톤/10a의 뿌리를 수확할 수 있다.

치콘의 간이 생산법은 1960년대까지 유럽 농가에서 사용한 방법이다. 가을에 뿌리를 캐서 무게 100g 내외, 길이 15~18cm, 굵기 3~5cm 되는 것만 씻지 말고 마른 잎은 1.5~2.5cm만 남기고 제거한 후 온실 내에 폭 1~1.2m, 깊이 50~60cm 되는 구덩이를 파고, 여기에 뿌리를 알맞게 줄 지어 가면서 세운다. 그러면 $1m^2$에 400~450개 뿌리가 들어간다. 그 위에 피트 또는 코이어를 깊이 20~25cm 정도로 덮고 알맞게 물주기를 한 다음, 검정 비닐을 덮어 3~4주 놔두면 노란 새순을 수확할 수 있다. $1m^2$에서 40kg의 새순을 수확하려면 약 $40L/m^2$의 물이 필요하므로 물

그림 2.23-1 적색 및 황색치콘(좌)과 치콘 생산용 수경장치(우) (제공: Geyer)

주기를 잘 해야 한다. 새싹이 나는 기간은 18°C를 유지했을 때 22일이 걸린다. 그러나 뿌리에서 자라는 새싹, 치콘(chicon)은 4.4~21.1°C에서 생육하며, 낮은 온도에서는 수확까지의 기간이 길어진다.

가정원예에서는 물을 담을 수 있는 용기에 치커리 뿌리가 움직이지 않게 넣은 후 물을 10cm 정도 채우고 검정 비닐로 싸서 베란다에 두면 싹이 나는데, 물을 항상 일정하게 보충해 준다. 물 공급은 가능하면 아침, 저녁 시간의 햇빛이 없는 시간해 주어야만 노랗게 나오는 싹이 녹화되지 않는다. 치콘은 품종에 따라 노란색과 빨간색이 있다(그림 2.23-1 좌)

유럽에서는 1970년대부터 암실에서 수경재배하여 치콘을 생산하고 있다. 방법은 $1m^2$ 되는 나무상자를 준비한 후, 바닥에 비닐을 깔고 배수공을 만든다(그림 2.23-1 우). 여기에 뿌리를 400~500개 세워서 채우고, 상자를 8~9단 높이로 연결하여 세운다. 이때 나무상자 한쪽에 설치된 관수용 관을 상하로 잘 맞춘다. 입실하고 나서, 처음에는 물만 1~2일 흘러내려 보내고, 그 다음에 양액을 공급하여 싹이 튼실하게 자라게 한다. 양액은 $Ca(NO_3)_2$ 0.45 g/L, $MgSO_4$ 0.30 g/L, KNO_3 0.88g/L 비율로 제조하며, 알맞은 EC는 2.0, pH는 6.5~7.9이다. 치커리 전용 양액을 공급하기도 한다. 온도관리는 입실 시기에 따라 다른데, 초겨울은 낮추고 겨울은 다소 높였다가 봄에는 다시 낮게 한다. 입실 후 수확까지의 온도관리는 9~10월 재배는 1, 2, 3, 4주의 각 주별 관리 목표 온도를 17, 16, 13.5, 10°C로 한다. 11~12월 재배는 다소 올려서 21, 20, 18, 10°C로 하고, 1~2월 입실은 20.5, 19, 16.5, 10°C, 3~4월은 다시 낮춰서 18, 16.5, 15, 10°C로 4주간 관리한다. 가장 장기간 냉장했다가 입실시키는 5월에서 여름까지는 17, 16, 13.5, 10°C로 처리한다. 암처리 후반기에 온도가 높아지면, 잘 자란 치콘이 느슨하게 되어 상품성이 떨어지므로 처리 초반보다 4주째에는 7~9°C 낮게 관리하여야 한다.

치콘을 생산할 뿌리를 수확하여 상자에 담아서 저온저장고에 두었다가 매번 필요한 양을 꺼내서 사용한다. 저장온도는 밭에서 10월에 수확해서 가져온 것을 바로 저온으로 낮추지 말고, 14일 동안 천천히 내려서 근온이 1°C가 되게 한다. 그리고 다시 온도를 내려서 생장을 멈추게 하는데, 1월은 −0.5~−1.0, 2월 1.0~−1.5, 3월부터는 −1.5°C를 목표로 온도를 조절한다. 저장한 뿌리를 꺼내서 촉성재배를 시작할 때도 출고 시 뿌리 상부의 온도를 −1.5°C에서 3~4°C로 천천히 올리고 하루에 1°C 정도 올려서, 1~2주가 지나 12~14°C가 되도록 한 후에 치콘 생산실로 입고한다. 이는 뿌리 생장점의 온도 변화를 최소로 하여 급격한 온도변화에 따른 치콘의 생리장해 출현 방지가 목적으로, 출고한 당일에 12~14°C로 급격한 상승을 금한다.

'Radichio Rosso di Treviso Trardivo'의 백화(白化: whitening) 처리는 좀 다르다. 늦가을인 11월에 포장에서 첫서리를 맞은 후에 포기를 뽑아 노엽은 제거하고 뿌리는 씻은 후, 소규모재배에서는 네모상자에 세워서 담은 다음 물을 10~15cm 정도 채워 어두운 곳에서 온도가 13°C 정도 유지되게 한다. 대단위 재배에서는 다발을 크게 묶어서 물을 채울 수 있는 수조에 넣고, 뿌리가 지하수에 잠기게 한 후 어둡게 해준다. 13°C에서 20~25일 두면 내부의 싹이 자라는데, 가장자리 잎만 제거하면 줄기는 희고 잎이 붉은 꽃봉오리 같은 싹을 생산한다. 이때 양액을 주어도 된다. 이탈리아 북부지역의 Treviso, Padua, Venice시를 중심으로 한 3개 주에서만 생산되는 늦가을 적색 라디치오는 지역 로고를 부착하여 출하한다.

수확: 잎을 이용하는 샐러드용 치커리는 포기를 수확하여 출하하지만, 국내에서는 아래 잎부터 수확하여 쌈채소로 이용하며, 결구하는 라디치오는 결구된 부분만 칼로 잘라서 수확한다. 결구형 라디치오는 200~300g 정도 되는데 랩으로 포장해서 상자에 담아 출하한다.

치콘은 온도에 따라 다르지만 치상하고서 18~30일 지나면 수확하는데, 온도와 여러 조건이 맞으면 20~25일쯤 되어 수확한다. 치콘 수량은 35~90kg/m^2 범위인데, 평균적으로 50~70kg/m^2를 수확한다. 싹의 무게는 품종에 따라 다르지만 평균적으로 80~200g 정도이다. 포장은 비닐백에 담는데, 500g(3~4개 싹)을 기준으로 하여 10개(5kg)를 한 상자에 담아서 유통한다. 이때 상자 내부를 검정 비닐로 덮어주는데, 이는 유통 중에 광에 의한 노란 치콘의 녹화를 막기 위해서이다.

'Radichio Rosso di Treviso Trardivo'는 저장성을 증대시키기 위해서 포기 아래에 반드시 2cm 정도 뿌리를 부착해서 수확한다.

저장: 국내에서는 치커리 잎을 상추처럼 수확하여 포장하지 않으면 하루 이상 판매가 곤란하며, 비닐 포장을 하면 5°C에서는 최대 1주일 정도 유통이 가능하다. 소형 적색양배추처럼 치밀하게 결구가 잘 된 라디치오는 0~1°C, 95% 이상 습도를 유지해 주면 최대 2개월 저장이 가능하다. 잘 결구된 라디치오를 MA 포장(비닐 포장)하면 상온에서도 최대 1주일은 저장이 가능하다. 부드러운 치콘은 0~1°C, 90~95% 습도에서는 2주 저장한다. 치커리는 에틸렌 가스에 약해서 사과나 바나나 등과 같이 수송하면 변색이 쉽게 이루어지므로 주의한다.

(5) 이용과 기능성

이용: 국내에서는 주로 치커리로 쌈을 싸서 먹는다. 그리고 일부는 데쳐서 나물로도 먹는다. 외국에서는 각종 샐러드와 혼합해서 먹는다. 치콘은 디저트나 고급 샐러드로 이용된다.

기능성: 치커리의 쓴맛은 인티빈(intybin)이라는 물질로 소화를 촉진하고 강장 및 혈행을 좋게 한다. 또한 클로로게닉산(chlorogenic acid)이 들어있어 항암효과가 있으며, 담즙 분비를 촉진시켜 담석증과 간장 질환의 치료에 효과가 있다. 그 외에 맛과 향에 관여하는 치코릭산(chicoric acid), 락투신(lactucin), 타락사스테롤(taraxasterol), 카페익산(caffeic acid), 바리릭산(vanillic acid) 등이 들어있어서 입맛과 소화를 도우며 볶으면 커피향이 난다.

치커리는 상추보다 비타민 A와 C가 4배나 높고 칼슘(Ca)과 인(P) 등은 엔디브보다 함량이 높아 건강에 이로운 채소이다.

치커리를 섭취하면 장내 균총 개선 및 정장에 효과가 있으며, 장내에서 콜레스테롤의 흡수가 50% 감소하는 결과를 보여 준다. 즉, 간장이나 혈액 내의 총콜레스테롤 함량을 낮추는 요인으로 작용하고 있으며, 혈당 감소 효과가 커서 당뇨에도 효과가 있다. 유럽에서는 치커리가 이뇨 효과와 장 내의 중금속을 몸 밖으로 배출시키는 역할을 하고, 독성 제거에 효과가 있다고 알려져 있다. 그 이외에 혈압을 강하시키고, 체온을 낮추어 준다.

치커리 뿌리 액을 추출하여 만든 고는 황달, 간부종, 통풍, 류마티스에 효과적이다. 이뇨, 강장, 종양이나 암 치료에 사용된다. 이집트에서는 치커리 뿌리 추출액이 두 가지 측면에서 심장에 효과가 있다고 하는데, 심장박동을 느리게 하고 심장을 완만하게 자극한다.

2.24 파스닙

학명: *Pastinaca sativa* L.
(영): parsnip **(독):** Pastinake **(불):** panais

(1) 원산지 및 재배 내력

원산지는 온화한 유럽 중부지역으로 북부스코틀랜드와 우랄 등을 제외한 지역이다. 그리스, 로마 시대부터 재배되었다. 유럽에서는 16세기에 그림에 나타날 정도로 대중화되었고, 오늘날 유럽 대부분의 국가에서 재배된다. 북미에는 이민자들에 의해 전해졌고, 기타 온대지역은 모두 근래에 전파되었으며, 열대의 아시아지역에는 서양인들에 의해 전파되어 고산지대에서만 재배된다. 일본에서는 1800년대 말에 재

그림 2.24 파스닙 잎(좌)과 뿌리(우: 파스닙; 머리부분이 움푹 들어감. 파슬리; 머리부분 올라옴, 제공: Geyer)

배된 기록에 남아 있으나, 국내에 도입된 기록은 없고 2010년대부터 취미가에 의해 일부 재배되고 있다.

학명 *Pastinaca*는 라틴어 먹을 수 있는 *pastus* 또는 굴취기의 추처럼 뿌리가 생겼다 하여 *pastinum*에서 온 것 같고 종소명 *sativa*는 재배작물이라는 뜻이다.

(2) 식물적 특성

파스닙은 2년생 식물로 산형화과 식물이다. 키는 30~125cm이며, 줄기는 비어 있고 표면에는 옅은 골이 있다. 잎은 약간 번들거리는 녹색으로, 뒷면은 색이 다소 옅은 잔디 잎과 같고 잔털이 있다. 이름이 파슬리와 유사하지만 잎 모양은 전혀 다르다. 잎은 땅에 붙어서 나는 근출엽(根出葉)으로, 잎자루에 작은 잎이 3~6개가 대칭으로 좌우에 달리고, 끝에 붙은 하나는 우상복엽(羽狀複葉)이다. 작은 잎은 세 갈래로 갈라지고 잎 가장자리에 결각이 있다. 세력이 강하면 잎이 50cm까지 자라는데, 잎이 너무 크면 뿌리가 작게 생긴다(그림 2.24 좌).

파스닙 뿌리는 머리부분이 굵고 아래로 갈수록 실꾸리처럼 가늘어지는 방추형으로, 끝이 날씬한 당근처럼 생겼다. 뿌리색은 황백색이며 45~50cm까지 자라는데, 짧은 것, 중간 것, 긴 품종으로 나뉘며 단맛이 있다. 사탕수수나 사탕무가 유럽에서 일반화되기 전까지는 단맛을 내는 채소로 사용되었을 정도로 달달하고 특유의 향을 가진다.

꽃대는 중앙에 20cm 길이로 생기고, 여기서 1차로 6~25개의 꽃대가 달리며, 그 끝에 다시 2차로 우산형태로 수많은 노란색 꽃이 여름에 핀다. 과실은 둥글고 길쭉한 편인데 익으면 갈색으로 변하면서 가장자리에 둥글게 1mm 폭으로 날개가 형성되며 납짝해져서 바람에 의해 전파가 잘되게 변한다.

종자 크기는 길이 5~8mm, 폭 4~6mm, 두께 0.5~0.6mm이며, 순도는 90~97%이지만 발아율은 50~70%로 낮다. 암발아종자로 천립중은 2.2~4.7g이며, 1g당 종자 수는 220~250개이다. 발아력은 1년 정도로 단명종자(短命種子)이며, 냉장저장하면 최대 2년까지 유지된다.

(3) 품종

품종을 고를 때는 추대가 늦고, 측근이 생기지 않으며, 주근(主根)이 깨끗하게 자라면서, 뿌리가 균일하고, 궤양병에 대한 내병성이 강한 것을 선택하여 재배한다.

All American	내한성 강함, 겨울 수확 가능, 13°C 발아, 단맛이 높은 품종
Cobham Improved Marrow	중간 크기, 궤양병에 강함.
Gladiator	뿌리색은 황백색, 수량이 많으며 궤양병에 강함.
Halblange White	독일 품종, 서리에 강함. 파종 후 6~7개월 지나 수확
Half Long Guernsey	유럽종, 중간 크기, 과거에는 사료로도 이용됨.
Hallow Crown	육질이 부드럽고 좋은 품종으로 개량종도 보급됨.
Javelin F1	수확량이 많고 궤양병에 강함.
The Student(Student)	뿌리는 가늘고 맛이 있음. 영국 왕립농대에서 육종
Tender and True	맛이 좋고 단 품종으로 뿌리 중앙에 심이 작음.
White Gem	뿌리 상부가 웨지 모양이며, 서리에 약하지만 궤양병에 강함.

(4) 재배 관리

작형: 생육 기간이 길어서 노지재배 작형만 있다.

재배: 종자저장 기간이 1년으로 짧으므로, 반드시 전년에 생산되어 1년이 넘지 않은 종자를 구입해서 파종한다. 서리 위험이 없고 지온이 16°C 정도로 오르는 5월 초중순 파종한다. 줄 간격은 30~40cm, 주간은 20cm 간격으로 3~4립씩 점뿌림하거나 2.5cm 간격으로 줄뿌림한다. 파종 깊이는 1.5cm로 한다. 발아 온도는 20~30°C가 알맞은데, 노지에 파종하면 2주에서 늦게는 4주째에 발아할 만큼 오래 걸린다. 잎이 3~4매 나면 점뿌림한 것은 한 주만 남긴채 솎아주고, 줄뿌림한 것은 뿌리가 작은 품종은 10~15cm, 큰 품종은 20cm 간격을 남겨둔다. 멀칭 재배는 양파용 검정비닐을 사용하여 20×20cm 또는 10×20cm로 파종하는 것이 잡초 방제에 좋다. 유럽에서는 큰 품종은 1m^{2}에 25~30주, 작은 품종은 35~45주 내외의 밀도를 갖게 재배한다. 육묘에 의한 이식재배도 플러그 트레이 105나 128공에 육묘하여 본 잎이 1매 정도 자라나고 직근이 형성되기 전에 심는데, 뿌리가 곧게 뻗을 수 있도록 구멍을 깊게 파낸 후에 조심해서 심는다.

토양 pH는 6~6.5가 좋고, 토심은 깊으며, 유기물이 많은 토양이 좋다. 시비량은 부식된 퇴비를 2~3t/10a 정도로 전년 가을에 석회와 같이 뿌리는 것이 안전하다. 이는 거친 거름은 곁뿌리 발생을 증대시켜 상품성을 떨어뜨리고 신선한 석회는 매우 민감하므로 다른 채소처럼 파종 직전에는 살포를 금한다. 시비량은 셀러리와 같고 원예용 복합비료 가운데 마그네슘이 함유된 것을 사용한다. 셀러리는 마그네슘 흡수가 질소의 1/10 수준인 반면에, 파스닙은 마그네슘 흡수량이 질소의 1/3 수준인 것이 특징인 작물로, 부족하면 근비대기에 잎의 황화가 잘 나타나기 때문에 충분히 시비한다. 질소가 많으면 잎이 웃자라는데, 이 경우에는 묶어주거나 아래 잎을 제거한다.

병해로는 흰가루병과 궤양병이 있다. 흰가루병은 초기에 약제로 방제하고, 궤양병은 뿌리의 표피 모양이 나빠지므로 저항성 품종을 골라서 재배한다. 당근과 연작하면 토양 전염병이 만연하고, 토양 선충 피해가 발생하므로 피한다. 자갈과 왕모래가 많은 토양, 완숙되지 않은 퇴비를 사용해서 토양이 나빠지면 곧은 뿌리를 얻을 수 없는 생리적인 피해가 나타난다.

수확: 수확은 파종 후 150~210일 정도 걸려서 가을에 하는데, 서리를 맞힌 후에 수확하면 맛이 좋다. 남쪽에서는 볏짚이나 부직포로 덮어서 보호하면 노지 월동도 가능하다. 뿌리 무게는 0.1~1.2kg으로 품종에 따라 차이가 있다. 수확량은 평균적으로 뿌리가 3톤, 잎이 1톤 정도 되는데, 잎은 좋은 사료가 된다.

저장: 상온에서 유통하면 수일간은 가능하다. 비닐에 포장하면 상온에서도 1~2주일 저장이 가능하다. 저온저장고에서 0~0.5°C(습도 97%)를 유지하면 6개월간 저장이 가능하다.

(5) 이용 및 기능성

이용: 17세기 영국에서는 파스닙 빵과 케이크를 만들고, 사순절에는 주요 식품으로 소금 절인 생선과 같이 먹었다고 한다. 뿌리를 잘 다듬어 잘라서 익히거나 으깨서 치즈나 버터 및 파슬리 등의 허브를 곁들여서 먹기도 하고, 소고기, 돼지고기, 닭고기와 같이 그릴을 해도 좋다. 둥글게 잘라서 튀기거나 체로 처서 스프를 만드는데, 토마토, 양파, 마늘, 파슬리, 버터, 요구르트, 후추 등을 넣고 카레와 후추 등으로 간을 맞추면 맛있는 curried parsnip soup가 된다. 한국인은 도라지처럼 줄기를 잘라서 고추장과 식초를 넣어서 생체로 먹거나 더덕처럼 구이를 해도 좋다.

기능성 성분: 채소의 기능성을 알고 먹으면, 기분도 좋고 실제 건강 개선 효과도 크다. 파스닙은 100g에 75cal의 열량을 가져서 바나나와 포도열매와 동일하다. 다양한 기능성 양분과, 무기염류, 비타민, 섬유소를 함유한 뿌리채소로 잎은 사용하지 못한다. 파스닙은 팔카리놀(falcarinol, falcarindiol, panaxydiol, methyl-falcarindiol)류를 함유하여 강한 항산화 능력을 나타내고, 항암, 항염증, 항균 작용이 있다. 파스닙에는 섬유소가 많으며, 이들은 혈중 콜레스테롤을 낮추는 효과가 있다.

파스닙 잎, 줄기, 뿌리의 즙액이 피부에 묻어 햇빛을 받으면 광반응에 의하여 홍반이 생기므로 다듬을 때에 주의한다. 원인은 프로쿠마린(furocumarin)이라는 물질로 햇빛에 노출 후 48시간이 지나면 반점이 나타난다.

2.25 파슬리

학명: *Petroselinum crispum*
(영): Parsley **(독):** Petersilie **(불):** Persil

(1) 원산지 및 재배 내력

파슬리는 지중해가 원산으로, 스페인, 그리스, 모로코, 알제리 등지에 분포한다.

Theo-pharatus(372~286 B.C)가 기원전 4~3세기에 보통종과 축엽종이 있었음을 기록하였고, 서기 1세기경 Dioscorides와 Pilny가 야생 파슬리의 약용을 언급하였으며, 2~3세기가 되어서 평엽종(平葉種)에서 축엽종(縮葉種)을 선발한 기록이 나온다. 9세기에 프랑스를 거쳐서 13세기에 북유럽으로 전파되었는데, 이때부터 뿌리 전용 파슬리(turnip-rooted parsley, 일명 Hamburg parsley)와 잎 전용 파슬리가 각각 약용 또는 식용으로 이용되었다. 아시아에는 서구인들이 진출하면서 전파되었고, 국내에서는 1970년 경부터 재배하였고 2000년대부터 늘어서 현재는 약 60ha 가량된다.

야생종은 물이 솟는 곳 근처의 돌 틈바구니에서 자란다. 학명의 *Petroselinum*은 Petro와 Selinum의 합성어인데, Petro는 고대 희랍어의 Petron과 같은 뜻으로 돌(石)을 뜻하며, selinum은 셀러리의 옛 그리스어인 Selinon에서 유래되어 "들에서 자라는 셀러리"라는 의미를 갖는다. 영명인 파슬리(parsley)는 Petroselinum이 중세기에 Petrocilium으로 변화했다가 Petersylinger, Perele를 거쳐 Parsley가 됐다. 독일에서는 중세기의 라틴어 명칭인 Petersilie를 사용한다.

(2) 식물적 특성

파슬리(*Petroselinum crispum*(Mill) Nym.)에는 두 가지 변종이 있는데, 하나는 우리가 흔히 잎만 이용하는 파슬리(*P. crispum* var. *folisum*)이고, 다른 하나는 뿌리를 이용하는 파슬리(*P. crispum* var. *tuberosum*)이다(그림 2.25).

그림 2.25 파슬리 축엽종 재배(제공: Geyer)과 근용종(출처:Amazon)

파슬리는 2년 또는 다년생으로 씨앗은 2년 차에 맺는다. 한번 꽃이 핀 식물은 3년 차 이후에도 꽃이 핀다. 식물의 키는 50~100cm이며, 꽃은 6~7월에 핀다. 뿌리는 직근성이고 곁뿌리가 작다. 뿌리의 윗부분의 색은 황백색이나 밝은 갈색으로 황색, 적갈색의 둥근 무늬를 갖는다. 뿌리용 파슬리와 잎을 건조하여 사용하는 종류는 잎 표면이 번들거리며 당근 잎처럼 다소 넓다. 그러나 생으로 이용하는 파슬리는 심하게 오글거린다. 파종한 첫해에는 꽃이 피지 않으나 월동한 다음에 꽃이 피고 씨가 맺힌다. 추대하여 개화하기 위해서는 많은 요인이 작용하는데, 특히 양분의 비가 중요하다. 질소 성분이 많으면 개화가 지연되므로 개화 억제를 위해서는 질소비료를 많이 주고, 충분한 수분을 공급하며, 햇빛의 강도를 약하게 하고, 다 자란 잎은 빨리 수확하여 제거함으로써 가능하다. 재배할 때는 수분 요구도가 많아 충분한 물주기를 해야 잎 생산량이 많아진다.

씨앗은 셀러리보다 다소 활력이 세고 색깔은 회록색이나 수확기의 기후가 나쁘면 회색을 띤다. 종자의 크기는 길이 2~3mm, 폭과 두께는 1mm이다. 발아력은 55~75%(평균 발아율 70%)이며, 1L의 무게는 510~600g, 천립중은 1.2~1.8g이다. 1g당 종자 수는 약 550~600립이다. 발아력은 2~3년을 유지하며, 발아는 20~30°C에서 3주일 걸린다.

호냉성 채소로서 생육 적온은 15~20°C이며, 고온이나 건조에 약하다. 그러나 배수만 잘 되는 반그늘에서는 여름을 지내기가 어렵지 않다. 서늘한 기후에는 견딤성이 높은데, 최저기온이 5°C이면 연속적으로 수확을 할 수 있다. 0°C 이하에서는 잎이 얼어서 수확이 어려우나 볏짚이나 왕겨, 부직포 등을 덮어서 월동시킬 경우 잎은 동해를 입어 죽지만 뿌리는 살아남아서 다음 해에 싹이 나서 개화 결실을 하게 된다. 발아는 20~30°C의 변온에서 잘되나 항온이 계속되면 25°C 이상에서는 발아가 떨어진다. 화아분화는 잎이 3~4매 이상인 묘가 0°C 전후의 저온을 1개월 이상 받고 그 후 고온과 장일 조건일 때 추대한다.

(3) 품종

품종군은 잎이 오글거리는 축엽종(縮葉種), 잎이 편편하여 가공용으로 많이 사용하는 평엽종(平葉種), 뿌리를 주로 이용하는 근용종(根用種)으로 구분된다.

많은 품종이 국내외에 보급되므로 내병성과 다수성을 고려해서 품종을 선택하고, 근용종은 추대가 늦고 바람들이가 적은 품종을 선택하여 재배해야 한다.

① 축엽종(curled leaf, *P. crispum* var. *crispum*): 'Moss Curled'(심하게 오글거림, 75일), 'Forest Green'(줄기직립, 내서성, 75일)

② 평엽종(flat leaf, *P. crispum* var. *neapolitanum*): 'Plain'(평엽종, 72일), 'Giant of Italy'(크고 편편, 75일), 'Plain Italian Dark Green'(편편한 잎)

③ 근용종(Hamburg, *P. crispum* var. *tuberosum*): 'Hamburg Parsley'(근직경 5cm, 근장

그림 2.25-1 평엽 파슬리 피트 블록 육묘와 정식기(출처: Fiahostore.com)

12~15cm, 90일), 'Hamburg Omega'(중간 크기, 근장 20~25cm, 90일)

(4) 재배 관리

작형: 재배 작형에는 봄, 여름, 가을재배가 있으며, 잎파슬리는 연중재배형이다.

① 봄재배: 평지의 온실에 1~3월에 파종하거나 고랭지에서 온상에 4월에 파종하여 가꾸는 형태로 평지에서는 4~6월부터 수확하여 한여름 전까지 재배하는 형태다. 고랭지에서는 3~4월에 온실 내에 씨를 뿌려 5~6월에 심어서 8~10월에 수확하는 형태다. 평지에서는 재배 후기에, 고랭지에서는 여름철 장마 기간에 병충해 방제를 철저히 해야 한다.

② 여름재배: 7~8월에 씨를 뿌려서 11~4월까지 수확하는 재배형태로서 직파하는 경우가 많다. 육묘기에 고온이 계속되므로 물주기를 잘 해야 한다. 내륙에서 가꿀 때는 온실이 필요하나 남부 해안과 제주도는 무가온 시설이나 터널에서도 재배할 수 있다

③ 가을재배: 10~11월에 파종하여 11~12월에 옮겨 심어 2~10월까지 수확하는 형태로 유묘기에 저온에 접하지 않게 해야 추대가 안 되고 장기 수확이 가능하다. 월동할 때는 5°C 이하가 되지 않게 관리한다.

재배: 파슬리는 직파법과 이식법으로 재배한다. 직파법은 주로 뿌리를 이용하는 파슬리에 적용되는데, 4월 중하순에 이랑 너비 1.2m에 4줄로 25cm 간격의 줄을 만들고, 주간 거리 15cm로 6~7개를 점뿌림한다. 종자는 10a당 1.5~2.0L가 필요하다.

이식재배는 잎파슬리에 적용되는데, 105공이나 128공에 파종하여 20°C 전후의 온도를 유지하면 14~20일이 지나서 발아한다. 발아 후에는 햇볕을 잘 쬐고 관수를 한다. 유럽에서는 기계 정식을 위하여 피트 블록(peat block)이나 플러그에 파종하여 육묘한다(그림 2.25-1 좌). 정식은 잎이 5~6매가 되면, 이랑 폭 45cm에 15×30cm, 2줄 간격으로 심거나 120cm 이랑에 줄 간격 25cm로 4~5줄로 심는데, 주간 거리는 20~25cm로 한다. 이때 식물을 바둑판처럼 심지 않고 지그재그식으로 정식을 하면

햇빛을 많이 받게 된다. 유럽이나 미국에서는 파슬리, 상추, 셀러리를 대부분 기계 정식을 하는데, 자동화된 것은 보통 시간당 이랑에 5,000주를 심을 수가 있으나 반자동은 약 1,000주를 심는다. 드럼형 정식기는 드럼에 부착된 피트 블록 크기의 고무 바킹을 이용하여 구멍을 뚫고서 손으로 직접 모를 꽂아준다. 최근에는 자동 정식기가 많이 보급되어 이용되고 있다(그림 2.25-1 우).

직파한 곳은 본 잎이 2~3매일 때에 한 번 솎아서 식물 간격을 2cm 내외로 유지하고, 두 번째에는 5~6매일 때에 생육이 나쁘고 잎의 형태나 색이 좋지 않은 것을 제거해서 20cm 간격을 두게 한다. 일반 관리는 파슬리의 아래 잎 가운데서 병든 잎을 제거하여 항상 청결을 유지해 주는 것이 병해 발생의 예방에서 중요하다. 본 잎이 10매 내외가 되어 측지가 발생하면 제거해 주는 것이 좋다. 측지가 생기면 주지에 양분 공급이 원활하지 않게 되고, 그 결과 잎과 잎자루의 신장이 나빠져서 좋은 품질의 잎을 수확할 수 없게 된다. 그 외에 김매기와 북주기 등을 실시하며, 비닐, 볏짚 등을 멀칭하여 고온기의 지온 상승 억제 및 빗물에 의해 흙이 튀는 것을 막아 잎의 품질 향상을 기하는 것이 중요하다. 파슬리는 잎이 몹시 오글거려, 흙이나 기타 잡물이 잎에 묻으면 잘 씻겨 내리지 않으므로 반드시 비닐 멀칭을 한다.

근용종은 잘 부숙된 퇴비를 1~2톤 밑거름으로 주고, N, P_2O_5, K_2O를 각각 10, 8, 16kg/10a 시비한다. 질소와 칼리 시비량의 절반과 고토 석회와 용성인비를 각각 80~100kg/10a씩 밑거름으로 시비한다.

축엽종과 평엽종 파슬리의 시비량은 잎의 수확을 몇 번 하느냐에 달려 있는데, 3번 수확할 경우는 뿌리용 파슬리 시비량의 3배를 하면 된다. 따라서 노지에는 10a당 N, P_2O_5, K_2O를 각각 30, 20, 30kg/10a 시비한다. 이때 인산은 전량 밑거름으로 주고, 질소와 칼리는 절반을 밑거름으로 시비한 후에 남은 것은 2~3회 잎을 자른 후 절단 부위의 상처가 아문 2~3일 후에 시비한다. 만일 잎을 건조하는 대단위 재배에서 시비한 후에 비가 많이 내려 비료분의 유실이 많아졌을 경우 추가로 시비를 하여야만 잎 수량이 증가한다.

여름철에 무름병의 피해가 발생하면 셀러리에서처럼 방제한다. 특히, 잎을 수확한 후에는 병균의 침입이 많아지므로 잎을 딴 즉시 약제를 살포해서 방제한다. 충해로는 진딧물에 의한 피해가 있는데, 수확 일주일 전에는 살충제를 살포해서는 안 되며 자주 뿌리면 역한 냄새가 강하게 나서 품질이 손상되므로 주의해서 사용한다.

수확: 뿌리용 파슬리는 10~11월 되어서 수확한다. 수확은 당근처럼 캐내는데 많은 노동력이 필요하다. 뿌리의 수량은 10a당 2~3,000kg이며, 잎은 약 1,000kg에 달한다. 뿌리는 수확한 후 씻어서 일정한 양으로 포장하여 출하한다.

잎용 파슬리는 충분히 자란 아래 잎부터 수확하는데, 잎이 15매 이상 자란 포기부터 하고 1주에 2~3매씩 따낸다. 수확 주기를 보면 봄 가을은 2~3주에, 여름에는 7~10일에 1회씩 수확한다. 수확할 때 엽병 길이는 12cm 이상 되어야 한다.

출하 시에는 잎을 10개 또는 20개를 1개의 단으로 묶어서 상자에 50~100단씩 넣는다. 건조용 잎파슬리는 유럽에서는 기계로 하지만 국내에서는 예초기를 이용하면 편리하다. 파슬리는 기계로 연간 3번쯤 뿌리 부분 가까이에서 상부를 자르는데, 수량은 연간 2,500kg/10a 정도 된다. 잎을 수세(水洗) 시스템을 이용하여 깨끗이 씻고 열풍건조기(60°C 이하)로 말려서 10kg 단위 또는 회사마다 정해진 규격으로 포장하여 판매한다. 가정에서는 잎을 묶어서 거꾸로 매달아 음건(陰乾)한다. 마이크로웨이브(전자렌지)를 사용법은 씻은 잎의 물기가 가시면 잎을 적당하게 잘라서 용기에 중복되지 않게 펴서 놓은 후 처음에는 2분간 처리하고, 이후에는 30초 간격으로 마를 때까지 처리한다. 잎의 상태에 따라 시간이 다르므로 잘 조절해서 말린다.

저장: 뿌리용 파슬리는 0°C, 97% 상대습도에서 당근에서처럼 저장하면 6개월이 가능하다. 제주도와 남부 해안에서는 식물체를 볏짚이나 부직포를 덮어 노지 월동하면서 필요시에 뽑아서 이용한다. 잎 파슬리는 폴리에틸렌비닐(0.02mm)에 작은 구멍을 뚫고서 보관하면, 1°C에서는 8일, 5°C에서는 6일, 10°C에는 약 5일간 저장할 수 있다. 그러나 상온에서는 하루 이상 놔둘 수 없다. 건조용 파슬리는 건조시켜 비닐 속에 포장해 놓으면 장기간 저장이 가능하다.

(5) 이용 및 기능성

이용: 잎 이용은 신선한 상태 또는 건조 상태로 샐러드나 스프에 넣어 이용하거나 소스에 섞어서 사용한다. 향기가 독특해서 생선요리에 많이 쓰인다. 국내에서는 오글거리는 파슬리 잎은 인삼, 전복 등의 포장에 부재료로 이용되고 횟집의 접시 장식용으로도 이용된다. 뿌리는 잘라서 스프나 각종 샐러드에 첨가해서 먹는다. 건조용 파슬리는 플라스틱 용기나 작은 병에 넣어서 이용하는데, 모든 요리, 스프, 치즈, 피자 등에 뿌려서 이용한다. 특히, 마늘은 냄새를 없애는 효과가 있으므로 양고기나 생선과 같이 요리를 하면 좋다.

기능성: 파슬리는 케일이나 파프리카 이상으로 영양가가 많은 허브이다. 카로틴, 비타민 B군, 비타민 C, 칼륨, 마그네슘이 많이 들어 최고의 영양 집합체이다. 특히, 비타민 C는 100g의 잎에 200mg이 함유되어 있어 채소 중에 가장 높다. 또한 철분이 많아 빈혈증 치료에도 효과가 있다. 주요 향기 성분인 아피올(apiol)은 항경련, 혈관 확장과 월경촉진 효과, 방광과 장의 근육 수축을 완화한다. 향기 성분 중의 하나인 미리스티신(myristicin)은 암을 억제한다고 여겨진다. 아피올과 미리스티신은 자궁자극제로 사용된다. 파슬리의 독특한 향기 때문에 입 냄새가 심할 때 씹으면 구취를 없애주는 효과가 있다. 특히, 마늘을 먹은 후에 씹으면 구취 제거 효과가 크다. 파슬리는 콩팥 상피를 자극해서 사구체 투과력과 신장 혈류를 촉진시켜 준다.

뿌리에는 에리스푸마피올(erispumapiole), 아피올, 미리스티신, 테르피놀렌(terpinolene), 피넨(pinene) 등이 있어서 위장 장애, 콩팥, 방광염 치료에 사용된다.

유럽에서는 이뇨제, 요소 감염 억제제로 쓰이며, 삔 곳, 타박상에 찜질하면 효과가 있다고 알려져 있다. 잎을 갈아서 피부에 바르면 벌레 물린데, 피부의 튼 부위, 피부 종양을 완화하고, 특히 발모 촉진에 효과가 있다고 한다.

2.26 페널

학명: *Foeniculum vulgare* Mill
(영): Sweet fennel **(독):** Knollenfenchel **(불):** Fenouil sucre

(1) 원산지 및 재배 내력

페널의 원산지는 지중해 또는 근동 아시아이다. 현재는 유럽의 거의 모든 온대 지역에서 자생한다. 기원 전후부터 재배되던 페널은 서로마제국 카알 1세(Kar 1: 742~814 A.D)가 왕실 내의 정원에서 길렀다고 기록된 것으로 미루어보면 8세기 경에는 많이 재배되었던 것으로 추측된다. 그리스인들은 marathon 또는 marathos라고 했는데, 이는 Marathon 전쟁이 일어났던 평원지대에서 자랐기 때문인 것으로 추측된다. 그 후 영국에서도 재배된 기록이 있으며, 스페인의 농업책(961년)에는 페널을 약용, 채소용 그리고 향신료로 기록되어 있다. 페널은 인도를 거쳐서 열대아시아로 전파되어 재배되었다. 중국에서도 많이 재배되고 있고, 국내에서는 고려대학교 박과 김(1984)이 질산 함량과 비타민 등에 대하여 처음 보고했다. 최근에는 허브 농가에서 재배하여 분화 판매하고 있으며, 종자는 서양 요리에 폭넓게 이용되고 국내에서도 요리, 제빵, 식품가공 등에 이용한다.

학명의 *Foeniculum*은 라틴어의 plinius 또는 faeniculim에서 유래하였는데, Faenum(건초)의 잎이 가늘게 갈라진 모습이 마치 마른 건초와 유사한 데서 붙여진 이름이다. 종명 *vulgare*는 대중적으로 알려진 것의 뜻이다.

(2) 식물학적 특성

페널(*Foeniculum vulgare*)은 산형화과에 속하며, 채소용 페널(*F. vulgare* var. *azoricum*), 향신료용 페널(*Foeniculum vulgare* var. *dulce*), 기타 관상용 페널로 나눈다.

채소용은 스위트 페널(sweet fennel) 또는 프로렌스 페널(Florence fennel)이라고도 부른다. 1년생으로 엽병 아래의 10cm 정도가 폭 5~6cm로 비대하여 구와 같은 형태를 이루는데, 이 부분을 채소로 식용한다. 키는 30~40cm이며, 엽병 끝의 잎은 몹시 가늘게 갈라져 있다(그림 2.26 좌). 종자는 길이 3.5~6mm, 폭 1.5~2mm, 두께 1mm 정도이다. 발아력은 낮아 평균적으로 약 50%이며, 발아기간은 14일이고 20~30°C의 변온이 발아에 좋다. 천립중은 3~5g이고, 1g당 종자수는 150~230립,

그림 2.26 채소용(좌) 및 종자용 페넬(우)

발아력은 3~4년을 유지한다.

향신용 페넬(herb fennel)은 여러해살이 또는 2년생 식물로서, 키는 0.9~2m이다. 주로 종자를 채취하여 정유 추출에 이용한다. 종자는 매우 큰 것이 길이 19.4mm, 폭은 2.7mm이고, 향기가 아주 좋다(그림 2.26 우).

관상용 페넬은 브론즈 페넬(bronze fennel)이라 부르는데, 짙은 구리빛 청동색으로 주로 정원의 관상용, 또는 절화용으로 재배된다.

페넬은 장일성 식물로 여름에 재배하면 쉽게 추대하므로 주로 봄과 가을에 재배한다. 향신료용 페넬에서 종자를 채취하기 위해서는 건조한 가을이 좋으며, 우리나라의 가을 기후가 이에 적합하다. 온도에 대한 감응성이 유식물은 둔감하지만 큰 식물은 서리에 민감하므로 가을 늦게 수확하는 경우에는 주의를 필요로 한다.

(3) 품종

페넬은 향신용 페넬, 채소용 페넬, 그리고 관상용 페넬로 나뉜다. 향신용 페넬은 정유 성분이 많고 월동성이 높은 품종이 좋다. 채소용 품종은 추대가 늦거나 저항성이 강한 것이 연중 생산 가능성이 높아서 좋다.

관상용 청동색 품종은 색이 진하고 직립성이며 도복성이 강한 품종이 태풍에도 잘 견딘다. 주요 품종은 다음과 같다.

① 향신용 페넬: 종자를 생산하는 품종으로 인도 페넬, 독일 페넬, 프랑스 페넬, 러시아 페넬이 있고, 각각 정유 함량에 차이가 있어 유통 가격이 다르다.

② 채소용 페넬(sweet fennel): Florence fennel, Finnocchio로 부르며, 잎은 가늘지만 하얀 구를 생성한다. 'Sweet Florence'(늦봄, 늦여름 파종 가능), 'Perfection'(아니스 향, 중간 크기, 추대 저항성) 등이 있다.

③ 청동 페넬(bronze fennel): 'Purpureun'(잎 청동색, 관상용), 'Rubrum'(아주 진한 청동색), 'Bronze'(청동색) 등이 있다.

(4) 재배 관리

작형: 향신용 페널은 3~5월 말까지 씨를 뿌리는데, 제주도나 남부 해안지대에서는 노지에서 월동하여 다음 해에 개화 결실을 볼 수 있다. 채소용 페널은 파종에서 수확까지 4개월 가량 걸리므로, 중부유럽에서는 1월 파종, 2월 파종, 3월 파종 등 8월까지 매달 파종하는 작형이어서 채소용은 연중으로 공급되는 중요한 채소이다. 그러나 국내에서는 여름철이 고온이므로 3월 중에 온상에 씨를 뿌려 육묘해서 5월에 심어서 6월 하순에 수확하는 봄재배와 유럽에서처럼 6월 초에 파종하여 가을에 수확하는 가을재배가 있다.

재배: 향신료용은 3월 초에 묘상에 씨를 뿌려서 2주 정도 지나 발아하면, 2개월간 육묘 후 5월 중순 쯤 1.2m 이랑에 주간 거리 0.5~0.9m 정도로 심는다. 9월이 지나 꽃이 피어 열매가 달리는데 가을이 되어 과피가 녹색에서 황록색으로 변하면 종자를 수확한다. 기후가 온화한 지중해에서는 종자만 채취하고서 캐내지 않고 놔두면 다음해 8~10월에 더 많은 종자를 얻을 수가 있다. 3년째는 수량이 떨어지므로 그 후에는 갱신을 해야 한다. 종자는 10a당 500~550g이 필요하다.

채소용의 육묘재배는 3월에 플러그 트레이 105공에 파종해서 20~22°C로 관리하여 싹이 돋아나면 온도를 15~18°C로 다소 낮추어서 육묘한다. 육묘기간은 봄에는 40~55일, 여름에는 30~36일이 걸린다. 정식 거리는 30×30, 45×25cm(8~11 식물/m^2)로 멀칭한 이랑에 심는다.

직파재배는 독일, 프랑스 등에서 많이 하는 방법으로 4월 하순~5월 초순에 줄 간격 50cm 또는 70cm, 파종 깊이는 2~3cm 정도로 줄뿌림한다. 파종 간격은 5cm로 해서 싹이 나면 주간 거리 20cm 정도 솎아 주는데, 농가에 따라서는 솎지 않고 시장 출하 크기가 되면 큰 것부터 계속해서 수확하기도 한다. 국내의 가정원예에서는 묘를 5월 초순에 심거나 직파하여 재배한다.

대단위 종자용 재배에서는 제초제를 정식 후 2~3주일이 지나서 뿌려주며 중경을 실시한다. 채소용 페널은 엽병 끝이 비대하기 시작하면 덧거름을 준다.

채소용 페널은 유기물과 양분이 많고 경토(耕土)가 깊은 토양에서 잘 자란다. 특히 석회가 많이 함유된 사질계 토양에서 생육이 잘되며 토양 산도는 약산성~중성이 좋다. 페널은 과습한 토양에서는 생육이 나빠 건조하게 기르지만, 아래 줄기가 비대해져서 구를 형성하기 시작할 때 물을 충분히 준다.

시비량은 퇴비를 2톤 뿌리고, 10a당 질소 15kg, 인산 10kg, 칼리 25kg, 석회 100kg을 전량 밑거름으로 뿌려서 노지에서는 검정 비닐 멀칭을 하여 재배한다.

병해로는 페널 녹병이 있으며, 특별한 방제법이 없다. 그 외 흰가루병이 나타나는데 벤네이트 수화제 2~3,000배액을 초기에 뿌려준다. 그 외에 진딧물 방제를 한다.

수확: 향신료 페널은 7월부터 수확을 시작하지만, 본격적인 수확은 9월 말에야 한다. 가정원예에서는 가위로 꽃대를 수확하며, 대단위 재배에서는 기계나 낫으로 식

물을 절단한다. 씨가 떨어지지 않도록 아침 일찍 축축할 때 절단하고 줄기를 묶어서 말린 다음 탈곡한다. 종자 수량은 100~200kg/10a이다.

채소용 페넬은 한여름이 되기 전이나 늦가을에 −4°C가 될 때까지 수확할 수 있다. 조직이 얼게 되면 맛이 떨어지므로 0°C 이하가 되지 않을 때 모두 수확한다. 수확할 때 뿌리는 칼로 잘라내고, 잎은 비대해진 엽병 위로 약 3~5cm를 남기고 자른다. 그러나 중심부의 속잎은 남겨둔다. 수량은 평균 1,500~2,500kg/10a에 달하며, 잎을 다듬은 1개 페넬의 무게는 250~350g이다. 상품화할 때 최소한의 줄기 직경은 60mm이다.

저장: 향신료 페넬은 종자를 햇빛에 말리지 말고 그늘에서 말려 저장한다. 채소용 페넬은 수확 후에 상온에 두면 빨리 건조되므로 당일 판매한다. 다소 유통기간을 늘리려면 바로 비닐 포장을 해서 판매한다. 대단위 생산에서는 수확 직후에 냉장하여 품온을 하강시킨 후, 0에서 −1°C(상대습도, 95~98%)에서 저장하면 봄여름 재배한 것은 약 2주, 가을재배에서 생산한 것은 4~6주 동안 저장할 수 있다.

(5) 이용 및 기능성

이용: 향신료용 페넬은 조미료, 차 등으로 이용한다. 추출물은 진통제로 이용되며, 위통에 효과가 있다. 특히, 종자는 진(gin), 포도주, 과실, 과자 등에 향신료로 쓰인다. 채소용 페넬은 샐러드는 이용할 뿐 아니라 이탈리아와 프랑스에서는 어린잎을 청어에 첨가해서 먹는데, 이는 페넬이 고기 기름의 소화를 돕기 때문이다. 청동페넬은 머리카락 같은 생김새와 독특한 색으로 인해 조경용 식물로 인기가 있다.

기능성: 종자는 차로 많이 이용하는데, 아네톨(anethole), 펜콘(fenchone), 리모넨(limonen), 피넨(α-pinene) 등이 들어있다. 아네톨류는 식물성 피토에스트로겐(phytoestrogen)의 기능이 있어서 갱년기 여성이 섭취 시에 골다공증, 유방암 등 여성호르몬 부족으로 나타나는 질병 예방에 효과가 있다.

채소용 페넬에는 향을 내는 아네톨이 함유되어 있고, 섬유소, 칼륨, 비타민 C 그 외 14개 아미노산이 풍부하게 들어있다. 독일의 민간의학에서는 변비 개선, 장내 가스 배출, 콜레스테롤과 혈압 강하, 이뇨, 세포 활성 유도, 면역력 증강, 신경 안정, 기침 해소, 긴장 억제에 효과가 있음을 인정한다. 그 외 모유 촉진 효과도 있으며, 갱년기 여성의 노인성 질병 발생을 예방한다.

2.27 피망(파프리카)

학명: *Capsicum annuum* L. var. *grossum*
(영): Pimento **(독):** Paprika **(불):** Piment

(1) 원산지및 재배 내력

우리는 피망을 단고추, 파프리카를 착색단고추라 부른다. 피망은 프랑스어 piment를 일본인들이 피망(실제 발음은 피멍, 피몽에 가까움)이라고 기록했고, 국내에 서양 채소를 들여오는 과정에서 일본명을 사용한 데 따른 것이다. 프랑스어 piment와 영어의 pimento는 라틴어의 pigmentum(색소)에서 유래되었다. Paprika라는 단어는 1896년에 영국에서 처음 나타나는데, 이 단어는 유럽에서 고추를 가장 많이 먹는 헝가리의 paprika(1728)에서 유래했다.

고추의 원산지는 열대 아메리카로서 콜럼버스에 의해 유럽으로 전파되었고, 초기에는 관상식물이었으나 헝가리인들이 요리에 다양하게 사용하였고, 그 후 유럽인들이 즐겨 먹게 되었다. 헝가리의 Szeged시 육종가가 1920년에 단고추를 발견하기 전까지, 유럽에는 매운 고추만 존재했다. 그래서 오늘날 우리가 즐겨 먹는 단고추의 재배 역사는 겨우 100년 밖에 안 되었다.

피망은 국내에 전래된 역사가 분명하지 않지만, 1980년대부터 재배되었고 2000년대 들어서 면적이 급속하게 증가되었다. 피망은 1984년 26ha, 1990년에 60ha, 2000년에 403ha, 2015년에 560ha로 증가하였다. 유색종인 파프리카는 2000년대부터 수경재배가 자리를 잡으면서 재배가 많이 이루어졌다. 파프리카의 재배 통계는 2006년부터 실시되었는데, 당해에는 335ha였고, 2015년에는 707ha에 달하였다. 파프리카 재배면적은 앞으로도 수출에 힘입어서 증가될 것으로 예상된다.

학명의 *Capsicum*은 그리스어의 Kapto에서 유래하여 맵다는 뜻을 가진다. 다른 가설로는 라틴어의 Capsa(상자)에서 유래되었고, 이는 고추의 형태에서 기인하였다고 한다. 종소명인 *annuum*은 1년생을 의미한다.

(2) 식물학적 특성

고추는 피망(Bell or sweet pepper, *Capsicum annuum* var. *grossum*), 콘고추(cone pepper, Tabasco, var. *abbreviatum*), 칠리고추(Chill pepper, var. *acuminatum*), 체리고추(Cherry pepper, var. *cerasiforme*), 레드클러스터고추(Red cluster pepper, var. *fasciculatum*) 그리고 긴고추(Long pepper, var. *longum*) 등으로 나뉘며, 우리나라에서 즐겨 먹는 고추는 매운맛이 강한 콘고추와 칠리고추를 개량 육성해서 이용한 것이다(이 등, 2013).

피망은 가지과 1년생으로 전체적으로 고추와 유사한데, 잎이 훨씬 크고 열매는 짧으며 원통형이다. 식물의 키는 1.5m에 달하지만 생육 기간을 연장하는 온실재배

그림 2.27 피망 녹색종(좌)과 적황색종(우)

에서는 4m까지 자란다. 가정용은 0.5m 정도로 작은 것도 있다. 줄기의 아래 부분은 목질화이 되어 낮은 나무의 형상을 이룬다. 잎은 단엽으로 달걀 모양이고 녹색인데, 약간 보랏빛을 띠기도 한다.

꽃의 크기는 8~15mm인데, 수술은 5~6본이고 자방은 2개 실이 기본이지만 재배종은 여러 개의 실로 조직되어 있다. 제1번 꽃은 10~13마디에 착생하며, 꽃눈이 달리면 양측에 영양아가 생겨서 가지가 발생한다. 그러면 결국 꽃눈 아래에 2개의 가지가 생긴다. 즉, 줄기가 갈라지는 방아다리 사이에 과일이 달리는 형태를 가지는데, 원줄기는 계속해서 위로 자라지만 측지는 생장을 멈추고 상부 마디에 과실이 달린다. 가속적으로 꽃눈과 가지가 자라면서 열매가 맺는데, 너무 많은 과실이 달리지 않게 하는 적과와 유인이 요구된다. 과피색은 처음에는 녹색이지만 완전히 익은 완숙과는 적색, 황색, 주황색, 자색, 백색, 흑색 등으로 다양하다. 피망은 녹색이고, 파프리카는 적색, 황색, 주황색 등이 주를 이룬다(그림 2.27).

종자는 황백색으로 납작하면서 콩팥 같이 생겼는데, 길이는 3~4mm 폭 2~3mm, 두께는 0.5~1mm이다. 순도는 97%로서, 발아율은 평균 90%이다. 1g당 종자수는 150~180립이며, 1L의 종자 무게는 480~500g이다. 천립중은 약 6~8g이고, 발아기간은 30°C에서 10~14일이며, 발아력은 3~4년 지닌다.

과채류 중에서 재배할 때 가장 고온의 조건을 요구하는 작물로서 생육 중에는 낮 온도 27~29°C, 야간 18~20°C가 알맞은데, 15°C 이하에서는 꽃의 발육이 저하되고 기형과가 증가된다. 반대로 35°C 이상의 고온에서는 착과가 불량하며 변형과가 증가한다. 특히, 토양이나 수경재배에서는 배지 온도가 16°C 이하가 되지 않게 관리하고 18~20°C가 적당하다. 파프리카의 광 요구도가 토마토처럼 매우 높으므로 겨울철 날씨가 나쁠 때는 하우스 내의 인공조명을 조절해서 생육과 착과성을 증진시키고 초기 수량을 많게 한다. 그러나 보광은 경영적인 분석을 통해서 실시한다. 수분은 평균 1일 2.5L/m^{2}가 필요하며, 전 생육 기간에 약 350~400L/m^{2}가 소모된다. 토양 수분의 함량은 최대용수량의 60~70%가 적당하지만, 75% 이상이면 곰팡이병 발생이 많고 착과가 불량해진다. 최근의 수경재배에서는 일사량과 연계하여 수분을 공급하는 시스템이 보급되고 있다. 온실 내의 탄산가스 시비는 피망의 초기 수량을 확실히 증가시킨다.

(3) 품종

국내 및 외국에는 수많은 F1이 공급된다. 품종의 특성을 살펴보면 수확기까지 일수(조만성), 식물의 생육 특성(무한형, 유한형: 주로 화훼용), 과형(각진 과실, 둥근 과실, 뾰쪽한 과실), 과중(50~210g), 과피색(녹색, 적색, 황색, 주황색, 백색, 자색), 과피 두께, 단맛의 강도 등이다. 국내에서는 큰 과형을 선호하지만 유럽에서는 작거나 약간 뿔처럼 생긴 것을 더 선호한다.

품종은 보통 과실이 짧은 품종(과폭 8~9cm, 길이 8~9cm), 중간 품종(끝이 약간 나온 품종: 폭 98~9cm, 길이 12~14cm), 끝이 뾰쪽한 선첨형, 납작한 토마토형(과폭 10~12cm, 과장 5~7cm), 바나나형(과장 20~25cm, 크림색, 생과용, 피클용) 등으로 구분한다.

과피 색에 따라 품종을 소개하면 다음과 같다. 일수는 정식 후 첫 수확일까지로 육묘기간을 제외하였다. 시장 출하할 때 녹과는 피망으로, 완숙된 착색과는 파프리카로 판매한다.

① 적색: 'California Wonder'(미국 최고 품종, 녹과 55일, 적과 70일), 'Yolo Wonder'(미국 녹색 피망 대표 품종, 80일), 'Ace'(40~50g, 녹과 50일, 적과 70일), 'Olympus'(중생종, 녹과 65일, 적과 85일), 'Vidi'(녹과 65~70일, 적과 80~90일, 4~8개 대과 수확 가능), 'Sweet Heart Pepper'(심장형으로 생김, 적과, 80일), 'Alma Paprika'(납작한 토마토형, 적과)

② 황색: 'Golden California Wonder', 'Orange Sun Bell', 'Golden Bell'(82일), 'Miniature Yellow Bell'(과폭 4cm, 과장 6cm 미니, 55일)

③ 초콜릿색: 'Chocolate Beauty'(흑자색, 85일), 'Georgescu Chocolate'(75일), 'Sweet Chocolate'(녹색 58일, 초콜릿색 78일)

④ 자주색: 'Purple Beauty', 'Violet Bell'(72일)

⑤ 백색: 'White Bell'(68일)

⑥ 주황색: 'Orange Sun'(75일)

⑦ 흑색: 'Black Prince'(75일), 'Midnight Dreams Bell Pepper'(75일)

(4) 재배 관리

작형: 촉성재배, 반촉성재배, 조숙재배, 고랭지재배, 억제재배로 나눌 수 있다.

① 촉성재배: 7~8월 파종, 9~10월 정식, 11월부터 다음 해 6월까지 수확하는 재배형으로 제주도와 남부 및 유리온실 적용형이다. 내저온성 품종을 선택한다.

② 반촉성재배; 12월에 씨를 뿌려 약 2개월간 육묘한 후 정식하는 하우스 재배형으로 초기의 저온에 의한 변형과의 증가에 유의한다. 소과로서 밀식재배용 '에이스'가 좋다.

③ 조숙 및 노지재배: 조숙재배는 5월 초순(제주), 또는 5월 중순(중부)에 정식하며, 초기에 터널을 약 10일 정도 씌워서 최저 기온을 15°C로 관리한다. 노지에는 5월 하순에 심는다.

④ 고냉지재배: 2월 중~3월 초순에 파종하는데, 가능하면 빨리 정식을 하는 것이 좋다. 5월 초중순에 심고, 10월까지 수확하는 재배형이다.

⑤ 억제재배: 8~9월에 파종하여 1월에 수확하며, 남부 해안지역과 제주도에서 많이 선택하는 작형이다. 엄동기의 온도관리가 가장 중요한 재배 요령이다.

재배: 고온성 작물이므로 충분한 보온이 요구되는데, 12~2월에 육묘할 때는 육묘일 수가 80~85일이 필요하며, 보통은 60일 정도가 소요된다. 구입한 상토를 50~72공 플러그 트레이에 채워 파종한다. 봄 파종은 전열온상을 이용하며, 겨울철 온도관리를 위해 온도조절기(thermostat)를 부착시켜 이용하면 노력을 절감할 수 있다. 발아하는 동안 온도는 낮 30°C, 밤 20°C로 관리하며, 7~14일 사이에 발아한다. 발아 후에는 온도를 낮춰서 주간 22~23°C, 야간 20°C, 공중습도는 80~85%를 유지한다. 정식 전에 약 1주일간은 15°C 전후로 낮춰서 묘를 튼튼하게 경화(硬化)시키는 것이 좋다. 정식에 알맞은 묘는 잎이 10매 내외, 초장 약 20cm로 제1번 꽃이 핀 상태이다.

정식 전에 먼저 퇴비(약 2t), 용성인비(80kg), 붕사(1kg), 고토석회(150kg/10a)를 뿌리고 경운한다. 질소 38kg, 인산 40kg, 칼리를 40kg 시비하는데, 질소와 칼리는 30~40%만 밑거름으로 주고 나머지는 월 2회 정도 나눠서 덧거름으로 주는 것이 좋다. 그러나 내비성이 강해 질소를 60kg/10a까지 시비하는 경우가 많은데, 질소비료가 과다하면 줄기와 잎만 무성하고 열매가 잘 달리지 않고, 너무 적게 시비하면 초세가 약해 꽃이 떨어지는 낙화 현상이 나타나므로 알맞은 시비가 요구된다. 파프리카의 양액재배에서 육묘와 시비는 이 등(2013)의 자료를 참조하기 바란다.

노지 정식 4~5일 전에 이랑을 만들고, 비닐 피복을 하여 지온이 16°C 이상 되게 한다. 심는 거리는 재배 양식에 따라 다른데, 외줄재배는 0.8~1.0m 이랑에 0.4m, 2줄재배는 1.2×0.5×0.4m(2가지 유인) 또는 1.2×0.5×0.6m(3가지 유인)로 심어 줄기를 V자형 기르는데, 1m^2 면적의 줄기 수는 6.0~7.5 정도가 되도록 하는 것이 가장 중요하다. 다만 과실 끝이 뾰쪽한 피망은 줄기 수를 8~10개 되도록 유인해도 된다. 수경재배에서는 배지에 양액을 충분히 포수하고 배수가 잘 되도록 배지에 따라 적절하게 대처한다. 수경재배에서는 160×25 또는 160×30cm(2~2.5주/m^2)로 심고 목표 줄기 수는 6.0~6/8m^{2}를 목표로 한다.

유럽에서 많이 재배되는 원줄기의 생육이 멈추는 키 작은 가정용 피망은 0.5×

0.3~0.4m로 밀식하고, 5~10주/m^2로 심는다. 즉, 국내에서 일반적으로 고추 심는 거리로 심는다. 정식 후에 활착이 되면 지주를 세워주며, 시설에서는 파프리카 전용 끈으로 유인을 한다.

파프리카 촉성재배는 생육 단계별로 온도관리가 다른데, 정식 후의 영양생장 기간은 새벽 18~20°C(매시간 1°C씩 천천히 상승), 일출 20°C, 오전 20~23°C, 오후 23~25°C, 초저녁 20~18°C(하강 온도 1.5°C/h), 야간 18~19°C로 관리한다. 착과기는 오전 23~27°C, 초저녁 20~17°C(하강 온도 2.5°C/h)로 관리한다. 관리는 밤 동안 최저온도 18°C가 유지되도록 관리하고, 온도가 급작스럽게 떨어져도 새벽에 16°C 이하가 되지 않게 하고, 낮에는 30°C 이상이 되지 않도록 보온과 환기를 잘 해야 한다(이 등, 2013).

노지 피망 정식은 지온이 17°C 이상 되어야 가능하므로 고추보다 2주 늦게 심는다. 보통 조숙 및 억제재배에서는 제1번 꽃의 아래에 나는 가지를 제거하는 것 이외의 정지는 필요가 없다. 촉성이나 반촉성재배에서는 4본 정지가 좋은데, 방법은 제1번 꽃이 핀 바로 아래쪽에 2개의 가지를 자라게 하고, 각각의 가지에서 다음 꽃이 피면서 생기는 2가지를 기르는 방법으로 합계 4가지만을 남기는 재배법이다. 그러나 온실 내에서의 장기재배 시에는 첫 번째 방아다리(원줄기가 Y자로 갈라지는 곳)에서 나오는 2개 줄기만을 기르거나 외줄로 자라게 한다.

첫 번째 착과는 피망의 경우에 최대 4개, 끝이 쐐기꼴인 피망은 6개 이상 착과가 되지 않게 하며, 나머지는 제거하고 세력을 봐가면서 착과 수를 조절한다. 두 번째부터 착과의 원리는 목표한 원가지, 즉 한 그루에서 2줄기를 기른다면 2개 줄기가 위로 자라면서 거기에서만 착과가 되게 한다. 유인 가지의 곁가지가 나오면서 달리는 과실은 착과시키고 착과된 바로 다음 마디는 잘라준다. 그리고 그 위 마디에서 나오는 꽃에서 다음 번은 착과되게 한다. 상부로 자라면서 열매가 달린 측지의 다음 마디는 적심한다. 중요한 것은 나무의 세력을 봐가면서 착과시키며, 과다 착과는 상부 열매의 기형화나 낙과가 발생하므로 잘 관찰하면서 착과 수를 조절한다. 피망은 적당하게 착과가 되면 나중에 피는 꽃을 알맞게 제거해서 착과 수를 조절해주고, 적당한 크기가 되면 지속적으로 수확하여 나중에 달리는 열매가 양분 경합으로 기형과가 되지 않게 해주는 것이 중요하다.

노지에서 재배할 때 첫 번째 방아다리 아래의 잎을 어느 정도 자라면 제거해서 공기유통이 잘 되게 한다. 온실재배에서도 재배 기간 동안에 불필요한 잎과 측지는 제거하고 수확 종료 8주 전에 생장점을 적심하여 착과된 열매만 잘 자라게 한다. 노지 피망은 9월 이후의 착과는 10월의 온도 하강으로 충분히 자라지 않으므로, 이를 고려하여 미리 적과한다. 토양양분 관리의 잘못으로 인해 비료 부족에 따른 비절현상이 나타나지 않도록 한다. 용탈이 잘 되는 사질계 토양에서 주로 나타나는데, 바로 물비료를 주는 것이 좋다.

온실에서의 탄산가스 시비는 일출 2시간 전부터 일몰 후 2시간까지 대과종은 600~800ppm, 소과종은 500~700ppm을 시비한다. 배지 종류별 파프리카 양액 관리는 이(2013)와 저자가 집필한 수경재배 책(박과 김, 2017)을 참조한다.

병충해 방제: 생리적인 병해로는 배꼽썩음병, 변형과, 석과(石果) 등이 있다. 병해에는 바이러스병, 역병, 무름병, 풋마름병, 더뎅이병이 많고, 그 외 탄저병, 검은 곰팡이병, 둥근겹무늬병이 있다. 충해에는 진딧물과 담배나방이 있는데, 각각의 방제법은 다음과 같다.

① 바이러스병: 담배모자이크 바이러스(TMV), 오이모자이크 바이러스(CMV), 감자모자이크 바이러스 X 및 Y(PVX, PVY) 등이 병원인데, 병증은 차이가 있으나 초기에는 새잎이 황화하며 잎 가장자리의 아랫부분에 자갈색의 병반이 생긴다. 후기에 갈색 줄무늬가 발생하거나(TMV), 새잎이 황화되면서 요철의 모자이크가 잎 가장자리에 생긴다(CMV). TMV는 종자 또는 토양 전염을 하는데, 발병 후 매개충에 의해 급속히 번진다. 그 이외에 바이러스도 진딧물에 의해 전파된다. 방제법으로 종자의 건열소독(70°C, 4일간)과 철저한 진딧물 구제가 중요하다. 아울러 순지르기할 때 용기 소독을 잘하고, 바이러스 약제인 월드스타를 살포한다.

② 역병(*Phytophthora capsici*): 유묘기에는 근부 침입 시 모잘록 증상을 보이며, 노지에서는 잎줄기에 병이 걸린 부분은 수침상의 검은 녹색에서 암갈색으로 변해 짧은 시일 내에 죽게 된다. 병주의 줄기를 절단해서 물속에서 2~3분 담가 놓을 때 세균 분출이 있으면 역병이 아니고 풋마름병이다. 토양전염이므로 돌려짓기를 하고, 병주를 제거하여 소각하고 등록된 약제(리도밀 수화제)를 구입하여 발생한 토양에 관주한다. 역병 저항성 대목에 접목재배를 하거나 저항성이 강한 품종을 선택해서 재배한다.

③ 무름병(*Erwinia aroideae*): 온실재배에서는 줄기에 침입하지만, 노지재배에서는는 과실에 침입한다. 균은 수확한 후 줄기에 붙어 있는 과실자루나 상처난 부분으로 침입하여 수침상으로 물러지며, 병에 걸린 윗부분이 말라 죽는다. 병반 부위에서 악취가 나는 특징이 있다. 과실은 미숙 상태에서 발생하는데, 수침상의 병반은 황백색에서 황갈색의 가장자리를 갖고 점차적으로 속이 썩어 외피만 남는다. 균은 30~35°C에서 잘 자라며 토양 속에서 수 년간 생존한다. 방제법으로는 3~4년 돌려짓기를 하고, 식물체가 인위적이든 곤충에 의해서든 상처가 나지 않게 하며, 질소비료의 다용을 피하고, 고온다습하지 않게 한다. 무병 종자를 사용하고 공시된 농업용 약제를 뿌려 예방한다.

④ 풋마름병(청고병: *Pseudomonas solanacearum*): 생장점 부근의 잎이 수분을 급격하게 잃고 시들면서 구름이 낀 날이나 밤에는 수일간 회복되었다가 결국에는 풋마름 증상을 보인다. 줄기의 관다발 조직이 갈변하고, 그 부분에서 유백색

의 점액이 나오는 것이 특징이다. 균은 토양 산도가 pH 6.0 이하, 8.0 이상에서는 발육이 억제되며, pH 6.6에서 많이 생긴다.

토양에서는 보통 4년간 생존하지만 논에서는 빨리 죽는다. 균은 이식이나 정식할 때 상처난 뿌리로 침입하며, 건강한 뿌리털을 통해서도 침입한다. 저습지나 비가 오다 갑자기 날씨가 좋을 때 뿌리의 흡수보다 증산이 많아지면 식물이 시들고 약해지며 질소질 비료를 많이 주면 지상부만 번무하고 뿌리가 약해질 때 발생이 많다. 방제로는 돌려짓기하고 병해의 발생이 많은 곳에서는 소석회(200~280kg/10a)를 뿌려서 알칼리성 토양으로 만들어 주면 피해를 줄일 수 있다. 볏짚 등을 덮어 지온의 상승을 막고 다비재배를 피하며 습도와 온도 관리를 잘한다.

⑤ 배꼽썩음병: 과실의 끝이나 옆 부분이 검게 썩는 생리적인 병으로 고온, 건조, 그리고 칼리를 많이 사용함으로써 석회의 흡수가 저해되는 조건에서 발생이 많다. 충분한 석회 시용과 석회의 흡수를 촉진하고 칼리와 질소비료를 적당히 시비한다. 붕소의 시비도 많은 도움이 된다. 착과량을 알맞게 조절한다.

⑥ 석과(石果): 과실이 크지 않고, 꽃이 떨어진 후 비대가 나쁘고 단단해지는 과실을 석과라 한다. 주로 짧은 암술대의 꽃에서 수정이 이루어지지 않아서 종자가 별로 안 생겨서 모체로부터 양분공급을 제대로 받지 못할 경우에 과피만 자라서 단단한 과실이 생긴다. 수세를 강하게 하고 야간 온도를 15°C 이상 유지해 꽃가루 관의 신장을 도모하여 수정을 촉진시킨다.

⑦ 기형과: 과형에 이상이 생기는 현상으로 피망이 가늘어지거나 삼각형이 되는 등 정상적인 원통형을 이루지 않는다. 원인은 야간 온도가 낮거나 주간 온도가 너무 높아 수정이 부실하고 인산이 부족할 때 발생이 많다. 온도를 10°C 이하 또는 35°C 이상 되지 않게 관리한다.

⑧ 열과(裂果): 과일의 표면 위에서 아래 방향으로 실금처럼 표면이 갈라지는 현상으로서 상품성을 떨어뜨린다. 과실비대기에 토양이나 수경 배지 내의 토양 수분 함량의 급격한 변화, 여러 원인에 의한 갑작스러운 과일의 과다 비대, 야간과 낮의 급작스러운 공중습도 과다 변화, 성숙과의 과피 신축성의 저하가 원인이 된다. 열과가 적은 품종을 선택하는 것이 중요하다. 수경재배 시에는 양액공급을 오후에는 일찍하고, 오전에는 다소 늦게 하며, 토양 관비재배에서도 토양 습도의 과도한 변화가 적도록 텐시오메터(수분장력계)나 전자식 수분 측정기를 이용하여 자동으로 물을 주는 것이 좋다.

⑨ 실버링(silvering): 토양재배보다는 수경재배에서 많이 나타난다. 과피에 은색의 줄 같은 것이 생기는데, 3~4주차에 녹숙과가 비대되면서 발생한다. 일출 시간에 근압이 너무 높으면 과육세포가 파괴되어 일어나는 현상으로 봄 가을에 주로 발생한다. 양액의 질소나 수경배지 내 질소가 많을 때 나타난다. 토

양관비나 수경양액의 오전 공급시간을 늦게 하고, 적은 양이 서서히 공급되도록 물량을 조절해서 근권의 수분이 서서히 상승해 근압의 변화가 완만하도록 해주는 것이 중요하다. 이 현상이 나타나면 수경에서는 질소를 다소 줄여준다.

⑩ 일소과(日燒果: sun scald): 햇빛에 노출된 과실이 사람의 피부가 타는 것처럼 수침상으로 변하다가 나중에는 데인 것처럼 희게 변하는 현상이다. 노지 피망의 품질을 떨어뜨리는 결정적인 생리장해이다. 노지 피망은 잎이 커서 과실을 가려 일소과가 적게 나타나는 품종을 고르고, 적엽을 과다하게 하여 열매가 노출되는 것을 방지한다. 온실에서 한낮의 광도가 너무 높을 때는 스크린을 약간 닫는다. 여름에는 유리온실 위에 석회를 뿌려서 광도를 낮춘다. 네덜란드의 품종은 11월에서 3월 사이에 햇빛이 낮은 조건에서 육종되는 것으로, 겨울에도 햇빛이 강한 조건인 국내에서는 일소과의 출현 원인이 되므로 열매가 잎에 가려지게 해주는 것이 필요하다.

⑪ 기타: 진딧물, 총채벌레, 흰가루이는 발생 초기에 철저하게 살충제를 살포하고 방제 후 일주일 내에는 수확하지 말아야 한다. 과도한 약제 살포는 피망의 냄새를 나쁘게 한다.

수확: 피망의 수확 적기는 보통 과중이 50~60g 되면 수확한다. 대과종인 파프리카는 개화 후 고온기는 20일, 저온기는 40일 정도가 되어서 과일이 170~200g 되고 완전히 품종 고유의 색이 고온기는 60~70%, 저온기는 80% 이상 나타날 때 수확한다. 수확 시간은 과실의 품온(品溫)이 낮은 아침에 한다. 수확한 과실은 공동선별장으로 갈 경우에는 15°C 이하에서 분류되어 포장되도록 한다. 개별포장을 하는 곳에서는 반드시 시원한 곳에서 포장하는 것이 좋다. 수확 간격은 3~4일에 1회 하며, 품종 고유의 착색 여부에 따라 조절한다.

저장: 피망의 저장온도는 8~9°C가 알맞다. 그러나 황색이나 적색으로 완전히 익은 파프리카는 4~7°C에서 저장한다. 저장 시의 습도는 95~98%가 적당하며, 건조한 조건에서는 상처난 조직에서 탈수가 심해 상해를 쉽게 입는다. 7~8°C(습도 92~95%)에서 녹색과는 2~3주, 적색과는 1~2주 저장한다. 비닐 포장해서 저장을 하면 기간이 늘어나는데, '뉴에이스' 품종을 겨울재배 시 폴리에틸렌 필름(0.03mm)에 구멍을 뚫어 10°C(공중습도 95%)에서 저장할 경우에는 선도가 90일 동안 유지되고, 비닐로 감싸지 않았더라도 50일 동안 유지된다.

(5) 이용 및 기능성

이용: 피망은 주로 익히지 않은 채 샐러드로 이용하며, 그 이외에 고기요리에 곁들여서 익혀 먹기도 한다. 파프리카는 통조림이나 병조림한다. 파프리카에는 적색

소인 캡산틴(capsanthin)이 많아서 요리할 때 색깔을 내거나 식품, 식가공 제품, 화장품 등의 착색제로 사용된다.

기능성: 영양학적 특성은 채소류 가운데 비타민 C가 가장 많이 함유되어 있다는 점이다. 풍부한 비타민 C와 카로틴 등에는 항산화 작용이 있어서 암을 예방하고, 감기 예방과 피로 회복에 아주 효과적이다. 따라서 감기와 기침은 파프리카를 충분히 섭취하면 예방이 된다. 심신이 지칠 때 상큼한 파프리카를 먹으면 단맛과 함께 아삭거리는 치감 그리고 다양한 양분이 엔돌핀의 생성을 촉진하여, 고통을 줄여주고 즐거움을 안겨 준다. 고추의 매운맛은 캡사이신(capsaicin)이 주성분인데, 우리가 먹는 고추와 달리 피망에서는 양이 많지 않다. 피망의 종자 내에 함량이 다소 높은 편이지만, 조리 시에 제거되므로 의미가 별로 없다.

2.28 케일

학명: *Brassica oleracea* L. var. *acephala*
(영): kale **(독):** Grünkohl **(불):** Chou frise

(1) 원산지및 재배 내력

지중해가 원산지로 모든 양배추의 기본 종이 된다. 케일은 그리스 로마시대 때부터 이용했으며, 당시에는 장 질환약으로도 이용했다고 한다. 중세 때까지 주요 채소로 이용되었고, 스페인에 의해 중미에 전파되었으며, 캐나다에는 19세기 러시아인들에 의해 전파되었다. 동남아의 고산지대로는 유럽인들에 의하여 전파되었으며, 국내에는 1900년대 말부터 보급되었다. 이탈리아 케일인 토스카노는 2000년 초에 종묘회사를 통해서 수입되어 보급되었다. 시베리안 케일 등은 베이비 채소가 자리 잡은 2010년대에 수입되서 재배된다.

학명의 *Brassica*는 양배추를 의미하며 *oleracea*는 채소를 뜻한다. 변종명의 *acephala*는 구(球)가 없다는 의미로 결구가 되지 않고 잎만 자라는 양배추류를 뜻한다.

(2) 식물적 특징

케일은 배추과에 속하는 2년생 식물로 콜라드는 잎이 평평하고, 케일은 잎이 오글거리는데, 정도에 따라 약간 오글거리는 것과 심하게 오글거리는 품종이 있다. 잎색은 녹색 또는 녹자색이며, 키는 작은 것이 60cm, 큰 것은 120cm까지 자란다. 결구는 하지 않고서 자라며, 오글거리는 케일의 잎은 파슬리잎처럼 생겼다. 저온이나 고온에도 잘 견디는데, 오글거리는 계통은 -15°C까지 견딜 수가 있어서 양배추류

그림 2.28 녹색 케일 'Beira'와 적색 케일 'Red Bor'(출처: Google)

중에 가장 내한성이 강하다. 따라서 잎이 오글거리는 종의 경우 유럽에서도 눈을 맞은 채로 노지에서 월동하는 것을 쉽게 볼 수가 있다.

당해에 개화하지 않고서 겨울을 넘겨, 다음 해 봄에 노란색의 배추과 특유의 꽃잎이 4장인 꽃이 핀다. 방임채종은 씨앗을 받아서 파종해도 된다. 종자의 천립중은 3g 내외이며, 발아력을 3년 정도 갖는다. 4~30°C 범위에서 발아하는데, 적온은 20~30°C, 변온 또는 20°C에서는 5~10일이면 발아한다.

(3) 품종

미국에서는 잎이 오글거리는 것을 케일(curled type)이라고 하며, 포르투갈에서는 우리와 같이 잎이 편편한 품종을 포르투갈 케일이라 하여 구별하여 언급한다. 한국에서는 잎이 넓고 편편한 품종을 케일이라고 하지만, 미국에서는 잎이 편편한 것을 콜라드(collard)라고 한다.

여기서는 녹색 케일(오글거리는 것, 편편한 잎), 적색 케일(Scarlet kale), 러시안 케일(약간 오글거리며, 잎은 녹색이나 엽병과 엽맥이 적색), 이탈리아 케일(약간 오글거리며, 잎은 좁고 가장 길며 엽색이 매우 진함)로 나눈다(그림 2.28). 관상용 케일은 화훼식물인데, 최근에 모둠 쌈채소의 색을 내기 위한 목적으로 여름철에 고랭지에서 일부 재배하고 있다. 재배가는 생산 목적에 맞은 품종을 선택하여 재배한다.

① 녹색 케일: 'Dankbor'(오글거림), 'Winterbor'(내한성 강한 오글거리는 품종), 'Starbor'(전통적인 오글거리는 품종), 'Siberian'(녹색잎, 베이비 채소인기), 'Georgia Collards'(녹자색, 잎이 편편한 케일), 'Beira'(잎이 편편한 양배추잎과 같고 포르투갈 케일이라 부름)

② 적색 케일: 'Redbor'(잎 전체가 적색으로 오글거림, 관상 가치도 있음) 등 다양한 품종

③ 이탈리아 케일: 'Toscana'(이탈리아 품종, 엽색이 매우 짙고 길며, 국내에서 쌈채소로 이용), 'Black Magi'(토스카나 선발종, 매력적 암녹색)

④ 러시안 케일: 'Red Russian'(베이비로 채소 이용, 잎은 녹색, 엽병과 엽맥 자색), 'Scarlet'(잎은 약간 적색, 엽병이 자색, 오글거림), 'Olympic Red'(잎이 약간 붉은색, 엽병 자주색)

⑤ 관상용 케일: 잎은 오글거리고 색이 다양하다. 내한성이 매우 강하다. 여름에 고랭지에서 쌈용으로 재배하고, 수경 농가에서는 연중 내내 작은 잎을 수확해서 쌈용으로 공급한다.

(4) 재배 관리

작형: 케일은 봄에 파종하여 가을까지 재배하거나, 가을에 파종하여 가을과 겨울에 걸쳐서 수확하는 재배법이 있다.

재배: 가정원예와 생산원예에서 다르다. 가정원예는 시중에서 판매하는 케일 모를 4월 중순에서 5월 초순에 구입하여 60~70cm 폭의 이랑을 만들고 검정 비닐로 멀칭한 다음에 30~40cm 간격으로 심어서 가꾸면 된다. 남쪽에서는 8월에 모를 심어서 초겨울까지 수확하며, 제주도에서는 겨울을 넘긴다.

전문농가에서는 종자를 구입하여 봄철 정식일로부터 최소한 30일 전 쯤에 시설에서 파종한다. 파종은 플러그 트레이 105공이나 128공에 상토를 담고 파종하여 20°C 이상을 유지하면서 발아시키고 육묘한다. 육묘 시에 야간의 온도는 아무리 낮아도 12°C 이하로 내려가지 않게 관리한다. 본 잎이 2~3매 자라나오면 본 밭에 정식을 한다. 이랑 1.2m에 비닐 멀칭을 하고, 30×30, 또는 40×40cm 간격으로 3줄을 심어서 관리한다. 토스카나는 잎이 크므로 재식 거리를 다소 넓게 해도 된다. 일반 케일은 잎이 손바닥만한 크기가 되면 쌈용은 수확하고, 즙용은 최소한 30cm 이상 되는 큰 잎을 수확해서 10매씩 다발로 만들어서 출하한다.

케일은 많은 양분을 흡수하기에 심기 전에 퇴비를 충분히 뿌려주지 않으면 후기에는 잎이 작아진다. 따라서 배수가 잘되는 사질양토에 퇴비와 석회를 충분히 뿌린 후 재배한다. 알맞은 pH는 6.0이다. 시비량은 10a에 퇴비 2톤, 질소 12kg, 인산 8kg, 칼리 18kg, 석회 100kg을 표준으로 한다. 질소비료와 칼리는 절반만 밑거름으로 주고, 나머지는 잎을 수확 후에 2회 정도 뿌려준다. 만일 덧거름을 시비했는 데도 식물이 약해지면 반드시 추가로 질소비료를 시비한다. 잎에 영양가가 아주 높아 곤충들이 좋아하고 해충들도 많이 접근하므로, 가정원예에서는 매일 잡아서 방제를 철저하게 해야 하며, 전문농가에서는 방충망을 설치하여 배추흰나비 등의 비래를 사전 차단해야 즙용 무농약재배가 가능하다.

수확: 케일은 아래 잎부터 수확하여 10개씩 단으로 묶어서 판매한다. 쌈용은 잎의 크기가 손바닥만 하게 되면 수확해서 소포장하여 출하하거나 모둠 쌈채로 다른 채소와 합쳐서 판매한다. 가정원예에서는 바로 이용하는 것이 양분 파괴가 적다. 잎이 오글거리는 케일은 남부 해안과 제주도에서는 월동이 가능하며, 초겨울에 눈이 와

도 어느 정도 견디고 이때 수확해야 맛이 좋다.

저장: 저장할 경우 상온에서는 1~2일, 랩으로 감싸 4°C 이하에서 냉장 보관하면 1주일 정도 저장이 가능하다. 어린잎을 베이비 채소로 출하할 경우는 플라스틱 상자에 담거나 비닐 포장을 해서 저온유통 출하해야 상품성이 오래 보존된다. 모둠 쌈채로 출하할 때도 반드시 비닐 포장을 해야 한다. 서양에서는 케일 잎을 잘게 잘라서 냉동 상태로 장기간 보존하였다가 봄까지 이용한다.

(5) 이용 및 기능성

이용: 국내에서는 인기 있는 쌈 재료로 쓰이며, 베이비 채소로도 인기가 많다. 서양에서는 샐러드나 수프 전용으로 조리된다. 최근 국내에서는 셀러리, 청경채와 함께 생즙으로 많이 이용한다. 케일 생즙을 만들 때, 올리브 오일을 조금 첨가하여 먹으면 지용성 비타민 K의 흡수에 도움이 된다.

기능성: 케일은 쿠엘세틴(quercetin), 캠페놀(kaempferol) 등 항산화 물질이 많고, 독특한 매운맛을 나타내는 설포라판(sulforaphane) 등이 많이 함유되어 있다. 쿠엘세틴은 녹차에 들어있는 카테킨보다 2배나 강한 항산화 효능이 있어서 혈압 강하, 항암 작용이 있고, 캠페놀은 항염증 효과가 탁월하여 충치나 치주염 치료에 좋다고 알려져 있다. 설포라판은 양배추류에 들어있는 대표적인 항산화 물질로 각종 암의 예방에 좋다. 미국 농무성의 실험에 따르면 케일은 채소와 과일 중에서 세포를 파괴하는 산소 자유기를 흡수(포집 또는 제거)하는 능력이 가장 우수한 채소로 항산화 능력이 많아 항암 작용이 매우 크다고 알려져 있다. 특히, 유방암, 직장암, 경부암의 예방에 효과적이다. 베타카로틴은 브로콜리보다 7배, 눈을 보호하는 루틴과 제아잔틴은 10배나 많이 들어있는 최고의 기능성 채소이다. 다만 케일즙을 이용할 때에 공복을 피하는 것이 좋은데, 이는 사람에 따라서 위 쓰림을 호소하기 때문이다. 잎채소 중에 가장 많은 비타민 K를 함유하고 있어서 심장병과 골다공증 예방에도 효과가 있다고 한다.

독일에서는 장 독성의 완화, 파괴된 장점막의 신속한 회복, 암을 유발하는 자유기로부터의 세포 보호, 스트레스에 따른 노화 억제, 혈중 콜레스테롤 및 지방 감소 효과를 인정한다.

케일은 우리가 먹는 채소 중에 비타민이 가장 많이 들어있는 채소이다. 생즙 한컵 67g에는 인간이 하루 필요로 하는 비타민 A의 206%, K의 684%, C의 134%와 기타 무기염류의 10% 수준을 함유한다. 따라서 정기적인 식용은 건강증진을 기하는 최고의 채소이다.

2.29 콘 샐러드

학명: *Valerianella locusta*
(영): corn salad, lamb's lettuce **(독):** Feldsalat **(불):** Mache

(1) 원산지 및 재배 내력

콘 샐러드는 유럽의 온대지역에 북위 약 60°까지 자생하고, 동쪽으로는 코카서스 지방에까지 분포한다. 고대부터 유럽인들이 식용해 온 것으로 추측되지만 기록이 없고, 16세기에 Tabernaemontanus(1588)가 처음으로 콘 샐러드를 *Lactuca agnina*라고 기록하고 있다. 영국에서는 John Gerard's Herbal(1597)의 기록에서 처음 나타나며, 그 후 Florinus(1701)가 8월에 콘 샐러드를 뽑아서 정원에 심었다고 기록하고 있다(Becker-Dillingen, 1956). 여러 사항으로 미루어 18세기 이후 유럽에서 이용된 채소로 여겨진다.

국내에서는 1980년대에 고려대학교에서 시험 재배하였으며, 현재는 양채 농가에서 일부 재배하여 호텔에 납품하고 있으나 유통은 잘 안 되고 있다. 그러나 내한성이 강하여 겨울철 시설재배에 무가온 보온재배가 가능한 샐러드 영명인 corn salad는 옥수수 밭에 많이 나는 잡초라고 해서 붙여진 이름인데, 처음 접하는 사람은 옥수수로 만든 샐러드로 착각하기도 한다.

*Valerianella*의 속명은 'little valerian' 즉 허브 발러리안과 유사하다는 데서 왔고 *locusta*는 *lacerta*로 굽은 것을 의미하며 잎 모양을 말한다.

(2) 식물학적 특성

콘 샐러드는 1년 또는 2년생 초본으로 잎을 상추처럼 생으로 이용한다, 키는 10~20cm이고 잎은 다소 긴 삽처럼 생겼는데, 아래 잎은 다소 로젯(rosette)형이다.

줄기와 꽃대는 포크처럼 갈라졌다. 꽃은 매우 작아서 거의 볼 수 없을 정도며, 하늘색을 띤 흰색이다. 자가화합성이지만 타가수정도 한다. 종자는 둥글고 달걀형이며, 종자의 길이는 2mm, 폭은 1.75mm, 두께는 1mm이다. 종자의 껍질 색은 노란색으로 넓은 쪽에 3개의 줄이 있다. 종자는 3실로 나누어져 있는데, 1~2개는 비어 있다. 종자의 발아율은 약 70%이고, 천립중은 약 1.3g이다. 1L의 무게는 280~350g이며, 1g당 종자는 600~1,100립이다. 발아 기간은 7~21일로 계절에 따라 차이가 난다. 발아력은 3~5년을 지닌다.

새 종자는 발아력이 낮아 채종해서 바로 뿌리면 발아가 안 되거나 극히 저조하여 최대 약 20%만 이루어지지만, 6개월이 지나면 40~60%, 그리고 1년이 지나면 90~98%가 발아한다. 즉, 채종 후에 생리적인 후숙 현상이 진행되서 종자의 발아력이 상승하는 것으로 추측이 된다.

원래 야생 상태에서 자라던 것을 선발하므로 기후 조건은 밀이나 보리의 환경 요구조건과 유사하다. 내한성이 강하고, 선선한 기후에서 잘 자라며, 특히 겨울철에 상추보다 내한성이 강해 온실 내에서 얼지 않을 정도로 보온하면서 가꿀 수 있다.

(3) 품종

잎의 형태에 따른 여러 가지 품종이 있다. 여름재배용과 겨울재배용이 있으므로 겨울에는 겨울종을 그리고 정원용은 여름종을 골라서 심는다. 잎은 티스푼 형과 환형이 있다. 매년 등록되는 신품종이 있으므로 품종의 특성을 비교한 후 선택하여 재배한다.

'Valentin'(조생종, 잎이 짧고 둥금, 여름재배용), 'Vit'(긴 원형, 가을재배용, 50일), 'Cavallo'(겨울재배용, 티스푼 형), 'Favor'(겨울재배용, 환형), 'Coguille de Louviers'(티스푼 형, 30~60일), 'Mache-Verte D'Etampes'(겨울재배용, 티스푼 형), 'Verte de Cambrai'(겨울재배용),

(4) 재배 관리

작형: 국내에서는 봄 파종, 고랭지 여름 파종, 가을 파종으로 나누어서 재배할 수가 있다. 북유럽의 경우에 1~2월 파종은 4월 수확, 3~4월 파종은 5월 수확, 6~7월 파종은 8~9월 수확, 8~9월 파종은 11~12월에 수확한다. 10월부터 다음 해 2월까지는 온실에서 파종하는데, 수확기는 1~4월까지 계속된다. 이는 주년 수요에 맞춘 재배 작형이다.

재배: 밭에 종자를 뿌리는 직파재배와 육묘재배가 있다. 직파재배는 연중 노지나 온실에서 재배할 수 있다. 파종은 15cm, 또는 20cm 간격으로 줄뿌림하는데, 파종 깊이는 1cm가 알맞다. 파종량은 10a당 약 600g이 필요하다. 약 2주일 간격으로 일정한 면적을 뿌리는 것이 연중 수확을 할 수 있어서 좋다. 파종 후에 온도관리는 15°C 정도하며, 발아 후에는 낮 10°C, 밤 최저 5°C를 유지하면서 겨울재배를 한다. 온실의 환기는 18~20°C 이상 되면 실시한다. 파종 후에는 잡초 방제와 관수가 필요하다. 봄 파종과 가을 파종은 국내의 가정원예에 적용하는 재배법이다.

육묘재배는 플러그 트레이법과 피트 블록(peat block)법이 있다. 플러그 트레이는 주로 한국, 미국에서 그리고 피트 블록은 유럽에서 많이 이용한다. 플러그 트레이(128공)에 상토를 넣고서 셀마다 4~5립 종자를 파종한다. 발아 온도를 20°C로 조절하면 발아 기간이 최대 2주 걸리는데, 본 잎이 2~3매 나오고, 뿌리가 돌면 플러그 트레이는 심기가 좋다. 가을 육묘에는 4주, 겨울 육묘에는 6~7주가 필요하다. 플러그 트레이에 육묘한 묘는 양파를 심는 데 사용하는 구멍이 난 검정 비닐로 멀칭하고 20×20, 또는 15×15cm 간격으로 심는다. 피트 블록(4×4×4cm)은 피트를 기계로 압착하여 다양한 크기의 4각 블록을 만들고 중앙에 종자가 자동으로 파종된다. 모

그림 2.29 콘 샐러드 피트블록 정식 및 품종 'Vit'(제공: Geyer)

가 자라나서 2~3매 잎을 가지면 블록을 하나씩 분리하여 재식할 구멍에 심지 않고 올려만 준다(그림 2.29). 이 방법은 정식 시간을 단축하고, 아래 잎이 4cm 정도 공중에 떠 있으므로 잎에 흙의 부착이 적어서 청결하고, 수확하기가 편리하다. 심기 전후에 미리 물을 충분하게 줘서 뿌리가 빠르게 활착되도록 한다.

토양 산도는 pH 6.0~7.9이 알맞고, 자라기에 가장 알맞은 토양은 Ca와 유기물이 충분히 함유되어야 하며, 토질은 가리지 않는다. 시비량은 퇴비 2톤, N 10kg, P_2O_5는 10kg, K_2O 20kg/10a 그리고 생석회는 약 100kg을 시비한다. 규산질 시비가 콘 샐러드의 저장성을 증대시키므로 규산질 비료를 밑거름으로 충분히 시비할 필요가 있다. 규산질 비료의 입상은 규산(25~28%), 고토(2~3%)와 기타 알카리 성분이 들어 있으며, 100kg/10a를 살포한다.

식물의 아래 잎부터 황화하는 경우가 나타나는데, 원인은 불명이며 연작을 피한다. 흰가루병은 바로 약제로 방제하고 고온기에 나타나는 뿌리 무름병은 연작을 피하고 토양을 소독해야 한다.

수확: 겨울에는 파종 후 2.5개월, 여름에는 1.5개월이 되면 수확한다. 방법은 칼로 시금치처럼 절단하는데, 수확량은 10a당 500~700kg이다. 온상이나 냉상을 이용하여 재배하면 겨울철에 1m^{2}에 500g을 수확하지만, 온도가 올라가고 광이 많은 봄철에는 2배를 수확할 수 있다. 수확 후에 수세하여 일정 크기의 무게로 나눈 후 비닐 포장해서 출하한다.

저장: 일반적으로 잎상추처럼 상온에서 2일을 넘기면 잎의 색이 변한다. 약 0~2°C에서는 며칠 동안 저장이 가능한데, 이때는 비닐로 포장해야 한다. 비닐 포장하여 −0.5~0°C(상대습도 95% 이상)에서 저장하면 2주 동안 저장이 가능하다.

(4) 이용 및 기능성

이용: 결구상추처럼 주로 소스를 곁들여 샐러드로 이용하지만, 수프, 주스, 파스타 등에도 이용한다. 특히, 겨울철에는 상추. 엔디브 등과 혼합해서 샐러드를 만들

어 먹는다. 북유럽에서는 햄버거에 상추대신 넣어서 먹기도 한다.

기능성: 카로틴과 비타민 C, 엽산 함량이 높으며, 겨울철과 이른 봄의 채소가 없는 시기에 비타민의 공급원이 되고, 강장 기능을 인정 받은 채소이다. 철분은 시금치보다 높고, 베타 카로틴(beta-carotene), 비타민 B_6, B_9, 비타민 E 그리고 오메가-3 지방산(omega-3 fatty acids)이 들어있어 면역력 증진, 빈혈 예방, 피부 개선에 효과가 있다.

가장 중요한 성분은 풍부한 마그네슘 함량으로 독일에서는 과거 중세 때 약제로 쓰일 정도였다고 한다. 마그네슘은 칼슘과 길항 관계가 있어서 심장세포에 칼슘이 너무 많이 유입되는 것을 막아준다. 따라서 심장에 문제가 있거나 협심증, 심장마비 등의 문제가 있을 때는 콘 샐러드를 충분히 먹는 것이 필요하다. 높은 철분은 임산부에 좋다.

독일 문헌에서는 심장을 강화하고 심장의 손상을 막아준다고 한다. 세포 물질대사를 활성화하여 스트레스를 낮추고 활력을 넘치게 하며, 면역력을 강화시키고 세포를 보호하며 전신의 피부를 강하게 하고 혈액 형성을 돕는 기능이 있다.

2.30 콜라비

학명: *Brassica oleracea* L. var. *gongylodes*
(영): kohlrabi **(독):** Kohlrabi **(불):** Chou rave, Colrave

(1) 원산지 및 재배 내력

콜라비는 양배추류에서 선발된 식물로 추정되는데, 원산지는 북유럽의 해안으로 여겨진다. 처음 재배는 기원전 8세기에 그리스, 로마시대부터 이루어졌으리라 추측되지만, 중세기에 지중해의 북쪽 해안지대에서 개량된 것으로 판명된다. 16세기에 콜라비는 그리스에서 이탈리아로 도입된 후 독일로 전파됐다고 하는데, 다른 설은 그리스에서 프랑스를 거쳐서 독일에서 재배되었다고도 한다. 처음 재배는 1734년 아일랜드에서 이루어졌다고 기록되어 있는데, 그 후 스코틀랜드와 영국에서 가꾸었다고 한다. 중국에는 중세기에 도입된 후 바이란(bailan: 擘藍)이라 명명되어 재배되었으며, 국내에서는 1983년에 고려대학교에서 육묘 시험보고를 하였고(박, 1983), 1998년부터 제주도 농가에서 재배를 시작해서, 2000년대에 들어와서 증가하였고, 현재는 재배면적이 약 400ha로 인기 있는 서양 채소로 자리매김하였다. 영명의 Kohlrabi는 독일어로 Kohl(양배추), rabi(순무)의 합성어로, 영국 이름인 Kale turnip과 같은 의미다.

학명의 *Brassica*는 배추를 뜻하고, *oleracea*는 식용가능 채소를 의미하며,

*gongylodes*는 둥글다는 모양을 나타낸 것이다.

(2) 식물학 특성

콜라비는 배추과에 속하며, 키가 30~60cm 정도되는 2년생 식물로, 첫해에는 3~4번째 줄기가 마치 주먹처럼 비대해서 이 부분을 식용으로 이용한다. 줄기의 색에 따라 녹색과 적색 계통이 있는데, 구의 직경은 보통 8~10cm에 달한다. 둥근 변태 줄기를 잘라 보면, 육질은 무처럼 희고 조직은 무보다 단단한 것을 알 수 있다. 잎은 원형으로 약간의 결각이 있다. 적색 계통은 잎이 옅은 자주색을 띤 녹색이며, 엽병은 붉은색이다. 녹색 계통은 엽병이 녹색이고, 엽신은 14~20cm, 엽병은 6.5~20cm이다. 보통 잎줄기와 식용 부위는 약 1:1이며, 뿌리 무게는 지상부 무게의 3~4%이고, 상추보다 깊게 뻗는다. 구가 비대하기 전에 5°C의 저온을 5주 가량 받으면 추대한다. 따라서 봄 일찍 재배할 때 모가 저온을 받게 되면 구가 생기지 않은 채 추대하게 되며, 꽃대 길이는 약 1m이다. 그러므로 늦가을에서 봄에 걸쳐 하우스 재배를 할 때는 온도관리가 중요하다. 꽃은 노랗고, 양배추와 유사하게 총상화서로서 꼬투리에 종자가 착생한다. 타가수정을 하며 자가수분이 이루어질 경우에는 퇴화된다. 종자의 직경은 약 1.8mm이고 천립중은 3~4g이다. 상온의 저장 조건에서도 발아력은 4~5년간 유지되는데, 평균발아율은 약 85%이다. 종자 채취량은 1m^{2}당 약 20~60g이다.

콜라비는 35°C까지 견딜 수 있지만, 생육에 알맞은 온도 범위는 8~25°C이며 겨울 수막재배 시 저온에서도 잘 자란다. 저온기 온실의 온도관리 요령을 보면 **표 2.4**와 같다.

표 2.4 콜라비 저온기 재배 시의 온도관리

월	낮 (℃)	밤 (℃)	월	낮 (℃)	밤 (℃)
1	10~12	6~ 8	10	13~17	8~10
2	12~15	8~10	11	12~15	8~10
3	15~18	10~12	12	8~10	4~ 6
4	15~18	10~12			

발아에 알맞은 온도는 15~20°C이며, 육묘 시의 온도는 12~18°C가 적당하다. 지온은 16°C가 적당하며, 촉성재배 시 지온이 이보다 다소 상승하게 되면 1~2주 정도 수확기가 단축된다. 햇빛의 요구도는 상추 정도이므로 온실재배가 용이하다.

물은 구 형성기에 많이 필요한데, 특히 구의 직경이 약 20mm일 때부터 정기적으로 물주기를 해야 한다. 이 시기에 건습의 반복이 심해지면 구의 표면이 쪼개지는 열구 현상이 발생해서 상품성이 떨어진다.

일반적으로 물은 콜라비의 전 생육 기간에 150L/m^{2}가 필요하다. 하우스 재배의 경우는 정식 후 10일부터 CO_2 농도가 1,000ppm 정도되도록 하루에 8시간 시비하면, 수량이 증대되며 수확기를 1주일 앞당길 수 있다. 경영적인 측면을 고려하여 탄산가스 시비를 하며, 노지재배에서는 적용할 수가 없다.

그림 2.30 녹색과 적색 콜라비

(3) 품종

콜라비는 구의 색에 따라 녹색, 자주색으로 나뉜다(그림 2.30). 재배 기간에 따라 조생, 중생, 만생종으로 나누지만, 서양에서는 정식 후의 수확기까지의 일수를 표시한다. 재배 일수가 짧을수록 조생종에 해당된다. 현재 국내외에서는 많은 품종이 판매되고 있으므로 잘 선택해서 재배한다.

여기서는 미국 코넬대학교(vegvariety.cce.cornell.edu/)에서 2018년 봄 제시한 인기 품종을 녹색과 적색으로 나누어서 소개한다.

① 녹색 품종: 'Eder'(38일), 'Korist'(42일), 'Korridor'(42일), 'Winner'(45일 열구 내성), 'Quick Star'(49일), 'Grand Duke'(50일), 'Early White Vienna'(55일), 'Kossack'(60일), 'Seperschmelz'(60일, 구 직경 20~25cm), 'White Viena'(60~65일), 'Gigante(Gigante Winter)'(62~130일, 직경 25cm, 무게 4.5kg 대구종)

② 적색 품종: 'Kolibri'(45일), 'Azur Star'(48일), 'Purple Vienna'(55일)

(4) 재배 관리

작형: 콜라비는 비교적 고온이나 저온에서도 잘 자라기에 연중 생산이 가능한 작물이다. 따라서 주년재배가 가능하다. 작형에는 봄재배(3~4월 파종, 5월 정식, 6~7월 수확), 여름재배(8월 파종, 9월 정식, 10월 수확), 고랭지재배(5~6월 파종, 7~8월 정식, 9~10월 수확), 가을재배(10월 파종, 11월 정식, 1~2월 수확), 겨울재배(12월 하순 파종, 2월 하순 정식, 4월 수확)가 있다.

재배: 씨앗은 천립중이 약 3.2g이지만, 씨의 굵기가 1.8m 정도로 작으면 2.2g,

1.8~2.0mm이면 3.0g, 그리고 2.0mm보다 크면 3.7g이 된다. 노지에 직파할 경우에 씨의 굵기에 따라서 종자량을 산출해야 한다. 종자량 산출은 25×25cm로 심으면 $1m^2$당 20주가 필요하기에, $1,000m^2$(10a)에는 20,000개의 종자가 소요된다. 여기에 10% 여분의 종자를 더 준비할 경우 22,000개가 필요하며, 종자가 90%만 발아한다면 24,000개를 뿌려야 22,000주를 얻을 수 있으므로, 천립중이 3.2g이라면 76.8g의 종자가 있어야 한다. 128공을 이용하여 육묘하려면 188개의 트레이를 준비한다.

육묘기간은 봄재배는 50일, 여름재배는 45일, 가을재배는 40일을 잡아야 한다. 재식 거리는 봄재배는 20×30cm, 25×25cm 또는 30×30cm간격으로 심고, 여름재배는 30×30cm, 그리고 가을재배는 40×30cm로 심는다.

수확량은 재식밀도에 따라 다른데, m^2당 8~16개 식물을 심을 때는 수량의 차이가 없지만 분류할 때 크기에서 차이가 난다. 그러므로 사정에 따라 재식 주수를 정한다. 하우스에서 18×18cm로 심을 경우, m^2당 30.9 포기가 필요하다. 이 경우에는 25×25cm로 16주/m^2로 심은 경우보다 크기에 따른 등급의 수준이 낮은 게 많지만 전체 수량은 약 33% 증가한다.

이때는 육묘해야 분량이 거의 배에 이른다. 재식밀도를 16에서 20~30/m^2로 밀식하면, 등급은 낮지만 수량은 각각 21~33%가 증가한다. 그러나 적당한 간격을 띤 것보다 출하기가 다소 늦어진다. 이런 점을 고려해서 육묘 본수와 재식밀도를 정해야 한다.

정식 후에는 배추흰나비나 진딧물 방제를 위한 약제 살포, 중경, 제초, 충분한 물주기가 필요하다. 병해는 꽃양배추와 유사한데, 조기에 약제 살포한다.

관수를 잘 해 주면 구의 비대가 잘 되고 수확기를 앞당길 수 있다. 수확기가 늦거나 토양습도 변화가 심할 경우에 열구가 되기도 한다.

콜라비는 땅속 깊이 뿌리를 뻗고, 구의 비대기에 수분이 충분하게 있어야 하므로 비옥한 사질양토에 pH는 6~7로 유기물이 많이 함유된 곳이 좋다. 내염성은 다른 작물보다 강하므로 하우스 내의 염류 집적에도 잘 견딘다. 양분의 흡수는 상추보다 많고 양배추보다는 적은데, 시비량은 10a당 N 10kg, P_2O_5 8kg, K_2O 18kg을 목표로 한다. 질소와 칼리는 반만 밑거름으로 주고, 나머지는 구 형성기 바로 직전에 시비한다. 시설재배에서는 용탈이 없으므로 밑거름 위주로 재배한다. 그 외 용성인비와 고토석회를 10a당 100kg 정도, 그리고 퇴비는 약 1톤 정도를 밑거름으로 시비한다.

수확: 파종 후 55~60일이 지나 구의 크기가 약 5cm 이상이 되면, 칼과 수확용 가위를 이용하여 수확한다. 너무 구가 커지거나 수확기가 늦어지면 바깥 부분, 특히 땅에 접한 쪽이 목질화되어 단단해지면서 둥근 모양이 일그러진다. 일반적으로 구의 표면이 매끄럽지 않고 요철이 생기면 수확기가 지났음을 뜻한다. 콜라비는 수확할 수 있는 것이 심은 모종의 약 70%에 불과하며, 한 번에 수확을 하지 않고 2~3회에 걸쳐 일정하게 자란 것만을 차례로 수확한다. 봄재배는 2~3톤, 가을재배는 6~7

톤/10a을 수확한다.

베이비 콜라비는 구의 비대가 시작하여 3~4cm 정도되면, 잎과 함께 수확하여 다발로 묶어서 출하하거나 작은 구만 절단하여 판매한다. 부드러워서 인기가 많다.

저장: 잎이 붙은 상태에서는 상온(20°C)에서 2일 이상 보관할 수 없다. 이는 잎이 시들면서 황화되어 신선미가 없어지기 때문이다. 국내에서는 잎을 제거한 상태로 유통되며, 상온에 3일 정도는 별문제가 없지만 그 후에는 구가 말랑거리고 신선도가 떨어진다. 그러나 5°C 내외에서는 최대 1주일 정도 저장이 가능하다. 잎을 제거한 경우에는 0°C, 상대습도 90%에서 약 4주간 저장할 수 있다. 비닐에 포장하여 저장하면 중량 감소가 적어 보다 장기저장이 가능하다.

(5) 이용 및 기능성

이용: 비대한 줄기 부분을 생으로 또는 익혀서 먹는데, 맛은 배추 뿌리 맛과 유사하나 매운맛은 약하고 달다. 생체로 이용할 때는 다른 채소나 소스와 곁들여서 먹고, 익혀서 먹을 때는 수프 등의 요리에 넣는다.

기능성: 콜라비의 주요 기능성 물질은 독특한 향과 맛 성분인 이소티오시아네이트(isothiocyanate)로 항암 작용이 있다. 무기염류와 칼륨, 섬유소가 많이 들어있어서 혈액의 산성화를 막아준다. 그 외에 비타민 B를 많이 함유하고 있으며, 비오틴(biotin), 나이아신(niacin), 판토텐산(pantothenic acid) 등이 많아 건강 증진에 도움이 된다.

유럽에서는 혈액 형성 촉진, 피부와 모발을 강하게 하고, 면역력을 증가시키며, 집중력을 향상시키고, 세포호흡과 산소 공급을 촉진한다고 보고하고 있다. 그 이외 심장을 강하게 하며, 스트레스 해소, 이뇨, 체중 감소에 효과가 있다.

2.31 크레스

학명: *Lepidium sativum* L.
(영): Garden cress, cress **(독):** Gartenkresse **(불):** Cresson alenois

(1) 원산지 및 재배 내력

크레스를 가든크레스(Garden cress) 또는 컴먼크레스(common cress)라고도 부르는데, 야생종은 페르시아와 북아프리카에 자생하고 있으며, 지금까지 알려진 바로는 시리아, 메소포타미아, 페르시아 지방이 원산지로 추측된다. 고대 그리스, 로마시대부터 알려진 식물로서, Xenophon(400 B.C)에 의해 처음 기록되었고, 북유럽에서는 로마인들의 정복을 통해 전래되었다. 유럽에서 미국, 아시아로 전래되었으나 많이 이용하지는 않는다. 국내에서는 싹 채소가 인기를 얻기 시작한 2000년대에 수입되어 재배되었다.

학명의 *Lepidium*은 그리스어의 Lepis(비늘), Lepidion(작은 비늘)에서 연유됐는데, 이는 종자가 작은 비늘 같은 모양이기 때문이다. *sativum*은 재배종을 뜻한다.

(2) 식물적 특성

크레스는 배추과에 속하는 1년생 초본으로 키는 30~60cm에 달하고, 잎은 청록색으로 완전히 자란 잎은 냉이잎과 유사하다. 떡잎은 독특하게 세 갈래로 갈라져 있으며, 본 잎은 편편하거나 주름진 것이 있다. 꽃잎은 희고 4개인데, 개화기는 6~7월이며, 씨앗은 길이 2mm, 폭 1mm, 두께 0.6~1.0mm이다. 평균발아율은 80%이며, 천립중은 1.6~2.0g, 1L의 무게는 750~760g, 1g당 종자수는 450~600립이다. 발아는 충분한 온도와 수분 조건에서 1~3일 걸리며, 발아율 조사일은 10일이고 발아력을 3~5년 가량 지닌다.

그림 2.31 크레스 파종(좌)과 상자 출하(우)

(3) 품종

특별한 품종명 없이 가든 크레스라고 부르는데, 미국에서는 잎의 모양과 크기에 따라 보통종(normal), 광엽종(broad leaf), 컬리크레스(curly cress)로 나눈다. 독일에서는 소엽종과 대엽종으로만 구분한다. 국내에서는 크레스 또는 크레송으로 종자가 공급되지만, 잎의 크기에 대한 언급은 없다.

(4) 재배 관리

작형: 유럽에서는 씨를 작은 상자에 파종한 후 새싹을 이용하므로 연중생산이 가능한 작형이다. 정원에서는 봄부터 한여름을 제외하고 15일 간격으로 파종해서 어린잎을 이용한다.

재배: 크레스 재배의 기본은 종자를 파종한 후에 싹을 이용하는 것으로, 온도, 수분, 빛의 영향을 크게 받는다. 온실에서 씨 뿌려 싹을 기를 때 한겨울에는 다소 늦어져서 3주가 걸리기도 하지만, 2~3월에는 보통 2주일 가량 소요된다. 싹이 난 후에 2~3일 동안 나무판이나 스티로폼 등을 이용해서 눌러 놓게 되면 싹이 일정한 높이로 자라게 된다. 충분한 수분을 부여하면 7~10일이면 수확할 수 있다. 자랄 수 있는 온도 범위는 10~25°C인데, 보통 18~20°C가 가장 알맞고, 10°C 이하는 생육 억제가 심하며, 3°C 이하로는 절대 내려가지 않게 관리한다. 크레스는 겨울철에 많이 재배하는데, 온실에서 출하하여 운반할 때도 3°C 이하가 되지 않도록 한다.

대단위 재배에서는 작은 상자(12×8cm, 농가에 따라 크기 차이가 있음)에 부직포, 스펀지, 또는 특수 배지로 채우고서 크레스를 파종하는데, 씨앗은 $1m^2$에 약 150~200g이 소요된다(그림 2.31 좌). 보통 3월 초부터 매 14일마다 한 번씩 파종해서 유통한다. 덴마크에서 대단위 크레스 싹기름 시스템을 세계 최초로 식물공장형으로 발전시켰다(박과 김. 2017). 식물공장이나 일반 싹채소 재배에서 싹이 나기 시작하면 물을 충분히 뿌려줘야 종피가 깨끗하게 잘 벗겨져서 상품성이 증진된다. 겨울철이나 흐린 날에 전등 조명(50~100W/m^2)을 하루 6~8시간 추가해 주면 맛과 생육을 좋게 한다. 관수는 너무 많이 할 필요가 없으며, 종피를 제거하기 위해 파종 당일 그리고 그 후 3일까지 충분하게 실시한다. 물비료를 공급하면 콩나물처럼 생육이 좋아지고 배축이 굵어진다. 그러나 소비자는 화학비료를 시비하지 않는 크레스를 선호하므로 실제 생산현장에서는 물로만 기른다.

정원에서는 10cm 간격으로 줄뿌림해서 발아 후 크기가 6cm 정도 자라면 잘라서 이용하며, 한 번에 많이 먹지 않기 때문에 2~3주 간격으로 파종하여 싹이 나면 수확한다. 이와 같은 번거로움을 없애기 위해서 실내에서 싹기름 채소를 기르는 장치가 개발되어 보급되고 있다.

공장적인 대량생산에서는 격리되어 있어서 병충해 문제가 없다. 정원에서 재배할 경우 모잘록병의 피해가 가끔 나타나므로 무병지에서 재배한다. 진딧물의 피해가 발생할 경우에 망사를 씌워서 방제하며, 어린싹을 이용하므로 약제 살포는 하지 않는다. 소규모 가정재배에서는 병해가 거의 문제시되지 않는다.

수확: 노지에서는 크레스의 크기가 약 6cm 정도되면 어느 때든 수확이 가능한데, 일반적으로 파종 후 10~14일 정도 걸린다. 배축을 절단하여 판매하는 경우는 유통기간이 짧아서 극히 제한적으로 이루어진다. 작은 상자에서 자란 크레스는 출하 적기가 되면 플라스틱 상자나 종이 상자에 담아서 출하한다(그림 2.31 우).

저장: 노지에서 재배하여 자른 싹은 오전에 출하해도 오후가 되면 상품성이 낮아진다. 따라서 상점에서는 싹에 물을 뿌려주기도 한다. 대량생산에서는 재배 상자에 투명한 플라스틱 뚜껑을 씌워서 운반하며, 보통 10°C 내외에서는 자체 내의 수분이 마르지 않는 범위에서 4~5일 가량 저장이 가능하다. 1.5~5°C에서는 1주일 저장이

가능하다. 작은 화분에 심어서 출하하는 경우에는 마르지 않는 한 상품성을 계속 유지하므로 가정에서 인기가 있다.

(5) 이용 및 기능성

이용: 크레스는 싹채소이므로, 모든 샐러드와 어울린다. 햄버거, 샌드위치에 많이 사용되고, 빵을 먹을 때나, 스프, 채소 주스, 생선회 등에 사용할 수가 있다.

기능성: 크레스에는 독특한 매운맛이 있는데, 이는 대부분의 배추과 식물이 함유한 이소티오시아네이트(isothiocyanate) 때문이다. 이 성분은 강장, 거담, 건위, 이뇨, 정혈, 해독, 해열, 소화 촉진, 항암 작용을 한다. 칼륨 함량이 매우 높아 혈압을 낮추고, 심혈관계를 강하게 한다. 비타민 C는 59mg이나 들어 있어서 무의 2배 정도되는데, 항산화 작용과 피로 회복에 좋다.

2.32 흑색 살시피

학명: *Scorzonera hispanica* L.
(영): black salsify, scorzonera **(독):** Schwarzwurzel **(불):** salsifis, Cercifx

(1) 원산지 및 재배 내력

흑색 살시피는 근동(아라비아, 발칸), 유럽의 중부 및 남부가 원산지인 뿌리 채소로 유럽의 시장에서 볼 수 있는 우엉 같이 생긴 채소이다. 스페인에서 유럽 전역으로 전파되었으며, 현재는 북유럽, 네덜란드, 벨기에, 프랑스에서 인기가 있어 이 지역에서는 수천 ha가 재배된다. 영명의 black salsify는 salsify(*Tragopogon porrifolius* L.: 뿌리가 흰색)처럼 닮았으나 색이 검다고 해서 붙여졌다. Salsify는 프랑스어인 salsifis에서 유래되었는데, 라틴어인 solequium에 어원을 두고 있다. sol은 sun(태양), sequens는 following(따르다)의 의미로, 꽃이 태양의 이동에 따라 움직이는 데서 유래되었다. 중세 때는 약용 작물로 이용되었으며, 17세기부터 채소로 이용되어서 재배된 역사가 짧은 채소이다. 국내에서는 재배기록이 없다. 서양에서 많이 재배되는 채소로 앞으로 재배가 기대되는 채소이다.

학명의 *Scorzonera*는 이탈리아의 scora(bark: 껍질)과 nero(black: 검다)의 합성어이며, 다른 설에서는 검은 뿌리를 먹으면 뱀독을 완화시킨다고 중세 때까지 믿어서 별명으로 불렀던 구 프랑스어 scozon(snake: 뱀)에서 유래되었다고 한다. 종명으로 *hispanica*가 붙은 것은 스페인에서 많이 재배되고 육성되었기 때문에 붙여진 이름이다.

그림 2.32 흑색 살시피 (좌)와 뿌리 모습(우)(제공: Geyer)

(2) 식물적 특징

국화과에 속하는 2년생으로 잎은 가늘고, 긴 산마늘잎 같은데 털이 없으며, 피침형(披針形)이고, 잎맥은 나란히꼴로 근출엽(根出葉)이다. 일반 살시피(salsify)는 뿌리색이 희나 흑색 살시피의 뿌리는 우엉처럼 검은 원통형으로 직경은 2~3cm, 길이는 30cm 정도 된다(그림 2.32). 따라서 토심이 깊고 유기질이 많은 점질 또는 양토에서 잘 자란다.

pH는 6~7.5인 중성 토양이 좋다. 뿌리의 맛은 바다의 굴과 아스파라거스를 합한 것과 같다. 땅은 자갈이 전혀 없는 토양이어야 곁뿌리가 생기지 않고 곧게 자라서 상품성이 높다. 꽃은 노랗게 피며, 약간 달콤한 초콜릿 향이 난다. 월동을 한 뿌리는 다음 해 봄에 민들레처럼 노란 꽃이 이른 아침에 펴서 오후에 오므라든다. 종자는 바람에 잘 날리므로 적기에 꽃을 채취해서 말려야 많은 종자를 얻을 수 있다. 교잡종이 아닌 품종은 자가채종하여 재배할 수가 있다. 종자는 길이 1.2~1.7, 직경 1~1.5mm이며, 종자 수명은 1년으로 단명종자이다. 천립중은 9~14g이다.

(3) 품종

유럽에는 여러 가지 품종이 등록되어 있다. 품종을 고를 때는 뿌리가 길고 고르면서, 곁뿌리 생성이 없고, 바람들이, 추대, 뿌리의 갈변 현상이 낮은 내병성 품종을 고려해야 한다. 기능성 측면에서는 이눌린 성분이 높은 품종을 골라서 재배한다.

유럽에서 많이 재배되는 품종의 육종회사와 생산국을 제시하면, 'Einjährige Riesen'(W. Legutko-폴란드), 'Lange Jan'(Bejo Zaden-네덜란드), 'Prodola'(Rijk Zwaan-네덜란드), 'Westlandia'와 'Maxima'(이눌린 함량 높음. Bakker Brothers-네덜란드), 'Meres'(Flora Frey- 독일), 'Hoffmanns Schwarzer Pfahl'(독일에서 상업적으로 가장 많이 재배), 'Duplex'(Thomas Etty Esq.-영국)이다.

미국에는 'Duplex'(긴 뿌리, 맛 좋음, 이눌린 함량 높음), 'Frandria Scorzonea'(긴 뿌리,

강한 향), 'Habil'(긴 뿌리, 향 좋음), 'Long Black'(검은색 뿌리), 'Russian Giant'(긴 뿌리, 강한 향) 등이 있다. 국내에서는 우리와 기후대가 비슷한 네덜란드 종이 유리하다.

(4) 재배 관리

작형: 생육 기간이 길어서 유럽과 미국 모두 노지재배만 한다.

재배: 재배는 직파재배를 한다. 유럽에서는 비가 많이 오지 않아서 이랑을 만들지 않고서 바로 기계 파종을 하지만, 국내에서는 장마가 있어 이랑을 만들어 파종한다.

이랑은 외줄 식, 2줄 식, 4줄 식이 있다. 외줄 식은 고구마 이랑처럼 만들고 한 줄로 파종한다. 보통 주간 거리 15cm에 3립의 종자를 파종해서 발아 후에 어느 정도 자라면 솎아준다. 2줄과 4줄 식은 기계 파종 시에 많이 사용하는 방법이다. 4월 말이나 5월 초에 1.2m 이랑을 만들고, 20cm 줄 간격으로, 줄뿌림을 2cm 깊이로 실시한다. 지온에 따라 다르지만, 약 2주일(14일) 지나면 포장에서 발아가 된다. 발아 후에 어느 정도 자라나면 식물 간의 거리를 최소 5cm, 보통 10cm 간격으로 솎아주고, 이 시기 전후에 덧거름을 준다. 독일에서는 보통 50개/m^{2}로 재배하지만 상업적인 대량재배에서는 70~80/m^2 주까지 밀식재배한다(Laber and Lattauschke, 2014).

토양수분은 항상 일정하게 유지시켜 주면 표면에 예쁘게 자라며, 기복이 심하면 표피에 열근(裂根)이 생겨서 상품화율이 떨어진다.

가정원예나 남해안 지역에서 월동시켜 수확하기 위해서는 뿌리의 위 1~2.5cm에서 잎을 자르고, 15cm 정도로 흙이나 낙엽, 볏짚을 덮어준다. 봄이 되어 연한 잎이 나오면 잎을 잘라서 나물로 이용한다. 뿌리는 캐서 봄철에 이용하고, 뿌리를 몇 개 남겨둬서 5~6월에 꽃이 피면 채종하여 종자를 사용한다.

중성 토양에서 잘 자라므로 완전히 잘 썩은 퇴비를 2톤 뿌리고, 질소 : 인산 : 칼리를 20 : 15 : 20kg/10a 수준으로 시비한다. 파종 2주 전에 퇴비와 석회 100kg/10a를 뿌리는데, 1차 경운 후 10일 전에 인산은 전량 밑거름으로 주고 질소와 칼리는 60~70%를 밑거름으로 주며, 나머지는 솎거나 중경 제초하는 시기에 덧거름으로 준다.

병해로는 흰가루병이 많고, 충해로는 선충 피해가 많이 나타난다. 따라서 적기에 약제 살포가 필요하다. 정원에서 월동하면 뿌리가 연해 들쥐들이 매우 좋아하므로 유의한다.

수확: 수확은 종자가 발아한 후 4개월이 지나면 가능하다. 뿌리가 깊게 뻗으므로 굴취기(掘取機)를 사용하는 것이 좋으며, 가정원예에서는 조심해서 수확하지 않으면 뿌리가 끊어진다. 생육기간이 길어질수록 뿌리가 커지기 때문에 가능하면 늦가을이 되어서 수확한다. 10kg 단위로 포장하거나 500g 정도 소포장을 하여 판매한다.

저장: 상온에서 수일 저장하며, 냉장고에서는 1주일 저장이 가능하다. 0~0.5°C에서 높은 습도(95% 이상)를 유지하면 5개월까지 저장할 수 있다. 그러나 제주도와 남부에서는 수확하지 않고 밭에 두면 수시로 이용할 수 있다.

(5) 이용 및 기능성

이용: 뿌리는 도구를 이용하여 껍질을 벗긴 후 일정한 길이로 절단하여 전분을 입혀서 튀겨 먹거나, 간장을 이용하여 우엉처럼 졸여서 먹기도 한다. 끓는 물에 넣어 어느 정도 익으면 꺼내서 찬물에 넣어 식힌 다음 손으로 껍질을 문지르면 쉽게 벗겨진다. 조직이 우엉보다 연하여 2~3cm 길이로 잘라 올리브 오일에 볶으면서 후추나 기타 허브를 뿌려 먹으면 좋다.

기능성: 흑색 살시피의 기능성은 다양하다. 철분과 구리 성분이 많아 모발 발생, 탈모 및 백발화를 방지한다. 아미노산의 일종인 티아민(thiamine)이 많아 근육 신경계에 도움을 주며, 풍부한 이눌린은 비피도박테리아(bifidobacteria) 활성을 촉진시켜 기관 내에서 발생할 수 있는 암 요인을 제거하고, 섬유소가 많아서 영양소 흡수를 촉진하며 변비를 억제시킨다. 높은 칼륨(K)은 혈압을 낮춰 주고, 망간(Mn)은 혈당 조절과 불임을 방지한다. 그리고 비타민 C를 포함한 많은 폴리아세틸렌 항산화 물질(falcarindiol, falcarinol, panaxydiol) 등은 항염, 항세균, 급성 림프아구(芽球) 백혈병과 대장암 예방에 효과가 있다.

제3장
열대 채소

3.1 공심채

학명: *Ipomoea aquatica*
(영): water spinach, Kangkong **(독):** Wasserspinat, Sumpfkohl (불) palata aquatique

(1) 원산지 및 재배 내력

원산지는 확실하지 않지만 열대 아시아지역으로 여겨지며, 동남아, 열대 아프리카, 중앙아메리카, 호주 등에서 발견할 수 있다. 주로 동남아, 홍콩, 대만과 중국 남부에서 엽채류로 재배된다. 인도네시아에서는 약 10,000ha, 말레시아에서는 1,000ha 이상 재배되는 중요 채소이다. 한국에는 1980년대에 처음 소개되어 고려대에서 박 등(1993)이 번식시험을 하였다. 2000년대 들어서 지구온난화 대비 열대 채소 재배 연구가 관심이 높아지고 외국인들의 거주가 늘어나면서 재배와 유통이 이루어졌다.

학명의 *Ipomoea*는 그리스어 ips(충)과 homoisos(유사)의 합성어로 줄기의 모양이 벌레가 기어가는 것 같은 것에서 따왔고, *aquatica*는 물로 담수성을 의미한다.

(2) 식물적 특성

공심채는 캉콩(Kankong)이라고도 부르는 고구마처럼 메꽃과에 속하는 초본식물로서, 열대에서는 물에 떠다니면서 자라는 영년생이지만 온대에서는 1년생 식물이다. 줄기는 속이 비어 있어서 물에 뜨기 쉽고 길이는 보통 최대 3m, 줄기의 굵기는 1cm이다. 잎은 고구마 잎과 유사하게 둥근 달걀 모양이지만 긴 삼각형으로 크기는 2.5~15×1~10cm이다(그림 3.1). 열대지방에서는 2~3일에 1매의 잎이 자란다. 잎

그림 3.1 녹색줄기 공심채(좌, 제공: 서명훈)와 적색줄기 공심채(우, 출처: Google)

의 크기에 따라 대엽종과 소엽종으로 나뉘는데, 대엽종은 종자가 잘 생기는 반면에 소엽종은 종자를 잘 맺지 않아서 영양번식을 한다. 꽃은 파종 후 48~63일이 되면 생기는데, 나팔꽃처럼 생겼으며 한 개 또는 송이로 피고, 색은 흰색, 분홍 또는 보라색이다. 과실은 달걀 같은 형태로 2개의 실로 구성되어 있으며, 7~9cm 되는 꼬투리로 그 속에 2~4개의 종자를 갖는다. 종자는 각이 지거나 둥글며, 4mm 정도 크기로 흑색 또는 연하거나 진한 암갈색이다. 종피는 매끄럽거나 아주 작은 잔털이 나 있다. 천립중은 50~60g이다. 2년이 지나면 발아력을 상실하는 단명 종자이다. 생육적온이 25~32°C로 비교적 높아서 열대지방의 저지대에서 잘 자라며, 해발 700m 이상에서는 재배가 어렵다. 따라서 위도가 높은 홍콩, 태국과 베트남의 북부에서는 1년생으로 재배되는데, 23°C 이하의 기온에서는 상업적인 생산이 불가능하기 때문이다. 공심채는 유기질이 많은 토양을 선호하며, 토양 산도는 5.3~6.0에서 잘 자란다.

(3) 품종

대만의 아시아 채소연구소에는 50여 종 야생종이 수집되어 있을 정도로 다양한 유전자원이 동남아에 있다. 품종은 재배하는 나라에 따라 다양하다. 그러나 일반적으로 잎이 좁은 품종과 넓은 품종, 그리고 꽃이나 줄기의 색이 적색, 녹색 등에 따라서 구분한다. 근래 태국에서는 줄기가 황색인 것을 개발하기도 했다. 국내의 보급품종은 잎이 비교적 좁은 품종이 주를 이루고 있지만, 앞으로는 잎이 넓은 대만 품종을 수입하여 재배하는 농가가 늘어날 것으로 예상된다.

동남아에서는 줄기의 색에 따라 구분하는 방법을 사용하는데, 특징은 다음과 같다.

① 붉은 공심채(red kangkong): 적색 줄기에 잎자루도 때때로 붉다. 꽃은 붉거나 약간 희다. 주로 야생종이 많고 개화하여도 종자를 잘 맺지 못해 영양번식을 주로 하며, 남동아시아지역(인도네시아, 말레시아, 태국)에서 발견된다. 야생에서

수집하여 이용하며 가축 사료로도 사용한다.

② 백화 공심채(white flowering kangkong): 녹색(ching quat) 또는 백색(pak quat) 줄기를 가지며, 녹색 잎은 잎자루도 녹색과 백색이다. 흰 꽃이 피고 채종이 된다. 필리핀과 대만에서는 잎이 넓은 품종과 대나무 잎처럼 좁은 품종이 재배된다.

(4) 재배

작형: 작형은 여름재배와 주년재배가 있다. 주년재배는 열대지방과 수경재배법에서 이루어진다.

재배: 여름재배는 밭재배, 논재배, 부유재배(浮游栽培)로, 그리고 주년재배는 시설 내의 수경재배로 나누어서 설명한다.

① 밭재배: 주로 한국, 말레시아, 싱가폴, 태국 등지에서 적용하는 방법으로 육묘를 하여 식재하는 방법과 밭에 줄뿌림(조파)하거나 흩어뿌림(산파)을 해서 육묘단계 없이 기르는 방법으로 구분한다.
육묘 방법은 종자를 12~24시간 물에 침종처리를 한 다음에 상토를 채운 72공 플러그 트레이에 파종하여 육묘 후에 정식을 하는 방법이다. 발아 적온은 30°C이며, 10일이면 완전 발아가 이루어진다. 떡잎은 쌍떡잎인데, 모양은 말의 발바닥에 박는 편자(u자형)와 같이 생겼다. 봄철 온실에서 한 달간 육묘하여 키가 10cm 이상이 자라고 잎이 서너 장 나오면 15×20 또는 20×20cm로 심는다. 줄뿌림은 1.2m 이랑에 30cm 간격으로 4줄 정도 일정한 간격으로 종자를 파종하여 가꾸는 방식이다. 밑거름은 퇴비 3톤, 질소 10kg, 인산 3kg, 칼리 4kg/10a로 파종 2주 전에 시비한다. 덧거름은 수확 후에 복합비료를 질소 수준으로 3~4kg/10a 시비하며 식물의 상태에 따라 가감한다.
농가에 따라서는 생장점이 있는 줄기를 20~30cm 잘라서 고구마처럼 반쯤 땅속에 직접 삽목하여 재배하기도 한다. 삽수 길이를 10, 20, 30cm로 잘라서 심은 경우 20cm와 30cm 삽수는 동일하게 발근이 좋지만, 10cm는 가장 좋지 않았다(박 등 1993).

② 논재배: 동남아(중국, 홍콩, 타이완)에서는 퇴비와 밑거름을 논에 뿌리고 써레질을 한 다음, 물을 빼고 30cm(7~8마디 잎 부착) 길이 삽수를 5cm 깊이로 10a당 2만 주(1m^2 20주)에서 최대 15만 주(1m^2 150주)를 미나리 심듯이 심고 재배하는 방식이다. 타이완에서는 매번 수확 후에 5kg 황산암모니아(유안)을 준다. 태국에서는 퇴비를 준 후 수확이 진행되면 한 달에 두 번 정도 복합비료를 30k/10a 수준으로 시비한다. 태국은 비교적 많은 비료를 논에 뿌려주는 셈이다. 인도네시아에서는 수확 후에 요소를 매번 15~30kg/10a 수준으로 논에 뿌려준다. 이는 재배지역의 비옥도에 따라 덧거름 시비량이 차이가 있음을 시사해 준다.

③ 부유재배법: 태국, 중국, 타이완에서 강이나 연못에서 기르는 방법이다. 양어장을 사용하기도 한다. 공심채 줄기를 잘라 물 위에 뿌림으로써 식물체의 뿌리를 땅에 밀착시키지 않고 물에 떠있는 상태에서 재배하는 방법이다. 대나무로 적당한 크기의 사각형 베드를 만들어서 띄운 후 그 속에서 자라게 하고, 수확할 때는 가장자리로 가져와서 자란 줄기를 수확한다.

④ 수경재배법: 공심채는 수경재배가 잘되는 채소이다. 원예시험장 표준양액이나 야마자끼 상추액의 절반 정도의 농도에서도 매우 잘 자라므로 다양한 배지나 순수수경법을 이용한 청정 생산은 앞으로 기대가 되는 재배법이다. 수경재배시험(박 등, 1993)에서 야마자키 상추액의 절반 농도나 표준액에서 보다 2배액에서 생육이 좋았다. 이는 공심채가 흡비력이 높아 양액의 농도가 높아도 잘 자란다는 것을 의미한다.

병충해: 공심채에는 줄기썩음병(*Fusarium oxysporum*)과 검은썩음병(*Ceratocystis fimbriata*)이 나타날 수가 있으므로, 고구마를 재배하지 않은 깨끗한 땅을 사용하고 3년 또는 4년마다 작물의 윤작이 필요하다. 그리고 삽목할 때는 반드시 잎에 병반이 없는 건전한 줄기를 골라서 실시한다. 영양번식에서는 바이러스의 전파가 우려되므로 반드시 건전한 모본을 골라서 삽수를 취하여 번식한다. 가장 해로운 해충은 잎벌레, 진딧물 등이며 철저한 초기 방제가 필요하다.

수확: 논재배에서는 심은 후에 30~40일 되면 다음의 줄기 신장을 위해 지표면의 줄기로부터 10cm 상부를 잘라서 수확한다. 싹의 세력에 따라 다르나 8~10마디 정도되어야 상품성이 있다. 연간 수확은 3~4회 정도한다. 밭재배는 파종이나 정식 후에 50~60일 정도 지나 수확하여 일정한 크기로 단을 만들어서 유통한다.

저장: 공심채는 고구마 순처럼 잎줄기를 절단해서 상온 저장하는 경우 하루가 지나면 잎이 시든다. 따라서 상점에서는 잎에 물을 뿌려가며 판매하며 비닐이 없는 열대에서는 바나나에 잎으로 공심채 다발을 싸서 판매한다. 비닐이나 랩에 싸서 냉장고에 저장하면 2~3일 정도 가능하지만 오래 보관하면 잎이 냉해를 입는다. 적당한 저장온도는 10~12°C이다.

(5) 이용 및 기능성

이용: 공심채는 약간의 점질성을 가지며 시금치처럼 나물을 만들면 맛이 좋다. 특히 여름철처럼 평지에서 시금치를 생산하기 어려운 시기에 시금치 대용으로 비빔밥 등에 사용할 수가 있는 채소이다. 줄기는 분리하여 익혀 먹거나 일반 샐러드처럼 만들어 먹기도 한다. 열대에서는 카레, 수프, 샐러드에 넣어서 이용한다.

건강기능성: 공심채는 엽산(folic acid)과 페놀류, 플라보노이드가 아주 많고 특히 철분과 칼슘 함량이 높다. 줄기를 자르면 흰색의 진액이 나오는데 이는 야라핀

(jalapin)이라는 성분이다.

공심채에는 비타민, 플라보노이드, 알카로이드, 스테로이드, 사포닌, 탄닌, 베타-카로틴, 그리코사이드 등의 다양한 기능성 항산화 물질을 함유하고 있어서 면역력 증대, 눈 건강증진, 항암작용, 이뇨효과 등이 있다. 잎에 많이 함유된 비타민 U는 위궤양과 장내 여러 병을 치료해 준다(Malakar and Choudhury, 2015). 그 이외 공심채는 당뇨, 신경통증 완화, 백선치료, 빈혈예방 완화 등의 효과를 가지고 있다.

민간요법에 적용을 보면 인도에서는 황달과 신경쇠약, 탄자니아에서는 간장병, 당뇨, 변비, 심신 안정 등에 사용한다. 소말리아에서는 장(腸)에 문제가 있을 때 이용한다. 중국에서는 코피, 변비, 혈변 등의 예방에 사용한다. 인도네시아에서는 불면, 간 질병 치료에 사용한다.

3.2 날개콩

학명: *Psophocarpus tetragonolobus*
(영): winged bean **(독):** Flügelbohne, Goabohne **(불):** Pois carre, haricot aile

(1) 원산지 및 재배 내력

동아프라카, 인도 북동쪽, 파푸아 뉴기니아가 원산지로 추측된다. 날개콩 명칭이 파푸아 뉴기니아에서는 27개 존재하고 있으며, 필리핀과 인도네시아에서는 각각 13개가 있을 정도로 동남아에서는 오래전부터 재배하여 왔다. 최근 원예적으로 잘 알려지기 전부터 아프리카와 동남아 열대지방의 밭에서는 이미 재배되었다. 근래와서 아시아, 아프리카, 라틴아메리카에 걸쳐서 재배되고 있으며, 유럽과 온대지방 국가에 전파되어 주로 정원에서 많이 재배되고 있다. 국내의 수입 역사는 기록이 남아 있지 않으며, 2000년대부터 외국인들의 거주가 늘어나면서 재배되기 시작했다.

학명인 *Psophocarpus*는 그리스어 psophas(음향)와 라틴어 karpos(과실)이 합해진 것인데, 과실이 집단으로 있는 곳에 햇빛이 비치면 파열음을 낸다는 데서 유래하였으며, *tetragonolobus*는 사각형의 꼬투리를 의미한다.

(2) 식물적 특성

콩과식물로 열대에서는 영년생이지만 국내에서는 일년생으로 재배된다. 재배 적온은 주간 27°C, 야간 18°C로 고온성 작물이다. 식물은 덩굴성으로 2~4m 정도 자라며 잎은 세 갈래로 갈라져서 둥근데, 폭은 4~12cm, 길이는 8~15cm이다. 단일성 식물로 12시간 이하의 일장에서 꽃눈이 분화되며, 품종, 광의 강도, 온도조건에 따라 다르다. 꽃은 2.5~4cm로 2~10개가 꽃대 위에 피며, 색은 연노랑, 파랑, 빨강색이며, 꽃대 길이는 5~15cm이다. 꽃과 열매는 식용하며 단백질이 10~15% 들어있다. 열매는 길이 6~40cm, 폭 2.5~3.5cm이며, 모양이 4각이면서 각의 끝이 울퉁불퉁하게 자라 마치 날개처럼 생겼기에 날개콩이라고 한다. 날개는 0.3~1cm 정도 길이이다. 꼬투리의 색은 녹황색, 녹색, 드물게 연노랑색이나 보라색을 나타내기도 한다(그림 3.2, 좌). 꼬투리 속에는 약 0.6~1cm 되는 콩이 5~21개 들어있다. 뿌리는 표토에 가깝게 얕고 넓게 뻗는데, 굵어져서 덩이뿌리가 되며 가느다란 고구마처럼 생겼다. 국내에서는 충분히 자라지 못해 직경 2cm, 길이 5~6cm 되는 것이 서너 개 달리지만, 미얀마 같은 지역에서는 직경 2.5~5cm, 길이 7.5~12cm까지 자라며 뿌리에는 약 20% 단백질이 함유되어 있다. 뿌리는 3개월째부터 자라기 시작해서 파종 후 6개월까지 계속 자란다. 이때 줄기를 자르고 꽃을 제거하면 뿌리는 더 커지며 7~8개월 되어서 줄기가 노화하면 뿌리를 수확한다.

종자는 파종 후에 5~7일이 지나서 발아하며 적온은 25°C이다. 파종 후에 대략 2.5개월이 지나면 개화하기 시작하는데 5개월이 되어 개화하는 것도 있다. 개화 후에 약 20일이 되면 꼬투리가 완전히 자라며 65일이 되면 익게 된다.

날개콩은 땅을 피복하는 지피식물(地被植物)로 사용할 수가 있으며, 동남아 등에서는 꼬투리만 수확해서 이용하고, 나머지는 그대로 갈아엎어서 좋은 질소 공급원으로 사용한다. 바나나 밭에 심으면 지피식물이 되어서 잡초의 발생을 막아 주고, 바나나 생산이 저조할 때는 부수입원으로 이용하며, 질소비료 공급원으로도 사용하는 등 1석 3조의 채소로 동남아에서는 중요한 식물이다.

그림 3.2 날개콩과 비대한 뿌리(출처: Wikipedia)

(3) 품종

날개콩은 태국 이외 지역에서는 대단위 재배가 이루어지지 않고 소규모로 재배되고 있으며, 국가별로 지역종만 있을 뿐 특별한 품종은 없다. 다만 열매의 색에 따라 녹색종과 자색종으로 나누기도 한다. 동남아 국가들은 꼬투리를 중심으로 육종하는 경우에, 조기에 개화하고, 단백질과 오일 함량이 높으며, 부드럽고 흰 콩알이 달리면서 수량이 많고, 내병성인 것을 육성한다. 뿌리 중심 육종 목표는 꼬투리 수량은 적지만 덩이뿌리(그림 3.2 우) 수량이 많고, 단백질은 많으면서 섬유소는 낮고 향기가 좋은 품종이다. 근래 중국이 육종의 선두에 있다.

시중에 판매되는 품종은 날개콩으로 대부분 기재되어 있다. 일부 회사에서는 'Brown Seeded'(암갈색 종자), 'Golden Yellow Seed'(황금색 종자)로 종자 색을 구분하여 판매하기도 한다. 스리랑카에서는 'Chimbu', 'H-F-10', 브라질에서는 'UPS-31', 'UPS-122' 종이 학술연구에서는 보고되지만 시중에서는 찾을 수가 없다.

(4) 재배 관리

작형: 국내에서는 노지 및 시설재배가 주로 이루어진다.

재배: 서리 위험이 없는 4월 말~5월 초에 종자를 2일간 물에 담가서 약간 부풀린 후에 줄 간격 90~100cm, 주간 거리 45~60cm로 파종한다. 부풀어지지 않은 딱딱한 종자는 씨눈의 반대쪽을 샌드 페퍼(사포)로 껍질을 약간 문지르고 물에 하루 가량 담근 후에 뿌리면 발아율이 90% 정도된다. 씨가 불투수성이므로 침수처리를 않고 뿌리면 50~60% 정도 발아된다. 싹이 나서 자라면 오이망을 이용하여 지주를 세워 주는데, 높이는 약 2m 정도가 알맞다. 파종 후 60~80일이 되면 열매를 수확한다. 채소용은 성숙하지 않은 어린 꼬투리(길이 15~20cm, 폭 2~2.5cm)를 채취한다. 꼬투리는 매주 수확하며 수확량은 약 0.5~2t/10a 정도이다. 뿌리를 생산할 목적이면 왕성한 줄기를 전정하고 꽃을 제거해 준다.

배수가 잘되는 사양토에서 잘 자라며 흡비력이 높은 작물이므로 유기질 비료를 1~2톤, 질소 : 인산 : 칼리를 10 : 20 : 10kg/10a 수준으로 인산을 좋아하므로 많이 시비한다. 그리고 꼬투리 수확을 하는 21일마다 식물의 상태를 보아가면서 복합비료를 덧거름으로 준다.

콩의 녹병, 반점병, 흰가루병이 발생하므로 적기에 농약을 살포한다. 일부 지역에서는 뿌리에 붙는 선충이 있으므로 주의한다. 진딧물은 초기에 방제한다.

수확: 채소용은 수정 후에 2주가 지나서 판매를 목적으로 할 때는 15~20cm 되는 꼬투리를 수확한다. 그러나 가정에서는 3~5cm 되는 어린 꼬투리 상태로 수확하는 것이 부드럽고 먹기에 좋다. 국내에서는 보통 뿌리를 잘 이용하지 않지만 열대에서는 재식 후 6~7개월 가량 되어 재배가 끝나면 뿌리를 수확한다. 국내에서는 서리가 오기 직전인 10월 말~11월에 작은 소시지 크기의 뿌리를 주당 서너 개 정도로 수확한다. 늦게 심으면 뿌리 수확이 불가하다. 열대지방에서는 뿌리를 첫해에는 주당 80~230g, 둘째 해에는 주당 370~390g을 수확한다.

저장: 꼬투리는 24시간 안에 판매하거나 요리한다. 상온에서 3일이 지나면 신선

도가 떨어지므로 비닐에 포장해서 냉장고에 저장하면 1주일은 보관이 가능하다. 랩으로 포장해서 10°C에서 공중습도를 90%로 하면 최대 4주까지 저장할 수 있다. 덩이뿌리는 상온에서 수일 유통시킬 수가 있으나, 수확한 후에 바로 판매하거나 식용한다. 10~12°C에서 2개월 정도 저장이 가능하다.

(5) 이용 및 기능성

이용: 날개콩은 잎, 꽃, 꼬투리, 뿌리를 모두 이용할 수가 있는 채소이다. 어린잎은 채취해서 시금치처럼 잎채소로 이용할 수가 있으며, 꽃은 꽃 채소로 샐러드에 첨가해서 먹는다. 꼬투리는 어느 정도 자라면 연한 것을 매일 수확해서 꼬투리용 강낭콩처럼 익혀서 먹는데, 주당 60~80개 정도 수확한다. 뿌리는 길쭉한 작은 고구마 같은 모양이며 생으로 또는 감자처럼 요리해서 먹기도 한다. 미얀마에서는 작은 소시지 크기의 뿌리를 익혀서 고구마처럼 간식으로 먹는다. 꼬투리는 익으면 갈라져서 종자가 분산되므로 꼬투리 색이 변하면 적당한 시기에 꼬투리가 눅눅한 아침 일찍이 채취하여 말린 후 콩처럼 요리해서 먹거나 가루로 만들어서 먹으며, 나머지는 종자용으로 저장한다. 콩알을 먹을 때는 반드시 2~3시간 푹 익혀야 하는데, 이는 단백질을 장내에서 분해하는 트립신(trypsin) 활동을 억제하는 물질이 콩에 존재하기 때문이다. 콩을 볶아서 커피 대용으로 사용하기도 한다.

기능성 물질: 조단백질이 미성숙 꼬투리에는 1.9~4.3%, 잎에는 5.0~7.6%, 뿌리에는 3.0~20.0%, 익은 콩에는 30~42% 들어있어 단백질 공급원으로 중요하다. 날개콩의 칼슘, 인 함량은 콩보다 높다. 특히 철분은 어린 꼬투리, 잎, 뿌리에 일반 엽채류에 비하여 적게는 10배 많게는 70배까지 높다. 추출한 오일에 함유된 토코페놀은 항산화제로서 인간 체내 비타민 A의 활성을 증진한다. 항종양 효과가 인정되는 렉틴(lectin)은 의학적 진단제로 상업적으로 사용된다. 종자에는 트립신과 아밀라아제 억제제, 시아노게닉 글리코시드 등 건강 유해물질이 있지만 2~3시간 익히면 완전히 없어진다. 날개콩에 높은 엽산은 임산부의 태아 신경관 결함을 방지해 정상 분만을 유도한다. 종자에서 추출한 기름은 콜레스테롤 저하에 효과가 큰 것으로 알려져 있다.

날개콩은 각종 무기염류를 많이 함유하는데, 높은 망간 함량은 염증을 완화하고 구리 성분은 피부 노화를 억제한다. 철분은 빈혈증과 임신부의 건강증진에 좋고, 아연과 비타민 C(잎에 45mg 함유) 등은 감기 예방에 효과가 있다. 높은 마그네슘은 천식 치료, 비타민 B1은 시력보호에 좋다. 날개콩 종자 속의 일부 성분은 항암, 좌창, 습진에 효과가 있어 보건적 효능이 높은 채소로 텃밭에서 길러 먹으면 좋은 채소이다.

3.3 뉴질랜드 시금치

학명: *Tetragonia expansa*
(영): New Zealand spinach **(독):** Neuseeländer Spinat **(불):** tetragone

(1) 원산지 및 재배 내력

원산지는 뉴질랜드, 호주, 기타 아시아의 섬, 일본, 남아메리카까지 광범위하다. 1770년 Sir Joseph Banks가 Cook 선장과 같이 뉴질랜드에서 발견하여 1772년 영국의 Kew Garden에 가져다 준 것이 유럽 전파의 효시이다. 그러나 영국에서는 지난 2세기 동안 재배되지 않았고 여러 경로를 통해 유럽과 그 외 지역으로 전파되었다. 국내에도 제주도 등 남해안에 자생하는데, 종자가 해류를 따라 이동되었으리라 추측된다. 동남아 열대 아시아, 서인도 등에서도 재배되며 국내의 농가에서의 생산은 공식적인 기록이 없으나 2010년대부터 취미가들이 재배하기 시작했다.

학명인 *Tetragonia*는 그리스어 tetra(4)와 goinia(각)을 합친 것으로 종자가 4각인 형태를 말하며, *expansa*는 신장(伸長)이라는 의미로 왕성하게 자라는 것을 말한다.

(2) 식물적인 특징

뉴질랜드 시금치는 아열대 지역에서는 영년생이나 온대지역에서는 1년생 식물로 1~1.25m까지 퍼지는데, 키는 30~40cm 정도된다. 잎은 어긋나기로 짙은 녹색이며, 삼각형이고 다육엽으로 길이는 10cm, 폭은 7.5cm 가량 된다(그림 3.3). 줄기는 다소 각이진 연초록이며 꽃은 작고 녹황색이다. 꼬투리는 단단하고 3~5각형으로 길이는 8~11mm인데, 여기에 종자가 4~10개 들어있다. 그래서 100립 종자를 뿌리면 최소

그림 3.3 뉴질랜드 시금치

한 150개의 식물을 생산할 수가 있고 좋은 씨는 250개의 식물이 발아한다. 발아 기간은 5~20일 걸린다. 그러나 봄에 노지에 파종하면 최대 45~60일 되어서야 발아하는 종자도 있다. 발아 최저온도는 8~12°C이며 25°C에서 잘 발아한다. 발아율은 낮은 경우에는 17%이며, 보통 50~70%이다. 종자의 천립중은 50~82g이고, 1g의 종자 수는 10~16개이며, 5년간 발아력을 갖는 장명종자(長命種子)이다.

(3) 품종

뉴질랜드 시금치는 방임 채종을 하여 종자를 받는다. 필요량이 많지 않아 전 세계적으로 품종이 따로 없으며 뉴질랜드 시금치로 판매한다. 미국, 독일, 일본, 한국에서도 한 종류만 보급되고 있다. 다만 종자 안내서에는 파종 후 50일 또는 60일로 수확기가 달리 표시되어 있다.

(4) 재배 관리

작형: 따로 구분이 없으며, 노지재배와 시설재배로 구분한다. 노지는 봄에 씨를 뿌려 서리 오기 전까지 수확하는 작형이다. 남해안과 제주도에서는 비닐이나 부직포로 겨울철에 보온하면 월동하여 주년 노지재배가 가능하다. 시설재배는 겨울 수막 재배로 5~6°C 이하만 내려가지 않으면 가능하다.

재배: 노지에는 5월에 파종하여 기르며, 시설 내에서는 봄에 파종하여 연중 재배한다. 노지 직파재배는 4월 말에 종자를 물에 24시간 담갔다가 줄 간격 65~75cm, 식물 주간 거리 30~40cm로 2~3알을 파종한다. 10~14일이 지나 싹이 난 후에 1~2주를 남겨 놓고 솎아 준다. 육묘재배의 파종은 마지막 서리가 오는 날을 역산해서 3주 전쯤 온실의 용기에 파종했다가 어린 모종을 5월 초 서리 위험이 없을 때 옮겨 심는다. 토양은 pH 6.8~7.0의 사양토가 좋으며, 석회 100kg/10a를 뿌린다. 퇴비 2톤, 복합비료는 성분량으로 10 : 10 : 10kg/10a 수준으로 밑거름을 준다. 질소 성분을 많이 요구하므로 수확이 진행되면 약 한 달 간격으로 덧거름을 시비한다.

수확: 식물의 길이가 20cm 정도 자라면 아무 때나 수확하지만, 대체로 정식 후 50~70일이 지나서 수확하는 것이 좋고, 100일이 지나면 수확량이 많아진다.

저장: 상온에서 다발을 묶어 놓으면 1~2일을 견딘다. 0~1°C, 95~100% 공중습도를 유지하면 2~3주 동안 저장할 수 있다. 비닐 포장하여 냉장고에 두면 1주일을 저장할 수가 있다. 끓는 물에 2분간 데친 후 비닐에 넣어서 냉동 보관하면 8개월 가량 저장이 가능하다.

(5) 이용 및 건강 기능성

이용: 시금치처럼 잎줄기를 잘른 후 데쳐서 나물로 먹거나 국으로 끓여 먹는다.

일부에서는 생잎을 샐러드로 이용한다. 그 외 각종 요리에 첨가하여 먹는다.

건강 기능성: 잎 줄기에 포함된 포스타티딜-콜린(phosphatidyl-choline)과 포스파티릴-에타놀아민(phosphatidyl-ethanolamine)은 몸의 산성화를 막고, 폐의 건강과 콜레스테롤을 낮춘다. 기타 포스파티딜-세린(phosphatidyl-serine)은 기억력과 집중력을 촉진 시키는데, 치매 환자의 기억력 재생, 학습에 도움을 주는 물질이며, 포스파티딜-이노시톨(phosphatidyl-inositol)은 성장 촉진, 항지방간 효과, 세포 활성화를 가져온다. 그 이외 테트라고닌(tetragonin)은 항균 작용이 있다.

뉴질랜드 시금치는 다른 채소보다 다양한 성분이 많은데 망간은 월경증후군 예방, 무보다 2배나 많은 비타민 C는 감기 예방, Mg는 천식을 치유하고, 풍부한 비타민 E는 머리 손상을 막아주고 윤기 나게 해주는 역할이 있다. 철은 일반 채소의 3배나 들어있어 빈혈에 좋다.

중국 한의학에서는 뉴질랜드 시금치가 악성 종양, 위장질환, 위궤양, 백혈병 등의 예방과 치료에 효과가 있다고 보고하고 있다. 열대지방에서는 위병 치료약으로 사용한다. 최근에는 항암 작용이 있다는 보고도 있는데, 특히 소화기 계통 암과 자궁암에 효과가 있다고 한다.

충분한 섭취는 콜레스테롤을 낮추고 기억력을 향상시키며 치매를 예방해 주므로 한국의 노년층 건강 증진 채소로서 가장 알맞다.

3.4 마카

학명: *Lepidium meyenii* Walp.
(영): Maca (Peruvian Ginseng) **(독):** Maca **(불):** maca

(1) 원산지 및 재배 내력

원산지는 페루의 안데스 산맥이며 스페인어로는 마카-마카(maca-maca) 또는 마이노(maino)라고도 한다. 지금부터 1,300~2,000년 안데스 산중 사람들에 의해 채소와 약초로 재배되었다. 그 후 별로 관심이 없다가 16세기 무렵부터 안데스 산맥의 원주민들은 마카를 재배하기 시작했고, 귀했기 때문에 물물교환할 때 쌀이나 옥수수, 콩 등과 바꾸어 이용하였다. 1843년에 서양인으로는 최초로 독일 뮐하우젠 출신의 식물학자인 빌헬름 게르하르트 발퍼즈(Gerhard Walpers)가 마카를 발견해 학명을 붙였다. 그러나 중요한 작물로 여겨지지 않았기에 1980년대까지 원주민들에 의해서 페루, 볼리비아 안데스 산맥 일부에서만 재배되고 있었다. 그러나 기능성이 알려지면서 90년대 연구가 많이 이루어졌고, 1990년대 말부터 2000년대 초에 이용이 증가가 되어 페루는 2001년 약 140만 불, 2010년 약 620만 불 수출하기에 이르렀다. 유출된 종자는 1990년 후반에 중국에서 중요한 허브로서 발전하였다. 페루는 종자 수출을 금하고 있다. 국내에는 볼리비아, 중국 등지를 통하여 들어온 종자를 이용하여 2010년대 경북 예천, 경남 거창에서 시험재배가 이루어져 재배법이 확립되었고 일부 농가 재배가 이루어져서 2015년 전후에 일반인들에게 알려지게 되었으나 재배면적은 아주 작다.

학명의 *Lepidium*은 라틴어 *lepidion*에서 왔는데, 종자가 둥글고 비늘처럼 붙은 것을 의미한다. *meyenii*는 식물의 형태를 칭한다.

그림 3.4 마카 잎(출처: Wikipedia)과 자란 뿌리(제공: 정진철)

(2) 식물적 특성

마카의 원산지 환경을 보면, 안데스의 3,800~4,400m 고산지로 생장기 기온은 -2~13°C 범위이며, 야간에는 -10°C까지 낮아지고 주간에는 최고 20°C까지 올라갈 정도로 온도 차이가 심한 지역이다. 그래서 서리를 수시로 접하는 지역이며 아울러서 바람이 매우 강하다. 자생지의 기후에 적응한 마카는 내한성이 강한 식물이며, 잎은 녹색이고 강풍에 적응하느라 캐모마일 잎 같이 가늘게 갈라져 있으며, 뿌리는 순무처럼 생겼는데 길이가 10~14cm, 폭은 3~5cm이다(그림 3.4). 우리가 식용하는 부분은 무와 같이 배축으로 수분은 93~76%(건물율: 7.64~23.88%)이다. 안데스에서는 건조하여 저장했다가 식용하는 데 무말랭이처럼 작아진다. 뿌리 색은 안데스 Junin 지역에서 13가지 색상이 발견된다. 즉, 흰색에서부터 흑색까지 다양하다.

개화 특성은 배추과 단일성 식물로 자가수정을 하며 2년생이나 조건이 좋으면 당년에도 개화 결실한다. 꽃색은 회백색으로 식물 중앙에서 올라온 꽃대 끝에 피는데(겨드랑이에서도 나오기도 함), 1차로 꽃대가 20개 정도 오른다. 이 꽃대에서 2차 분지가 13개 정도 발생하며 여기에서 50~70개 꽃이 핀다. 개화 지속 기간은 3개월이다. 1개 가지는 약 1,000개의 종자가 달리며, 익는 데 5주 걸리고 완숙하면 떨어진다.

꽃이 핀 것의 약 85%가 착립되고, 종자는 휴면 기간을 갖지 않으므로 25°C 정도의 온도만 유지해 주면 5~7일 만에 발아한다. 한 개 식물에 약 14g의 종자가 달린다. 1g의 종자의 수는 1,600개이고, 길이는 2mm이며, 종자 색은 황갈색이나 갈색이다. 천립중은 0.6~0.65g이다.

(3) 품종

페루에서 90년대 초반부터 관심을 가지고 재배하였을 정도로 역사가 짧은 만큼 정식 품종으로 등록판매되기 보다는 자연에서 채종하여 판매하는 정도이며, 자가수정이므로 배축의 색에 따라 황백색 품종이 가장 많이 유통된다. 지역에 따라 백색, 적색, 흑색, 자색종 등이 유통되는데 색깔에 따라 기능성 성분의 차이가 인정되어 목적에 따른 품종 선발이 현지에서 이루어져야 한다고 본다.

국내에서는 수입종을 대상으로 지역에 맞은 계통을 선발하여 재배한다. 보기 좋은 모양의 배축을 가진 모주를 따로 선발하여 채종한다. 자가수정 작물이므로 채종에는 문제가 없다.

(4) 재배 관리

작형: 시설 내의 가을 파종 재배법이 주로 채택되고 있다.

재배: 마카는 원산지에서 밤에는 춥더라도 낮에는 따뜻한 조건에서 자란다. 따라서 국내에서는 시설 내에서 재배해야 하기에 재배시설을 먼저 준비하여야 한다. 지역에 따라 다소 차이가 있으나, 8월 말이나 9월 초중 순에 플러그 트레이에 파종하여 옮겨 심거나 바로 직파한다.

플러그 트레이는 50공, 72공 또는 양파 육묘용 플러그를 이용하며 상토를 담고 관수 후에 2~3개 종자를 파종하며, 온도는 25°C를 목표로 한다. 파종 후 관수를 충분하게 해주면 시설 내에서는 7~10일이 지난 후에 발아가 시작된다. 어린 모는 평균 기온 20°C에서 1개월 정도 육묘해서 하우스 내에 정식을 하는데, 이때 뿌리가 상하지 않게 조심한다. 가운데 직근이 상처 받으면 예쁜 뿌리의 생산이 곤란하다. 활착이 되면 1개만 남기고 솎아 준다.

직파 재배는 검정 비닐로 멀칭을 하고, 30×20cm 또는 20×20cm(양파 멀칭용 사용)로 종자를 한 곳에 3개씩 파종한다. 파종 후 물주기를 잘 하면 20일이 지나 거의 발아하며, 본 잎이 서너 개가 되는 시기에 솎아 주도록 한다. 솎은 어린 식물은 베이비 채소로 식용하면 좋다.

온도 관리는 보통 날씨에는 하우스 측창을 닫지 않고 추운 날만 닫아서 토양이 얼지 않게 한다. 토양이 배축 아래까지 3일 이상 얼어 있으면 냉해를 입는다. 표토만 살짝 얼면 다음 날 온실 내의 높은 낮 기온으로 녹게 되므로 잘 견딜 수 있다. 최근에는 마카 어린 잎만을 생산해서 판매하는 농가가 있다. 잎에는 인간의 생식 능력과 관련된 베타-시토스테롤(β-sitosterol)이 뿌리보다 많이 함유되어 있기 때문이다. 토양의 수분 상태를 봐서 날이 따뜻해지면 물주기를 하는데, 봄에 접어드는 시기에는 온도 관리를 잘 해 주워야 한다.

페루에서는 자연 상태에서 무비료 재배를 한다. 그래서 마카를 한 번 재배한 지역에서는 7년 윤작을 해야 할 정도로 많은 양분을 흡수한다. 국내에서는 시설채소를 전작으로 재배한 곳에서는 시비를 하지 않으며, 산성 토양(pH 5 이하)을 좋아하므로 석회도 뿌릴 필요가 없이 재배한다. 그러나 소비자의 기호에 맞춰서 유기재배를 하려면 10a에 퇴비를 2톤을 뿌리고 재배하여야 한다. 항암 물질로 인정되는 글루코시노레이트(glucosinolate) 함량을 증가시키려면 황이 포함된 유안을 5~10kg/10a 수준으로 밑거름을 준다. 그러면 황을 포함한 글루코시노레이트 합성이 증대되어 기능성이 향상되고 매운맛도 증대된다.

수확: 5월에 배축 부분이 자란 뿌리는 수확이 가능하다. 수확 후에 씻어서 일정한 크기로 분류해서 출하하거나 판매한다.

저장: 잎은 다른 잎채소처럼 상온에서 오래 저장하지 못한다. 잎은 비닐에 포장하면 상온에서 수 일간 저장 가능하다. 뿌리는 상온에서 1주일을 둬도 무게가 다소 줄어들 뿐이므로 판매에는 지장이 없다. 비닐 포장하여 냉장 저장하면 3~4주간 저장 판매가 가능하다. 수확 후에 마카를 잘라서 30°C에서 건조시키면 생물적인 활동을 하는 마카미드(macamide) 함량이 20, 40, 60°C로 건조한 것보다 높이 나타나며, 가루를 4°C에 180일 저장하면 함량이 더욱 증가한다. 따라서 가루를 만들어서 저장하였다가 이용하거나 판매하는 것이 좋다.

(5) 이용 및 보건적 효능

이용: 마카는 뿌리를 샐러드 또는 생체로 수프 재료로 이용한다. 건조하여 분말 상태로 빵을 만들기도 하며, 다른 곡류와 혼합해서 요리나 디저트를 만들기도 한다. 마른 뿌리는 볶아서 커피 대용으로 사용한다. 어린잎은 다른 채소와 곁들여서 샐러드로 이용한다.

보건적 효능: 기능성 성분으로는 마카인(macaene), 마카미드(macamides), 3종류의 글루코시노레이트(glucosinolates)를 함유하며 항암 작용이 있다. 이 성분을 많이 섭취하면 통풍환자에게는 좋지 않지만, 페루산 마카에는 10g 분말에 52ug 요오드가 함유되어 완충 작용을 해주므로 문제가 되지 않는다. 뿌리의 글루코시노레이트 함량이 잎보다 높고, 어두운 납색 뿌리가 분홍이나 황색 뿌리 종보다 함량이 높으므로 기능성을 고려할 때는 뿌리 색이 어두운 것을 재배해야 한다(Clements et al, 2010). 성적 기능에 미치는 영향은 마카인과 마카미드의 역할에 의한 것으로 추측되나 보다 많은 시험이 필요하다. 동물실험에서 정자 수와 활력은 검정색 뿌리가 촉진적이었지만, 붉은색 뿌리는 효과가 없었다(Gonzales, 2012). 성욕 촉진은 함유된 메톡시벤질

이소티오시아네이트(p-methoxybenzyl isothiocyanate) 때문이며, 생식 능력과 관련된 베타-시스토스테롤(β-sitosterol)은 잎이 뿌리보다 높기에 잎의 식용도 바람직하며 가축의 사료로 사용해도 효과가 있다. 그 이외 (1R, 3S)-1-methyltetrahydro-carboline-3-carboxylic acid가 함유되어 있는데, 중앙 신경계를 안정시키는 데 관여하는 물질로 알려져 있다.

지금까지 동물실험을 통하여 입증된 결과를 바탕으로 마카는 피로 회복, 피부 보호, 변비 예방, 호르몬 개선, 면역력 강화, 자연 강장, 특히 여성의 폐경기 이후 건강 증진과 남성의 정력 증강에 좋다. 그러나 보다 많은 임상을 통해서 확실한 근거와 섭취량이 정해져야 한다. 마카는 통상적으로 장기 식용하는 것이 건강 증진에 효과적이다. 마카는 말의 정액 저장과 증식에 아주 좋았다고 하여 동물에 적용하는 연구가 이루어지고 있다(Del Prete 등, 2018).

3.5 말라바시금치

학명: *Basella alba* L.
(영): Malabar spinach, Ceylon spinach **(독):** Malabar Spinat **(불):** Baselle rouge

(1) 원산지 및 재배 내력

원산지는 열대 아시아로 추측되나 인도와 중국 남부에서 야생종이 발견되어 이 지역도 원산지로 여겨지며, 현재는 서인도, 뉴기니, 열대 아프리카, 브라질, 콜롬비아 등 대부분의 열대지방에 분포한다. 국내에는 90년대 수입되어 농가에서 재배된 것으로 추정된다.

학명의 *Basella*는 인도어로 말라바를 칭하는 이름이고, *alba*는 희다는 뜻이다. 동종에서 사용하는 *rubra*는 적색을 의미한다.

(2) 식물적 특성

말라바시금치는 열대 원산 영년생 채소로서 나팔꽃처럼 덩굴성이다. 잎은 어긋나기로 난형이면서 삼각형으로 길이는 5~15cm, 넓이는 2.5~13cm이다. 줄기는 둥글고 색은 녹색 또는 빨간색으로 키는 지주를 세워주면 6~10m까지 자란다(그림 3.5). 꽃은 작고 분홍 또는 흰색이다. 열매는 다즙성이고 직경이 6~8mm이다. 온대 지방에서는 서리를 맞으면 죽는다.

번식은 종자번식이 잘 되지만 영양번식도 된다. 방법은 생장점을 포함한 삽수를 20cm 정도 잘라서 물이나 상토에 꽂아서 삽목 번식을 할 수가 있다.

그림 3.5 말라바시금치 녹색종(제공: 서명훈)과 적색종

(3) 품종

말라바시금치에는 두 종류가 있다. *Basella alba*는 줄기가 녹색이며 대부분 재배종은 여기에 속한다. 같은 속 중에는 이명인 *B. rubra*가 있는데, 줄기가 붉거나 분홍이며 잎은 녹자색이고 꽃은 분홍 빛으로 핀다.

(4) 재배 관리

작형: 열대 원산이므로 노지재배와 온실 내의 주년재배가 있다.

재배: 번식법은 종자 번식과 영양번식법이 있다. 종자를 구입해서 4월 초에 50공 플러그 트레이나 소형 포트의 화분에 파종해서 5월 초중순에 10~12cm 정도 자라면 밭으로 옮겨 심는다. 종자를 밭에 직접 뿌릴 수도 있는데, 지온이 오르고 서리의 위험이 없는 5월 중순쯤에 파종하는 것이 좋다. 묘나 종자를 심는 거리는 1.2m 이랑에 40~50×40~50cm로 하거나 줄 간격 60~70cm에 25~30cm 간격으로 정식해도 된다. 상업적 생산에서 재식밀도는 10a 당 5,000주가 표준이다. 오이처럼 지주를 세워주고 원줄기에서 자라는 측지를 잘라 수확하는 재배방법을 택하는 것이 좋다. 만일 실내와 온실에서 월동한다면 영양번식도 가능한데, 식물을 25cm 길이로 잘라서 화분에 삽목해서 뿌리가 내리면 텃밭에 심는 방식을 취한다. 말라바시금치는 두 종류 모두 유기질과 질소질이 많으며 수분이 풍부한 토양에서 잘 자란다. 텃밭의 토양은 비옥한 사양토가 좋다. 시비는 퇴비를 10a 당 1톤을 살포하고 질소 : 인산 : 칼리를 10 : 8 : 12kg으로 전량 밑거름으로 뿌리고서 비닐 멀칭을 한다. 덧거름은 수차례 수확 후에 식물의 세력이 약하면 질소만 4kg 정도 준다. 온실에서는 연간 지속적인 재배가 가능하며 수확량에 따라 시비를 많이 해야 한다.

수확: 수확은 정식 후에 55~70일 지나면 할 수가 있는데, 줄기를 15~25cm로 잘라서 요리에 사용하거나 다발로 묶어서 출하한다. 꽃이 생기면 제거해 주는 것이 잎줄기 수확을 위해서 좋다. 열대에서 상업적 생산을 하면 수확량은 연간 5,000kg/10a, 종자는 100kg을 얻는다.

저장: 상온에서 하루가 지나면 시든다. 25°C에서 4~6일 지나면 생체중이 50% 감소된다. 랩으로 포장해서 냉장고에 저장하면 최대 1주일 정도 보관이 가능하다.

(5) 이용 및 기능성

이용: 시금치처럼 요리해서 사용하는데, 너무 익히면 물러져 버리고 맛이 없다. 점질물이 들어있어 수프를 만들면 좋다. 국내에서는 쌈채소로도 이용되고, 그 외 볶음, 튀김, 된장 절임 등으로 요리해 먹는다. 적색 줄기 종은 분화로 이용된다.

기능성: 잎줄기는 칼슘 함량이 매우 높고, 비타민, 무기염류의 급원으로 사용된다. 주요 성분으로는 바셀라사포닌(basella saponin), 베타시아닌(betacyanins), 옥살산, 플라보노이드, 아카세틴(acacetin)과 페놀산 화합물(vanilla, syringic acid, ferulic acid)이 들어있다. 과일(종자) 즙은 음식 착색에 사용된다. 붉은 계통에는 항산화 물질(betacyanine, betalain, xanthones)이 많이 들어있다. 이들 중 크산톤(xanthones)은 변통에도 효과가 있고, 그 이외 항염, 항균, 항바이러스 효과가 있다. 잎을 절단하여 나오는 점질은 상처치료에 좋다.

중국에서는 해독과 해열에 쓰인다. 익힌 뿌리는 설사에 효과가 있으며, 잎, 줄기도 지사제 역할을 하며, 각종 독에 해독 작용을 한다. 잎을 갈은 주스는 임산부의 안전한 하제로 이용되고 이뇨 효과를 가져온다. 네팔에서는 잎 주스를 카타르 치료에 사용한다. 잎 파스타는 외부 부스럼이나 종기에 효과 있는 것으로 알려져 있다.

잎 추출물이 남성호르몬 테스토스테론(testosterone)의 생성을 촉진한다는 보고도 있다. 인도의 아유르베다 치료에서는 정력 촉진에 사용하며, 나이지리아에서는 여성의 임신 증진에 사용한다.

3.6 모로헤이야

학명: *Corchorus olitorius*
(영): molokhia **(독):** Jute, Nalta- Jute **(불):** corète potagère, corette

(1) 원산지및 재배 내력

모로헤이야는 파라호 시대부터 식용하여 원산지를 이집트라고 하는데, 일부 학자들은 인도 등 아시아라고 주장하기도 한다. 남아시아, 이집트, 사이프러스에서 채소로 이용한다. 우리나라에는 일본을 거쳐서 1990년대 들여와 재배되고 있다.

모로헤이야(moroheiya, 아랍어: arḍī šawkī)는 아랍 명칭인데, 일본에서 사용하는 명칭이며 국내에서도 수입 재배하면서 통용되고 있다. 과거에는 주트(jute)라고 명명했는데 최근 미국학회에서 주트 말로우(jute mallow)는 섬유를 생산하는 황마(*Corchorus capsularis,* 黃麻)의 이름으로 사용되고, 채소로 이용되는 것은 아랍권에서 사용하는 모로키아(molokhia)로 구분하여 사용한다(Al-Din Helaly 등, 2016). 학명 *Corchorus*는 그리스어 korchoros(별꽃맞이꽃속)에서 왔는데 꽃이 별꽃맞이꽃과 유사함을 뜻하고, *olitorius*는 채소정원으로 식용가능의 의미이다.

(2) 식물적인 특징

*Corchorus*는 쌍떡잎 초본식물로 피나무과(Tillaceae)에 속하고, 전 세계에 약 40~100종이 있으며, 대부분 열대와 아열대에 토착화되어 있다. 우리가 채소로 이용하는 모로헤이야는 0.5~1.2m 정도 자라며, 분지가 생기고, 줄기에 털이 없으며, 잎은 가장자리에 결각이 있는 단엽으로 끝이 뾰쪽한 타원형이며 마주 난다. 단일성 식물이므로 9월 중순 이후에 꽃이 피는데, 노라면서 5장의 꽃잎을 가진다. 꼬투리는 원통형으로 10개의 골이 생기는데, 길이는 약 2.5~7.5cm 정도이고, 이 속에 회황색, 암록색 또는 흑색의 종자가 생긴다. 종자는 보통 250~300개 정도가 꼬투리에 들어 있다. 1g의 종자는 367~400개 정도로 작다. 발아는 24°C에서 4~8일 걸린다.

황마는 둥근 열매가 달리고, 종자는 초코릿 색으로 30~50개가 생긴다.

그림 3.6 모로헤이야 녹경종와 적경종(출처: Wikipedia)

(3) 품종

열대지방에서는 귀화된 식물에서 종자를 채취해서 재배한다. 따라서 지역 종 이외에 선택의 여지가 없는데, 인터넷에서는 두 가지 종을 판매하고 있다. 물론 품종명은 없으며 줄기가 녹경종(綠莖種)과 적경종(赤莖種)으로 생산지만 카리비안산, 헝가리산으로 구분된다(그림 3.6). 국내에서는 줄기가 녹경종인 품종을 주로 재배한다.

(4) 재배관리

작형: 시설 내의 주년재배와 여름재배가 있다.

재배: 주년재배는 상업적인 생산을 목표로 하는 시설재배이며, 여름재배는 노지

직파로 가정원예나 소규모 생산을 목적으로 한다.

주년재배의 육묘는 시중에서 구입한 종자를 20°C 정도의 미지근한 물에 24시간 침종한 후에 말린 다음 준비한 플러그 트레이(105공)에 상토를 넣고 2~3알씩 파종한다. 파종 시기는 4월 중순 이전에 파종하면 조기 개화가 이루어지므로 4월 중순에 파종하는 것이 좋다. 육묘는 온도를 20~30°C를 유지하는 것이 발아율을 95% 이상 끌어 올릴 수가 있다. 약 20~25일 정도 육묘하면 잎이 5~6매가 된다. 그러면 이랑 폭 70cm, 고랑 폭 50cm로 만들고 검정 비닐로 멀칭을 한 후에 주간 거리 40cm로 외줄로 정식을 한다. 초장이 1m 정도 자라면 적심과 함께 첫 수확을 하고 다시 새순이 15~20cm 자라면 7일 간격으로 14~18회 수확을 한다. 적심 위치를 70cm로 낮추거나 130cm로 높게 하면 수량이 적다(Uhm 등, 2015). 시설 내에서 재배하는 녹경종 모로헤이야는 잘 넘어지기 때문에 1m 높이로 식물 좌우에 고추용 철 지주를 세운 후에 국화 망(15×15cm)을 설치하면 관리하기가 편하다. 전주 지역에서는 4월 중순 이후의 파종이 3월이나 4월 초 파종보다 수량이 많았다고 한다. 채종을 하는 것은 트레이 한 개 정도를 3월 초중 순에 파종해서 하우스 한쪽에서 재배하면 5~6월에 개화하여 종자를 첫해에 받을 수가 있지만, 4월 중에 파종하면 9월 초중순에 개화하므로 꼬투리 익는 시간이 부족해서 채종이 다소 어렵다.

노지재배는 4월 중순에 멀칭한 이랑에 40cm 간격으로 구멍을 뚫고 4~5개 종자를 직파하여 본 잎이 4~5매 나면 2~3개만 남기고 솎아서 재배한다.

시비는 밑거름으로 퇴비를 2톤 정도 뿌리고, 복합비료는 질소성분을 기준으로 10kg 정도 뿌린 후에 재배한다. 잎 수확 후에 덧거름으로 3~4회 요소나 질산칼리를 5kg/10a로 준다.

수확: 적당한 크기가 되면 20~30cm 길이로 절단하여 묶어서 출하한다.

저장: 상온에서는 2일, 비닐포장하면 4일 저장이 가능하다. 데쳐서 냉동하면 수개월 저장한다.

(5) 이용 및 기능성

이용: 잎을 수확하여 시금치처럼 익혀서 나물로 먹거나 마늘, 양파, 후추 등을 넣고 수프로 요리해 먹어도 좋다. 다만 약간 미끈거리는 느낌이 있어서 싫어하는 사람도 있다. 파종 시기에 따라 6~7월 또는 9월 중순에 꽃봉오리가 생기기 시작하면 잎에 기능성 물질 함량이 최고에 달하므로 잎을 따서 그늘에 말려 차로 마셔도 좋다.

기능성: 소금을 치지 않고 익힌 잎 한 컵(87g)에는 94μg의 비타민 K, 0.496mg의 비타민 B6(pyridoxine, 하루 필요량의 38.15%), 225μg의 비타민 A, 28.7mg의 비타민 C, 2.73mg의 철, 0.222mg의 구리가 들어있다. 그 이외 많은 필수아미노산이 들어 있다(Health benefits times-part 72). 비타민 K는 항생제나 아스피린 복용에 따른 내부 출혈을 막아주고, 비타민 A는 눈을 보호하며, 철분은 빈혈과 근육경련을 예방해 준다.

비타민 B6는 신경 전달 물질, 히스타민, 헤모글로빈 합성에 관여한다. 비타민 C는 감기와 독감 예방에 효과적이다. 잎에는 무실레이지(mucilage)라 불리는 점질성 다당류가 풍부하게 함유되어 있어 장운동을 촉진해 주므로 변비 개선에 효과적이다.

인도에서 유행하는 아유르베다 치료에서는 복수(腹水) 치료, 고통 경감, 치핵 치료, 종양 치료에 이용한다. 기타 민간요법에서는 통증, 이질, 장염, 발열, 가슴 통증, 종양의 치료에 사용된다. 채소로서 지속적인 장기간 섭취가 건강을 개선한다.

3.7 모링가

학명: *Moringa oleifera* Lamk
(영): horse-radish tree **(독):** Meerrettichbaum **(불)** acacia blanc, moringa aile

(1) 원산지및 재배 내력

모링가의 원산지는 북인도와 파키스탄으로 알려져 있으며, 이곳으로부터 오래 전에 동남아시아로 전파되었고, 현재는 전 세계 열대지역에서 재배되고 있다. 일부 열대지역에서는 토착작물화되기도 했다. murungai는 Tamil어로 "twisted pod(비비꼬인 꼬투리)"를 의미하는데, 여기서부터 모링가(moringa)의 이름이 유래했다. 뿌리가 매운맛 성분인 이소티오시안네이트(isothyocyanate)를 함유하여 호스레디시 트리(horseradish tree)라는 영명이 붙었으며, 또한 꼬투리가 젓가락 같이 길어 드럼을 치는 막대기 같다 하여 드럼스틱 트리(drumstick tree)라고도 부른다. 국내에는 2010년대부터 관심이 있는 농가와 연구기관이 수입하여 재배하고 있다.

학명의 *Moringa*는 인도지역에서 부르는 morunga에서 왔으며, *oleifera*는 기름을 뜻하는데, 종자에서 추출되는 기름 때문에 붙여진 이름이다.

그림 3.7 모링가 잎과 뿌리(제공: 평택 다믈농장)

(2) 식물적 특성

모링가 속의 유일한 식물로 반낙엽성의 상록수다. 키는 3~10m이나 큰 것은 18m까지 자라고 줄기 굵기는 10~30cm이다. 줄기 껍질은 녹회색으로 상처가 나면 우유 같은 즙액(gum) 이 나온다. 가지는 분지하여 잎이 3회 우상(羽狀)으로 달리는데, 아주 작은(0.6~3×0.3~2cm) 장타원형의 녹색잎이 많이 달린다. 꽃은 재식 후에 6개월째에 피는데, 우리나라와 같이 온난한 지역에서는 1년에 한 번 피지만 열대에서는 2번 또는 연중 개화한다. 꽃은 향기롭고 5개의 황백색 꽃잎으로 둘러 싸여 있는데, 열대에서는 밀원식물로 사용된다. 꽃은 길이가 1.0~1.5cm, 폭은 2.0cm 크기이며, 여러 개가 10~25cm의 원추화서(圓錐花序)에 착생한다. 수정되면 표면에 엽맥과 같은 선이 길게 나타나는 드럼스틱(drumstick) 같은 둥근 녹색 꼬투리가 생기는데, 굵기는 1.2~2.5cm, 길이는 25~40cm(최대 90cm)까지 자란다. 꼬투리는 익으면 갈변하고 흰색 종이 같은 3개의 날개를 부착한 둥근 종자(1~1.4cm)가 달리는데, 꼬투리가 열리면서 민들레 종자처럼 날라간다. 뿌리는 달리아와 같은 덩이뿌리를 형성하고 매운맛이 강한데, 뿌리껍질은 독성(알카로이드 함유)이 있으므로 반드시 벗겨야 하며, 갈거나 말려서 향신료로 이용한다(그림 3.7).

수분 요구도를 보면, 연간 강우량이 300mm로 낮아 건조한 곳에서도 견디지만 3,000mm에서도 잘 자란다. 알맞은 관수는 잎 수량을 증대한다. 온도는 -1°C까지 견디며 1월 최저온도 평균이 4°C는 되어야 월동한다. 생육에 알맞은 온도는 25°C 이며, 최대 40°C까지 짧은 시간은 견딜 수 있다.

(3) 품종

인도에서는 키가 작고 종자가 많은 품종을, 파키스탄에서는 잎의 영양가가 많은 품종을 그리고 탄자니아에서는 종자 오일 함량이 많은 것을 육종하지만 품종 등록이 미미하다. 그래서 지금까지는 열대지역에 적응한 야생종에서 종자를 채취하여 재배하는 수준이다.

국내에서는 인도, 동남아에서 생산되어 판매하는 종자를 재배하고 있다.

(4) 재배관리

작형: 봄에 파종하여 가을까지 재배하는 노지재배이다. 가온 시설에서는 주년재배를 한다.

재배: 번식 방법은 종자번식과 영양번식이 있다. 종자번식은 종자를 물에 24시간 침종하여 3cm 깊이로 50공 플러그 트레이나 10cm 포트에 파종한다. 발아 온도가 25~30°C에서는 약 9일 만에 발아하는데, 15~25°C로 관리하면 약 2주가 걸린다. 5월 초중순에 노지에 직파하면 2주 이상의 발아 기간이 필요하다. 재배 기간을 길게 하려면 온실에서 마지막 서리가 오는 만상일을 기준으로 역산해서 40일 전에 육

묘용 상토를 포트나 플러그 트레이에 채우고 파종하여 기른다. 서리 위험이 없는 5월 초중순에 하우스 재배의 경우에는 2×3m로 심고, 노지재배에서는 월동이 안 되어 당해에 농사를 끝내야 하므로 1×1m 간격으로 멀칭을 하고 심는다. 열대지역에서는 장기재배를 하므로 노지에 3×5m로 심는다.

영양번식은 2년째된 1.5~2.5cm 굵기 줄기를 45~50cm로 잘라서 3일간 음지에 둔다. 삽수는 상토를 채운 직경 24~30cm 포트에 줄기의 1/3이 땅속에 들어가게 15cm 정도 깊이로 심는다. 1~2주일이 지나면 줄기의 붙은 눈에서 싹이 나는데, 근권의 온도에 따라 다르나 싹이 난다는 것은 뿌리를 내리고 있다는 증거이다. 2~3개월 잘 관리하여 정식을 한다.

시비는 재배방법에 따라 다르다. 장기재배는 직경 1m, 깊이 1m의 구덩이를 파고 퇴비와 흙을 1 : 1로 혼합해서 채운 후에 정식을 하며, 2년 차부터는 1~2회 복합비료를 나무 세력에 따라 달리 준다. 국내의 노지재배는 단기간이므로 퇴비 2톤, 복합비료를 N : P : K = 20 : 20 : 20kg/10a 수준으로 전량 밑거름으로 뿌리고 비닐멀칭을 한 후에 정식을 한다. 관수는 건조기에 필수적이며, 배수를 잘하는 것이 뿌리의 발달을 좋게 한다. 만약 홍수가 나서 뿌리가 물에 잠기면 죽게 되므로 주의한다. 국내에서 병에 대한 것은 보고된 바 없지만 진딧물 피해가 있으므로 초기에 방제를 한다.

수확: 줄기가 60~70cm 정도 자라면 새잎의 줄기만 남기고 모든 잎을 잎자루에서 절단한 후에 20~30장씩 묶어서 출하한다. 꼬투리는 개화 후 40일쯤에 수확해서 채소용 강낭콩처럼 익혀서 먹는다. 열대에서는 식물이 어느 정도 자라면 어린뿌리를 캐서 이용하지만, 국내 노지에서는 가을에 서리가 내리기 전에 잎을 따고 뿌리를 캔다. 종자는 꼬투리가 익어서 종자가 날리기 전에 따서 말려 이용한다.

저장: 잎은 상온에서 건조가 빠르므로 가능하면 24시간 안에 조리한다. 열대지방에서는 잎을 요리할 때 당일 시장에서 구입하여 사용한다. 건조를 위해서는 잎을 수세를 하고 음건하며 잘 말린 후에 가루로 만들면 장기간 보존할 수 있다. 뿌리를 갈은 것은 냉장고에 보관하면 오랜 기간 이용할 수 있다.

(5) 이용 및 기능성

이용: 어린 연한 잎은 익혀서 시금치처럼 먹거나 다른 채소와 혼용해서 요리한다. 자란 잎은 수확해서 음건한 후에 가루로 만들어서 밀가루나 옥수수가루를 혼합하여 빵이나 케익을 만들면 영양가 높은 식품이 된다. 꽃은 5분 동안 뜨거운 물에 우려서 차로 이용이 가능하고, 어린 꼬투리에서는 아스파라거스 향이 나는데 생선이나 다른 고기류와 볶거나 스프로 이용한다. 그러나 너무 쓴 야생종의 꼬투리는 먹지 않는 것이 좋다. 줄기가 60cm 이상 자란 어린 식물의 뿌리껍질을 벗기고 갈아서 서양겨자무나 와사비처럼 식초나 소금에 넣어서 매운 향신료로 이용한다. 종자의 기름은

샐러드 오일로 이용하고, 그 외 연고, 비누, 화장품의 원료로 이용하며, 최근에는 바이오에너지로의 이용도 연구되고 있다.

열대지방에서는 모링가 종자가루로 물소독을 하는데, 이 방법은 물 1L에 가루 6~10g 정도 넣고 1시간 가량 두면 박테리아를 90~99% 소멸시키므로 이 물을 걸러서 끓여 먹는다. 이는 디머릭 카티오닉 단백질(dimeric cationic proteins)이 물속의 성분을 흡착 침전하기 때문이다.

그 밖에 열대에서는 생울타리나 화훼용으로 이용되며 잎은 사료로 사용한다.

건강 기능성: 모링가에 함유된 프테리고스페르민(pterygospermin)이 항균, 항진균 효과가 있어서 피부병 치료에 이용되며 피부 노화도 억제한다. 클로겐산(chlogenic acid)과 쿠엘세틴(quercetin)은 혈압 강하와 혈당 저하에 작용하는데 장기간 복용을 해야 효과가 크다. 채소보다 함량이 월등한 잎의 비타민 A 378RE, 비타민 C 51.7mg, 리보프라빈은 항산화 능력이 있어서 피부노화 억제, 항암 작용 등을 하며, 종자의 기름에 함유된 올레익산은 심혈관 질환 예방에 좋다고 한다. 철분을 4mg으로 일반 채소의 4배나 많이 함유하여 빈혈 예방에 좋다. 종자를 볶아서 가루로 만들어 코코넛 오일에 혼합하여 피부에 바르면 류마티즈, 통풍, 관절통에 효과가 있다. 인도네시아에서는 케놀(Kelor)이라고 불리는데, 통경, 괴혈병, 복통에 사용된다. 국내에서는 건조한 잎으로 만든 캡슐이나 환이 건강 기능성 식품으로 유통된다. 다만 사람에 따라 복용 시에 설사 같은 부작용이 나타나며 이때는 섭취를 금해야 한다.

인도와 아프리카 열대지방에서는 빈혈, 관절염 및 기타 관절통, 천식, 암, 변비, 당뇨, 설사, 복통, 위장 및 장 궤양, 경련, 두통, 심장 문제, 고혈압, 성욕 촉진 등의 치료와 개선에 광범위하게 사용된다. 그러나 몰링가를 절대 공복에 먹거나 과용해서는 안 되며, 산모는 먹지 않는 것이 좋다. 모링가 잎을 사료로 이용하면 젖소의 체중이 32%, 우유 생산량이 43~65% 증가하기도 한다.

3.8 야콘

학명: *Smallanthus sonchifolius*
(영): yacon **(독):** Yacon **(불)** yacon, Poire de Terre

(1) 원산지와 재배 내력

야콘의 원산지는 콜롬비아에서 북아르헨티나에 걸친 북, 중앙안데스지역의 동쪽의 열대와 아열대가 원산지다. 안데스를 점령한 스페인 사람들이 야콘을 유럽으로 가져가지 않았기에 비교적 최근에 알려진 식물이다. 20세기 들어서 에콰도르에서 1979년 뉴질랜드를 거쳐서 일본으로 전파되었으며, 그 시기에 한국, 중국, 필리핀으로도 전파되었다. 이어서 이탈리아, 독일, 프랑스, 미국 등지에서도 재배가 시작되었는데, 그 시기가 80년대 후반에서 90년대 초반이었다. 한국은 1985년에 일본으로부터 수입하여 농진청 열대농업 연구관실에서 재배하였으며, 농가재배는 2000년에 들어서서 시작하였다.

현재는 기후가 온화하고 재배 기간이 긴 남호주, 뉴질랜드에서 많이 재배된다. 야콘을 페루산 땅사과(Peruvian ground apple)라고도 한다.

학명의 *Smallanthus*는 국화과에 속하는 동종식물을 칭하여 야콘을 의미하고, *sonchifolius*는 sonchus(방가지똥속)의 잎과 같다는 뜻으로 야콘의 잎형태를 말한다.

(2) 식물적 특성

야콘(Yacón)은 페루의 안데스 산맥 2,000~3,300m 고지에서 자라는 영년생 식물로 연간 평년기온이 약 21°C로 따뜻하고 습도가 높은 해양성 기후대를 선호한다. 실제 재배 온도 범위는 18~25°C이며, 일시적으로 40°C에도 견딘다.

식용 부위는 고구마 같이 생긴 덩이줄기[塊莖]로 아삭아삭하고 단맛이 난다. 질감과 맛은 싱싱한 사과와 수박을 섞어 놓은 듯한데, 무와 고구마를 혼합한 것과도 같다. 덩이줄기의 내부는 많은 수분과 프락토올리고당으로 이루어져 있다

초장은 1.5~2m이며 열대에서는 다년생이나 한국에서는 1년생 초본으로 잎은 얇고 장타원형이며 꽃은 황색이다. 줄기는 털이 나고 자색을 띤 녹색이다. 꽃은 정식 후에 5~9개월이 지나야 핀다. 꽃봉오리는 줄기 끝에 여러 개 달리고 꽃잎은 12~15개로 황색이며, 길이는 12mm 정도이고, 폭은 7mm이며, 꽃잎 끝에 3~5개의 작은 굴곡이 있다. 암꽃은 한 송이에 60개 또는 그 이상 착생하는데, 길이는 7mm 정도이다. 종자는 자색이었다가 갈색으로 변해 완숙되면 흑색이 된다. 그러나 수정 능력이 매우 낮아서 종자의 생성이 많지 않으므로 영양번식을 주로 한다. 종자의 천립중은 약 10g이며, 품종에 따라 7~13g이다.

국내에서는 대부분 줄기 삽목이나 고구마처럼 영양기관 또는 관아를 이용하여 번식한다. 뿌리의 표면은 흰색, 보라색, 황갈색인데 황갈색 종이 대부분이다(그림 3.8). 덩이줄기 내부 조직은 흰색 또는 보라색을 나타내는데, 최근에 미국에서 연한 주황색 품종이 발견되었다. 안데스 야생종은 분과 황색종이 있다. 덩이줄기의 모양은 레몬형, 배(梨) 모양, 배의 도치형, 구형(球形), 실린더형 등 다양한데 재배 시에 수확은 배모양과 구형이 용이하므로 두 가지 형태를 선호한다. 덩이줄기의 길이는 20cm, 직경 3cm로 작은 것은 100g이나 큰 것은 1kg까지 가는 것도 있다. 그래서 식물당 덩이줄기는 2kg 정도 매달리기도 한다. 야콘은 물이 많고 아삭거린다. 브릭스 간이 당도계로 측정할 때 평균 10.7 °Bx 정도이다.

그림 3.8 야콘 덩이뿌리, 관아(줄기 아래 둥근 것. 출처: Google)와 잎

(3) 품종

품종은 크게 종자번식 품종과 영양번식 품종으로 나뉜다. 원래 종자번식 품종은 식물이 종자를 많이 결실하지 못하는 특성상 최근에 극히 제한적으로 보급되고 있다.

일본에는 'Sarada otome', 'Andesu no yuki'(열근현상 없음, 표피 황색, 육질 백색), 'Salad okame'(표피 자색, 육질 황색, 높은 당함량), 'Andesu no otome'(표피 적색) 등 신품종이 있다.

주요 야콘의 품종의 특성은 표 3.1과 같다. 수량이 높고 영양과 종자번식이 가능한 'Bekya'(당도 낮음), 'Morado', 'New Zealand'가 좋지만 재배환경을 고려해서 알맞는 품종을 선택한다.

표 3.1 야콘 품종의 특성 비교(자료 발췌 정리)

품종명	번식	괴경 형성	수량	개화	식물크기	괴경색	육질색
Bekya	종자 가능	빠름	높다	빠름	작다	황갈	백
Blabco	영양번식	늦음	낮다	늦다	중간	황갈	백
Cajamarca	종자 가능	중간	낮다	중간	중간	황갈	백
Late Red	영양번식	중간	중간	중간	중간	황/자	백/연자
Morado	종자 가능	중간	높다	빠름	중간	자/황	백
New Zealand	종자 가능	중간	높다	빠름	크다	황/자	백
Rojo	영양번식	늦음	낮다	늦다	중간	황/자	백
Rose	영양번식	늦음	낮다	늦다	중간	황갈	백
Quinault	영양번식	늦음	중간	중간	중간	자색	백/연자

출처: https://www.cultivariable.com/yacon-variety-comparisons/

(4) 재배 관리

작형: 국내에는 노지재배 작형과 시설에서는 비가림 재배가 주를 이룬다.

재배: 야콘의 번식은 영양번식과 종자번식을 할 수가 있다.

영양번식은 땅속줄기[地下莖] 절단 번식과 줄기 삽목번식법이 있다. 절단 번식은 생강을 번식하는 것처럼 땅속줄기에 관아(冠芽)를 1개 이상 붙여서 알맞은 크기로 잘라서 심는데, 이때 관아를 붙인 부분이 14g 이하가 되면 안 된다. 보통 관아를 5개 정도 붙여 50g 정도 되면 좋다. 땅속줄기를 큰 것을 심으면 그만큼 수량은 증가한다. 땅속줄기 무게가 50g인 것을 심으면 2kg의 덩이줄기가 생산된다. 또한 200g 되는 것을 심으면 수량은 5kg으로 증대된다. 땅속줄기를 절단할 때 가능하면 절단 부위를 작게 하고 소독을 한 후에 건조하여 심으면 야콘 뿌리의 초기 부패를 막아 주므로 좋은 생장을 가져올 수 있다. 땅속줄기는 휴면이 강하지 않지만 심기 한 달 전부터 10°C 정도 유지했다가 온도를 20°C로 올리면서 햇빛을 쬐여주면 관아의 발달이 좋아진다. 삽목번식은 식물의 아래 줄기에서 새로 자라는 곁줄기를 절단하여 잎이 3개 붙은 삽수를 만들어 모래, 버미큘라이트 등 상토에 꽂아준다. 발근이 되면 15cm 되는 포트로 옮겨서 육묘한 다음 심는 방법으로 야콘을 재배하면서 삽수도 채취하여 종묘를 확보하는 방법이다.

종자번식은 종자를 채취하여 번식하는 방법으로 최근에 알려진 방법이다. 모든 품종이 종자를 형성하는 것은 아니다. ‘Bekya’, ‘Cajamarca’, ‘Morado’, ‘New Zealand’은 종자를 생성하나 ‘Early White’, ‘Late Red’, ‘Dimy’, ‘Rose’, ‘Blanco’, ‘Rojo’에서는 종자를 형성하지 않는다. 채소 종자처럼 진정 종자를 판매하는 야콘 품종은 ‘Breeding Mix 2016’와 ‘Breeding Mix 2017’이 있다. 종자를 받기 위해서는 생육 기간을 길게 해야 개화가 되므로 야콘을 2~3월 중순부터 육묘하여 잘 자란 묘를 서리의 위험이 없는 5월 초에 심으면 3개월이 지난 8~9월에 개화한다. 그러면 붓으로 다른 꽃의 꽃가루를 묻혀서 인공 수분을 시켜 준다. 꽃가루를 묻혀 주어도 수정이 불량한 이유는 꽃가루 생존율이 약 15% 밖에 안 되기 때문이다(Ibañez, M. S. et al. 2017). 따라서 가능한 한 많이 묻혀 주어야 한다. 한 달이 지나면 종자가 여물고 10~11월 초 서리가 오기 직전에 꽃을 따서 음건하여 종자를 받을 수가 있다. 종자는 완숙된 꽃봉오리를 문지르면 배출되는데 채취해서 비닐 백에 넣어서 저장했다가 다음 해 봄에 뿌린다. 종자를 채취하였을 때 색깔이 검은 것은 완숙되어서 싹이 나지만, 그렇지 않은 것은 발아가 잘 안 된다. 벌, 나비가 수정시켜 주는거나 자연교잡에 의한 종자의 생성량은 적다. 채취한 종자를 파종할 때는 샌드 페퍼(sand paper, 사포)로 종자를 적당히 문질러 투수성을 증가시킨 후에 준비한 플러그 트레이나 모판에 파종한다. 기본적으로 종자 발아율은 10%이지만 단단한 경실종자(硬實種子)이므로 샌드 페퍼로 문질러서 수분흡수가 잘 되도록 해주면 발아율을 40%까지 증대시킬 수가 있다. 파종 깊이는 1~2.5cm로 하고 온도는 30°C 정도를 유지한다. 그러면 며칠 만에 싹이 나기도 하며 늦게 나는 것은 두 달이 걸리기도 한다. 싹이 나면 10cm 포트로 옮겨 주간 20°C, 야간 10~15°C로 육묘하여 본 잎이 3매 정도 나면 햇빛에 조금씩 노출시켜서 강하게 한 다음 본 밭에 심는다.

땅속줄기(또는 덩이뿌리)를 심는 시기는 평야 지대는 4월 10일, 중산 간지는 4월 하순에 실시하고 포트에 육묘한 경우는 늦서리 피해가 없는 5월 상순 이후에 정식을 한다. 고구마를 재배하는 것과 같이 이랑 넓이 60~90cm, 높이 30cm 정도의 둑을 만들고 검정비닐을 멀칭한 후에 50cm 간격으로 좁게 심지만, 밭이 기름지고 대형 야콘을 얻고 싶은 경우에는 정식 거리를 70~90cm로 넓게 심기도 한다. 국내에서는 80×60cm로 심는 것이 가장 수량이 많다고 알려져 있다.

야콘이 자라기에 알맞은 토양은 토심이 깊고 유기질이 많은 약산성 황토계 사양토이다. 시비량은 10a당 잘 썩은 퇴비 2톤에 복합비료 N : P : K를 10 : 10 : 20kg 수준으로 시비한다. 인산은 전량 밑거름으로 주고 질소와 칼리는 절반은 밑거름으로 그리고 나머지는 생육을 보아가면서 덧거름으로 준다. 야콘을 재배할 때 질소비료를 너무 많이 주면 잎만 무성해지고 덩이뿌리가 잘 자라지 않으므로 유의한다. 이럴 경우에는 질소를 단비하고 칼리만 시비하면서 줄기를 적당하게 잘라 스트레스를 가해주면 뿌리의 비대가 촉진된다.

관수는 알맞게 해주며, 토양수분의 변화가 심한 경우 뿌리가 갈라지는 열근현상이 나타나므로 비닐 멀칭을 하여 장마기에 토양수분이 급변하는 것을 방지한다.

수확: 수확은 늦게 할수록 수량이 증가하지만, 10월 말이나 11월 초에 첫서리가 오기 전까지는 마쳐야 한다. 열대작물이므로 고구마처럼 서리를 맞은 덩이뿌리는 저온 스트레스를 받아서 저장 중에 썩게 된다. 따라서 저장용은 서리가 내리기 전에 수확하여야 한다. 그러나 저장을 하지 않고 바로 식용하는 경우에는 서리를 맞도록 다소 늦게 수확하는 것이 단맛이 있다. 영하의 날씨가 없는 미국의 캘리포니아에서는 가을에 캐지 않고 다음 해까지 계속해서 재배하므로 수량이 증대된다. 남부해안과 제주도에서는 지상부를 제거하고 10cm 정도 흙을 덮어 월동시키면 다음 해 가을까지도 계속 재배가 가능하다고 본다. 특히 가정원예에서는 따로 저장의 불편함이 없이 상시 토중에서 수확하여 이용 가능한 장점이 있는 채소라 볼 수 있다.

저장: 잎은 크고 부드러워서 저장이 안 되므로 수확해서 당일에 이용한다. 비닐에 포장하여 저온에 두면 1~2일은 저장 가능하다. 식용 부위인 덩이줄기는 저장 전에 표피를 잘 말리고 상처가 없어야 한다. 고구마의 저장 온도인 10~12°C 또는 상온에서 2주 이상 저장할 수가 있다. 저장하면 단맛이 증가된다. 시골에서는 생강처럼 토굴 저장도 가능하며, 아파트에서는 신문지로 싸서 10°C 이하가 되지 않게 해주면 장기간 저장할 수 있다. 줄기가 달렸던 땅속줄기(관아)는 3°C, 습도 95%에서 저장하여 다음 해 종자용으로 사용한다.

(5) 이용 및 기능성

이용: 야콘은 다양하게 요리하는데, 어린잎과 줄기를 잘라서 시금치처럼 나물로

먹고 뿌리는 껍질을 벗겨 생으로 먹거나 조리한다. 야콘 잎은 3~4일 음건하거나 냉동건조해서 가루로 만들면 장기간 저장할 수 있고 차로도 음용할 수 있다. 때때로 뿌리를 절단하여 햇빛에 말리면 향기가 증진되므로 차로 이용하기도 한다. 뿌리를 갈아서 냉면 국수, 호떡 등의 재료로도 이용한다.

기능성: 야콘은 과당과 프룩토올리고사카라이드(fructooligosaccharides, 소화흡수가 잘 안 됨), 이눌린(inulin)을 함유하고 있다. 잎에는 포르토카테쿠익산(portocatechuic acid), 클로로겐산(chlorogenic acid), 카페익산(caffeic acid), 페루익산(ferulic acid)이 들어있어 체내에 흡수되면 항산화 작용을 하여 각종 질병을 예방해 준다. 상용하면 항고혈당증, 신장 질환 개선, 피부 재생에 효과가 있다(Valentova and Ulrichchova. 2003).

야콘은 소화흡수가 잘되지 않는 당류가 많아 당뇨를 완화하고, 동맥경화를 예방해주며, 변통을 증진하고, 다이어트 효과와 골다공증 예방에 효과가 있다. 특히, 잎에는 포르토카테쿠익산, 클로로게닉산, 카페익산, 페루익산이 많이 함유하고 있어 나물이나 차로 먹으면 우리 몸속 나쁜 성분의 산화를 방지시키는 항산화능이 증가되어서 암 발생을 낮추며 협압 강화 등 건강 증진에 효과가 있다.

3.9 얌빈(칡감자)

학명: *Pachyrhizus erosus*
(영): yam bean, jicama **(독):** Yambohne, **(프):** Dolique bulbeuse, Pois patate

(1) 원산지와 재배 내력

학명의 *Pachyrhizus*는 그리스어에서 유래했으며, '많은 뿌리'라는 의미를 가지고 있다. 한국원예학회에서는 칡감자라 명명했는데, 시중에는 히카마란 명칭으로 유통되고 있다. 원산지는 중앙아메리카로 고대로부터 멕시칸, 아즈텍, 마야인들에 의해 재배되었는데, 현재는 주로 멕시코, 과테말라, 엘살바도르, 온두라스 등에서 재배되고 있다. 16세기에 스페인에 의해 필리핀으로 전파되었고 거기서 인도네시아를 거쳐서 동남아에 퍼졌으며, 현재는 인도네시아, 라오스, 태국, 캄보디아, 남중국, 서아프리카, 미국 남부지역 등지에서 재배된다. 멕시코에서는 주요 작물이다. 국내에서는 2000년대 들어서면서 재배되기 시작하여 지금은 많은 농가에서 재배하고 있다.

학명의 *Pachs*는 그리스어로 '심하다'라는 뜻이고, rhizus는 뿌리를 의미로 뿌리가 심하게 많음을 나타낸다. *erosus*는 황폐를 의미하는데, 이는 황폐된 곳에서도 잘 자란다는 의미이다.

그림 3.9 얌빈 꽃과 열매 및 뿌리(출처: Wikipedia).

(2) 식물적인 특징

얌빈은 3종류가 있으며, 히카마(jicama, Mexican bean, potato bean:*Pachyrhizus erosus*)가 가장 많이 광범위하게 재배된다. 안데안 얌빈(Andean yam bean:*Pachyrhizus ahipa*)과 아마존 얌빈(Amazonian yam bean:*Pachyrhizus tuberosus*)은 일부 지역에서만 재배된다.

여기서는 얌빈 중에서도 히카마에 대해서만 언급한다. 콩과에 속하는 1년생 식물로서 지상부는 콩처럼 덩굴성이다. 덩굴은 황갈색으로 털이 있으며 길이는 4~6m에 이른다. 잎은 세 갈래로 나뉘어져 칡잎처럼 생겼고 크며 강건하다. 그러나 지역 토종에 따라 잎의 모양이 다르다. 잎의 잎자루 길이는 3~18cm, 엽폭은 4~20cm, 길이는 3~18cm이다. 싹이 난 후 약 58~68일이 되면 개화한다. 꽃대 길이는 5~70cm인데 화경(花梗)에 여러 개의 꽃이 달린다. 꽃의 길이는 1.5~2cm이고, 꽃색은 옅은 파란색이나 진한 파란색이며, 스리랑카종은 흰색이다(그림 3.9 좌). 꽃가루의 생존 기간은 22시간이고 자가수분한다. 콩꼬투리 길이는 7.5~14cm, 폭은 1.2~1.8cm이다. 꼬투리에는 4~12개의 종자가 생기는데, 길이는 0.5~1cm 정도이며, 종피색은 황색, 갈색, 적색, 흑색이다. 이들 가운데 흑색 계통이 수량과 재배면에서 가장 좋다고 알려져 있다.

완숙된 종자에는 독성이 있으며, 로테논(rotenone: 0.09%), 로테노이드(rotenoids: 0.49%), 하이드록시로테론(pachyrhizin 12 a-hydroxyrotenone: 0.17%) 등을 함유한다. 종자추출물은 채소의 잎을 먹는 곤충 방제에 아주 효과적으로 현지 농촌에서 사용한다. 종자의 100립중(국제종자협회에 의해 큰 종자를 100립중으로 표시함)은 약 20g이다.

땅속의 뿌리는 2m까지 자라며, 상부에 덩이뿌리[塊根]가 1개 또는 여러 개가 달리는데, 모양은 순무처럼 생겼다. 뿌리 색은 갈색이고, 내부 육질은 흰색으로 단맛이 나며, 큰 것은 직경이 30cm에 달한다(그림 3.9 우). 보통 큰 덩이뿌리의 무게는 20kg까지 나가는데 최고 기록은 23kg이었다. 히카마는 서리가 오지 않은 무상기간(無霜期間)이 9개월 지속되어야 하며, 최소한 5개월은 되어야 한다. 생육에 알맞은 평균 온도는 24°C(21~28°C)이며, 일장은 12시간이 좋다.

(3) 품종

현재까지 뚜렷한 품종이 제시되지 않았으며, 국가마다 현지에 적응한 토종을 주로 재배하는데 세계적으로는 약 90여 종의 수집종이 있다. 각 국가의 육종 목표는 주당 괴근의 수, 수량, 수확 시기, 환경 적응성, 정지의 필요성, 병 저항성, 질소 고정량, 익은 종자의 독성 정도 등을 대상으로 육종 연구가 진행되고 있다.

멕시코에서는 'Jicama de agua'(둥글고 시장성 높음, 즙이 물같이 투명)와 'Jicama de leche'(뿌리가 길고 주스는 유백색) 2개 계통으로 구분한다. 각각 대표적인 지역 품종으로는 멕시코 지역명을 붙인 'Guanajuato 히카마'(물같이 투명한 수액을 가지며, 10월 중순~11월 중순에 최대 수량, 2~3회 줄기를 정지해야 수량이 최대로 됨)와 'Nayarit 히카마'(우유빛 수액, 평지에서 정지가 불필요)가 있다. 서부 자바에서는 두 가지 품종이 대표적으로 재배되고 있다. 'Huwi Hiris'(작고 달콤한 덩이뿌리)와 'Bangkowang'(큰 덩이뿌리, 사료 및 녹비용)이다.

국내에서는 미국, 중국, 베트남, 태국 등 여러 나라에서 수입한 지역 종이 재배되는데, 계통에 따라 칡뿌리처럼 긴 것도 있으나 둥근 북미 계통이 많다. 일반적으로 조, 중, 만생종으로 표현하지만, 만생 계통은 노지재배가 어렵기에 조생 계통을 재배해야 한다. 따라서 국내에서 수년간 재배한 농가에서 종자를 구입하는 것이 안전하다.

(4) 재배 관리

작형: 봄재배 작형이 있으며, 직파재배와 육묘재배로 구분할 수가 있다.

재배: 직파재배의 경우 남해안과 제주는 4월 하순~6월 중순, 남부는 5월 상순~6월 중순, 중부는 5월 중순~6월 상순에 한다. 지역에 따라 다르지만, 지온이 18°C 이상이 될 때 파종한다. 파종 거리는 외줄 재배, 2줄 재배, 3~4줄 재배에 따라 다르다. 외줄 재배는 이랑 폭 40~50cm이고, 검정 비닐 멀칭을 한 다음에 주간 거리 20~30cm로 파종한다. 2줄 재배는 이랑 폭을 1m 정도로 하고 검정 비닐 멀칭을 하며, 줄 간격은 50cm, 식물 간격은 20~30cm로 한다. 30×30cm로 2줄 재배하면 관행 1줄 재배보다 수량이 45% 정도 늘어난다. 3~4줄 재배는 1.2m 이랑에 검정 비닐을 멀칭하고, 줄 간격은 30cm, 식물 간격은 20~30cm로 심는다. 외줄 재배와 2줄 재배는 중간에 1.5m 지주 파이프를 설치하고, I자형으로 오이 재배용 네트를 쳐서 유인한다. 2줄 재배라고 2줄로 망을 세우는 것은 낭비이므로 중앙에 지주를 세우고 유인 줄을 팽팽하게 고정하여 줄기를 좌우에서 A자형으로 중앙으로 유인한다. 3~4줄 재배는 무지주 재배로 가장 편리한 방법이다. 다만 심는 개체가 많아 종자량을 많이 필요로 하지만 지주를 세우지 않으므로 생산비가 낮다.

파종은 한 알씩 3cm 깊이로 하는데, 발아율이 보통 80% 수준이기 때문에 따로 육묘했다가 보식하거나 번거로우면 두 알씩 뿌린다. 종자는 파종 전에 12시간 정도 물에 침종한 후에 뿌리면 발아가 빨라진다. 발아 기간은 7~14일 정도 소요되고 본잎이 나면 좋은 식물 하나만 남기고 솎아준다. 태국에서는 줄 간격 12cm, 주간 거리 4~12cm로 파종하여 양파 크기의 구를 생산한다. 이는 너무 큰 뿌리는 태국에서 인기가 없으며 밀식하면 덩이뿌리 모양이 좋아지기 때문이다. 국내에서도 밀식 재배하여 다소 작은 뿌리를 생산하는 농가가 있다.

파종 전에 25cm 정도 깊이로 잘 경운하고, 퇴비만 2톤/10a 뿌려주며, 산성 토양(pH 5)에서도 잘 자라므로 석회는 따로 뿌리지 않아도 된다. 얌빈은 콩과식물로 질소고정(17~19kg/10a)을 많이 하므로 멕시코에서는 무질소 재배를 한다. 인산 10kg, 칼리 20kg/10a를 토양의 비옥도를 참고해서 전량 밑거름으로 뿌린다. Castellanos 등(1997)은 10a 당 약 10톤을 수확하는 경우에 잎, 줄기 등 잔유물과 질소고정을 통해서 7~8kg 질소 성분을 오히려 토양에 공급해 준다고 보고했다. 그러나 국내에서는 생육을 봐 가면서 줄기를 알맞게 정지한 후에 질소 덧거름을 1~2회 나누어서 주는데, 황산암모니아(유안, 10kg/10a)가 좋다. 질소비료를 밑거름으로 많이 시비하면 그만큼 줄기 자르는 노동력이 필요하며, 질소가 과다하면 고구마처럼 덩이뿌리가 잘 안 달린다. 국내 추천 시비량은 질소 6.6, 인산 6.0, 칼리 13.8kg/10a이다.

육묘재배는 정식일로부터 역산하여 30일 정도에 72~105공 플러그 트레이에 육묘용 상토를 채우고 12시간 물에 담갔다가 종자를 파종한다. 발아가 안 되는 경우를 고려하여 여유 있게 파종한다. 온도 관리는 20°C로 해주면 된다. 싹이 나면 직사광선이 받지 않게 약간 차광했다가 어느 정도 자라면 제거하고 30~40일 정도 튼실하게 육묘한 후에 본 잎이 2~3장 될 때 옮겨 심는다. 발아 후 7주가 되면 성장이 시작하고 10~15주에 급성장을 한다. 그러므로 정식 후 2주 이내에 지주를 세우고 오이망을 쳐서 유인한다. 망은 I자형으로 하는 것이 A자형나 아취형보다 수량이 더 많다. 지주 재배에서는 1.2~1.5m 위치에서, 무지주 재배에서는 30~50cm 위치에서 적심하고, 너무 번무하면 2회 정도 정지를 더 해준다. 즉, 지상부 절반 정도를 제거하는데 이는 비옥한 밭이나 질소 다비재배를 하는 열대지역에서 나타나는 과번무를 막는 방법이며, 알맞게 잘 자라면 실시할 필요가 없다. 직파재배는 1개의 덩이뿌리가 형성되고 크기가 일정하다. 육묘이식 재배는 괴근이 2개 이상 생겨서 수량은 증대되지만 크기가 다양해져서 상품성이 떨어지는 경우가 있다.

생육 후기로 가면 개화가 되고 꼬투리가 발달하는데, 꽃은 채종 목적이 아니면 일찍 제거하는 것이 수량을 많게 한다. 인도에서는 50% 정도 개화하면 수확을 한다고 한다. 이는 꼬투리가 달리면 뿌리의 생장이 멈추기 때문이다.

멕시코에서는 얌빈의 질소고정 능력 때문에 옥수수와 혼작을 한다. 옥수수는 110~120일이면 수확하고, 얌빈은 140~150일에 수확하므로 얌빈이 옥수수 수확 후에 자랄 수가 있기 때문이다. 혼작할 경우 수량은 3.5~4.5t/10a 수준이다. 무비료 재배를 하며, 멕시코에서는 토양 선충의 위험 때문에 3~4년에 한 번씩 돌려짓기[윤작]를 한다.

병충해 방제는 필요 없으나 간혹 바이러스병에 감염된 식물이 보이면 즉시 제거하여야 한다. 지역에 따라서는 선충의 피해를 받을 수 있어 방제한다.

종자 생산은 파종 후 8~10개월 후에 가능하므로 국내에서는 노지 채종이 어렵다. 따라서 채종용은 1~2월에 온실에서 파종해서 채종하거나, 화분에서 기르다 5월 초에 노지에 심고 기른다. 가을에 꼬투리가 익으면 채취해서 건조시켜 껍질과 종자를 분리해서 저장한다. 종자 생산량은 태국에서는 48~60kg/10a, 멕시코에서는 50~100kg/10a이며, 국내에서는 보고된 바 없다.

수확: 수확은 조생종은 정식 후 100~120일, 중생종은 130~150일에 한다. 수량은 6~8톤/10a이다. 중부 이남 온실에서 재배한 경우는 줄기만 자르고 표토를 부직포로 덮어 땅속에 얼지 않게 두면 3~4개월 동안 저장이 가능하므로 가격을 봐 가면서 출하할 수 있다.

저장: 덩이뿌리를 수확하여 크기에 따라 분류한 후에는 약 55% 차광된 바람이 잘 통하는 곳에 1주일 정도 말려서 상자에 담아 상대습도 65~75%에서 12~17°C의 온도로 1~2개월 동안 저장할 수 있다. 다만 상자에 담을 때 표피가 닿아서 상처가 나지 않게 조심한다. 국내 출하 농가는 수세한 다음 폴리에스텔 망사로 개별 포장하여 저장 출하한다. 총가용 당의 수준은 저장 중에 상승하여 단맛이 증가하나 1일 수분 손실률은 12.5°C에서 초기 뿌리 중량의 0.12%, 22°C에서 0.21%가 감량이 되므로 당도 상승과 생체중 감소에 따른 상품성을 감안해서 장기 저장하는 것이 현명하다. 일본의 연구에 의하면 3주 저장하면 총 당(total sugar)은 2,817(저장 전)에서 4,361mg(저장 후), 과당은 1,853에서 1,986mg, 포도당은 1,298에서 1,853mg으로 증가하면서 단맛이 증가했다고 한다(Kawabata 등, 1986).

(5) 이용 및 기능성

이용: 멕시코에서는 일반적으로 얇게 썰어 칠리와 라임 주스를 뿌려서 샐러드로 먹고 채소 수프로 요리한다. 미국에서는 인기가 있는 채소 샐러드와 찹 수이(Chop Suey) 요리에 사용된다. 국내에서는 샐러드에 주로 이용하며, 채를 쳐서 무생채처럼 만들어 식용하고, 두부와 같이 국 요리로도 이용된다. 또 튀겨서 스낵으로도 먹는다. 인도네시아에서는 어린 가지를 얇게 썰은 후 미성숙한 어린 꼬투리를 섞어서 단맛과 매운 소스(루 자크)를 곁들여서 먹거나 과일 칵테일용으로 작게 잘라서 이용한다. 태국에서는 꼬투리로 피클을 만든다. 이처럼 어린 꼬투리는 동남아 일부지역에서 일부 식용한다. 씨앗은 일반적으로 독성이 있어 못 먹는다고 알려져 있으나 나이지리아에서는 4~6시간 동안 끓여서 독성을 제거한 후에 섭취하는데, 먹는 이유는 단백질이 많기 때문이라 한다. 씨앗에서 나온 기름은 투명하며 면실유처럼 사용할 수 있다.

기능성: 뿌리(열풍 건조)는 조단백질(2.85%), 조 지방(0.79%), 회분(7.93%). 탄수화

물(88.44%, oligofructose, inulin 등)로 구성되어 있다(Ha, 등 2015). 비타민 C는 무 정도(20mg/100g) 수준이고, 기타 칼슘과 철의 공급원이며, 식용 가능한 어린 꼬투리에도 칼슘과 철분의 함량이 높다. 여러 연구에 따르면 항바이러스, 항골다공증, 항균, 항비만, 항산화, 면역력 조절 능력과 머릿니 등을 죽이는 살충제, 피부 표백의 이점이 있다고 한다.

민간요법으로는 뿌리를 달여 먹으면 이뇨작용이 있고, 줄기 펄프를 짓이겨서 아픈 곳에 붙이면 고통이 경감되며, 종자는 완화제로 사용한다. 종자의 기름을 약 40g 먹으면 설사를 유발시킨다. 종자의 팅크제(tincture: 소주에 넣고 2주간 추출)는 헤르페스(herpes: 포진) 방지에 사용한다. 타이완에서는 열을 내리고 출혈을 방지하는 데에 뿌리를 사용한다. 멕시코에서는 뿌리를 짓이겨서 피부에 발라서 피부병 치료와 가려움증을 완화시키고 옴이나 머릿니를 죽이는 데 사용한다. 가루는 동물에 기생하는 진드기나 해충 방제용으로 이용된다.

익은 종자는 독성이 있는 로테논(rotenon)과 로테노이드(rotenoids)를 함유하고 있으므로 분말로 만들어서 살충제로 사용하거나 물고기를 잡는 데에 이용한다. 잎과 익은 꼬투리를 동물의 사료로 주면 죽음에 이를 수 있으므로, 아시아 일부에서는 꽃이 반쯤 필 때까지만 사료로 제공한다. 앞으로 각종 보건적인 효능이 뿌리보다 높은 종자를 식용하기 위해서는 건강 유해 성분을 낮춘 품종을 육성하고 조리 시간을 줄이는 방법을 찾아야 한다.

3.10 여주(쓴오이)

학명: *Momordica charantia* L.
(영): bitter gourd **(독):** Bitter-springgurke **(불)** Nargose

(1) 원산지와 재배 내력

여주의 원산지는 불분명하나 인도에서 재배되다가 15~16세기에 중국 남부로 전파되었고, 이어서 동남아에 전파된 것으로 추측된다. 우리나라에는 조선 후기에 중국을 통해 전파된 것으로 추측이 된다. 과거에는 국내에서 별로 재배를 하지 않다가 2000년대에 들어와 여주의 기능성과 보건적 효능이 널리 알려지면서 개인과 농가에서 재배가 이루어지고 있다. 현재는 지역 특산물화 한 곳도 있으며 가공을 통해 다양한 상품으로 판매되고 있다. 중국이나 동남아 국가와 달리 국내에서는 요리로서 많이 이용하지 않기 때문에 소비의 한계성이 있는 열대작물이다.

학명의 *Momordica*는 라틴어인 *momordi*(생긴다)에서 왔는데 이는 종자가 이빨 같이 생겼다는 의미이며, *charantia*는 동인도의 식물을 칭하는 명칭이다.

그림 3.10 여주 녹색 돌기형(좌)과 익은 과실(우: 출처:Wikipedia)

(2) 식물적 특성

식물은 덩굴성으로 오이와 같은 1년생 박과 채소이다. 덩굴은 1.5~1.8m 정도 크며, 잎은 5~9개 열편(裂片)으로 나누어지고, 엽폭은 5~17cm 정도가 된다. 덩굴손은 오이보다 강력해서 지지력이 크다. 줄기는 각이 지거나 둥글며, 털이 나 있고, 꽃은 긴 꽃자루 끝에 노랗게 피는데, 수꽃은 수술이 3개이고, 암꽃은 암술머리가 3개로 갈라져 있다. 과실은 녹색 또는 백색으로 과장(果長)은 5~25cm로 다양하다. 모양은 오이처럼 생긴 것, 짧고 방추형으로 생긴 것, 둥근 것 등이 있는데 표면이 울퉁불퉁하게 요철이 있는 것과 없는 것 등 다양하다. 중국에는 과면에 돌기가 없는 품종이 많이 분포되어 있고, 인도에는 과면에 심한 돌기가 나거나 가시가 있는 품종이 많다. 어린 과실은 쓴맛이 나는데, 중국에서는 쓴오이[苦瓜]라 부른다. 과실이 익으면 과피가 노랗거나 붉게 색이 변하며, 끝이 갈라져서 황색 또는 붉은색 과육으로 쌓인 종자가 나타난다. 이 과육은 쓴맛이 없고 달콤하여 식용한다(그림 3.10). 중국에서는 어린 과실을 주로 채소로 이용하지만 한국에서는 달콤하고 독특한 향이 나는 익은 과실만을 좋아한다. 종자는 길이가 1~1.5cm로 백색 또는 갈색이다. 천립중은 180~200g이다. 생육 온도는 25°C 이상의 높은 온도를 선호하며, 37°C 이상이 되면 생장이 멈춘다. 그러나 인도의 특수 품종은 40°C까지 견디기도 한다. 열대지역에서는 1,700m 고산지대에서도 자란다. 토양은 물 빠짐이 잘 되는 비옥한 사질계 식양토를 선호한다. 토양의 산도는 중성(pH 6.5~7)이 좋다.

(3) 품종

품종은 과일의 크기에 따라 대(30cm), 중(20cm), 소(7~10cm)로 나누고, 과실의 색에 따라 녹색, 암녹, 백색으로 나누기도 하며, 과일의 형태에 따라서 돌기가 난 것, 돌기가 없는 것, 방추형, 장과형으로 나눈다. 국내 종묘상에서는 돌기가 작게 나타나는 녹색종이 판매되고 있으며, 백색종도 일부 유통된다. 여기서 최근에 알려진 해외 품종을 중심으로 과실의 특성에 따라 다음과 같다.

① 백색종: 'Taiwan Large'(24cm 450g 대과종), 'White Pearl'(샐러드용), 'Pride de Gujarat'(10g 소과), 'V-K Priya'(35~40cm, 60일, 3톤/10a)

② 녹색종: 'Bangkok Large'(대과종), 'Taiwan Large'(30cm, 대과 450g), 'Pusa Do Mausami'(100g), 'Baby Doll'(30g, 소과종)

③ 표면돌기형: 'Indian Long Green'(녹색, 치아 같은 돌기), 'Phule Ujwala'(18~20cm, 3~3.5t/10a, 수출용), 'Best Champion'(조생종, 340g)

④ 장과형: 'Japan Long'(30~34cm, 장과, 익기 전에 수확), 'Indian Long White'(백색, 20~30cm), 'Jumbo TH'(30cm, 과중 450g, 아열대용 품종)

⑤ 방추형과: 'Hongkong Green'(홍콩, 중국 주품종), 'Japan Green Spindle'(중형과, 일본, 열대아시아), 'Arka Harit'(인도, 100~110일), 'Konkan Tara'(가시종, 7~8일 저장 가능)

(4) 재배 관리

작형: 작형은 일반 노지와 시설의 여름 비가림재배와 제주지역의 월동재배가 있다.

재배: 주로 종자 번식법을 사용한다. 구입한 종자는 파종 전에 12시간 침지(3~4시간 마다 바꿔줌)해서 파종하는데, 자가 채종 종자는 반드시 소독제를 구입하여 종자 소독을 한다. 종자 끝의 사각진 곳을 적과용 가위로 약간 상처를 주는 가상법(加傷法)을 적용하여 파종하면 발아가 균일하다. 대단위 재배에서는 4월 초에 원예용 상토를 채운 플러그 트레이 50공에 파종한다. 일부 농가나 가정원예에서는 지름 9~12cm인 비닐 포트에 파종한다. 발아 기간은 7~14일이며, 발아 온도는 밤 20°C, 낮 30°C로 변온처리하거나, 30°C를 계속해서 유지한다. 싹이 난 후에는 너무 많이 관수하지 않고 관리하며, 20~30일 지나서 잎이 3~4매 나오고 키가 10~15cm가 되면 옮겨 심는다. 정식 거리는 품종, 덮의 유인 방법에 따라 다르게 실시한다.

정식 시기는 늦서리 피해가 없는 5월 초에 하는데, 품종에 따라 또는 재배지의 조건에 따라 재식밀도는 달라진다. 대과종(大果種)은 폭 50~60cm 이랑을 만들고, 1.2m 또는 2~3m 간격으로 심는다. 재식 간격에 따라 다르나 10a당 200~300주 정도가 필요하다. 열대지역의 소과종(小果種)은 오이처럼 50cm 폭 이랑을 만들고, 50cm 간격으로 심으면 1,800주로 밀식된다. 정식 전에 이랑 전체를 검정 비닐로 멀칭하면 제초 방제에 좋다.

여주는 오이처럼 줄기를 유인해야 하는데, 직립식과 터널형 방법이 있다. 직립식 유인법은 1.5~1.8m 크기의 지주를 2m 정도 간격으로 세우고 오이 망을 설치하여 줄기를 유인한다. 터널식(또는 사각형 구조)은 사람이 다니면서 수확할 정도의 대형 터널을 만들고 망을 치고 유인한다. 농가에서는 폭 2~3m, 높이 2m 정도로 간이 터널을 만든 후 가장자리에 2m 정도 간격으로 모를 심어서 가꾸면 평지 재배보다 과일의 모양 예쁘고 착색이 잘 되며 수확하기가 쉽다. 호박 재배 농가에서는 호박처럼 여주를 심어서 하우스 지붕으로 유인하여 재배하기도 한다.

가정 재배에서는 지주를 세우지 않고 볏짚이나 비닐을 이랑에 덮어 그 위로 유인하여 재배할 수가 있으나 과일의 형태나 지표에 닿은 부분의 착색이 좋지 않다. 포복 재배는 3.3m^2(1평)에 2그루 정도 심으면 된다.

줄기 유인 방법은 지주를 세운 최고 높이까지 원줄기가 자랄 수 있도록 아래쪽에 생기는 측지를 제거하면서 키운다. 원줄기가 지주 높이까지 또는 터널 중앙까지 자라면 원줄기를 적심하고 자식 줄기[子蔓], 즉 측지를 4~6개 자라도록 잘 배치한다. 자식 줄기가 자라나 10마디가 되면 생장점을 적심하여 발생하는 손자 덩굴에서 개화가 되도록 유인하면서 가꾼다. 그러나 농가들은 줄기를 적심하지 않고 방임 상태로 기르기도 한다. 노지 포복 재배는 원줄기의 5~6번째에서 생장점을 절단하고 3~4개 자식 줄기를 서로 다른 방향으로 유인하며, 다시 일정한 길이로 자라면 생장점을 절단하고 개화를 유도한다.

노지에서는 수정이 별도로 필요 없으나, 만일 베란다의 방충망이 설치된 곳에서 재배할 경우는 해뜨기 전에 아침 일찍 수꽃을 따서 암꽃에 수정시킨다. 암꽃은 꽃잎 아래 아주 작은 열매가 붙어 있으므로 자세히 보면 알 수가 있다. 박과 채소는 정오가 지나면 꽃가루의 수정 능력이 없어지므로 반드시 이른 아침에 수정시켜야 한다.

시비는 퇴비를 2~3톤/10a 밑거름으로 뿌리고, 질소 : 인산 : 칼리를 20 : 10 : 20kg 수준으로 준비하여, 인산은 전량, 질소와 칼리 절반만 밑거름으로 시비한다. 나머지 질소와 칼리는 줄기가 자라서 꽃이 피고 착과가 시작될 때 시비한다. 비닐 멀칭을 한 경우에는 식재된 식물과 식물의 중간이나 줄기로부터 30cm 떨어진 곳에 구멍을 내고 시비한다. 밭의 비옥도가 높으면 질소 시비를 반감시킨다. 여주는 질소 비료를 너무 많이 주면 줄기만 강력하게 자라고 착과가 불량하기 때문이다. 물주기는 평균 3~4일에 1회 실시하는 것이 기본이다. 온실재배에서는 점적 튜브를 사용하여 관수하는 것이 바람직하다.

오이 모자이크병(CMV)의 피해를 입을 수 있으므로 육묘하는 동안과 정식 후 생육 초기에 진딧물 방제를 철저히 한다. 흰가루병이 발견되면 즉시 Mancozeb 0.2%를 1~2회, 3~4일 간격으로 뿌려준다. 병충 방제를 위하여 살충제를 살포할 때는 반드시 7일이 지난 후에 수확해야 한다.

최근 제주지역에서는 일부 농가가 월동재배를 시작하였는데, 이 경우에는 8~9월에 파종해서 하우스에 정식한 후에 월동시키면서 다음 해 5~6월까지 수확하는 방법이다. 월동 시에 온도는 최저 12°C 이상을 유지한다. 여름 육묘에 가장 중요한 것은 철저한 진딧물 방제이다. 오이 모자이크 같은 바이러스병이 감염되면 기형과 발생 많고 수량이 반감한다.

수확: 수확은 요리용 어린 과실은 수정 후 10~14일 지나서 수확한다. 대부분 동

남아 열대지역에서는 어린 생과가 유통된다. 수확량은 10a당 2~3톤이다. 건조시켜 차로 만들어 먹으려면 일찍 수확해서 절단하는 것이 좋다. 늦을수록 씨앗이 커져서 건조 시에 상품성이 낮아진다. 숙과(熟果)를 수확하려는 경우에는 개화 후 25~30일이 되는 시점에 수확한다. 과실 전체가 붉거나 완전 황색으로 너무 익으면 과실 내의 과육이 분출되므로 백색과는 황색, 녹색과는 적색으로 과실 끝이 약간 변화할 때 수확한다. 로컬푸드 상점에는 비닐 포장하여 출하하고, 유통용은 오이나 애호박 출하용에 종이상자에 포장하여 출하한다.

저장: 수확 후 상온에서는 2~3일 저장할 수가 있다. 장기 유통 저장은 다른 열대 과채류처럼 12~13°C, 습도 85~90%로 유지하면 2~3주 저장이 가능하다. 저장 시에 10°C 이하로 낮아지면 저온 장해를 받게 되므로 주의한다. 수확 후에 에틸렌을 방출하는 바나나, 파인애플, 사과와 함께 저장고에 저장하면 노화가 빨리 되어 상품성이 떨어지므로 유의한다. 붉게 익은 과실도 동일한 온도 조건에서 저장하는데, 녹과보다 빨리 이용하는 것이 좋다.

(5) 이용 및 기능성

이용: 여주는 잎, 꽃, 과일을 모두 이용한다. 잎은 따서 건조시켜 차로 마시고, 노란 수꽃은 따서 말리거나 생으로 꽃차를 만들어 먹는다. 한국에서는 익은 과일을 먹지만, 인도, 동남아, 중국 남부지역에서는 미숙과를 주로 요리해서 먹는다. 과숙한 과실은 씨를 포함한 과육을 꺼내고 과피 부분만 요리하여 먹는다. 너무 자란 과실보다는 어린 과실을 잘라서 익혀 먹는다. 국내에서는 어린 과실을 절단하여 건조한 다음에 포장하여 유통하며 주로 차로 이용한다.

기능성: 여주는 비타민 C 함량이 높은데, 가열하여도 단단한 식물 조직 특성상 파괴가 적으므로 비타민 C 공급원으로서 좋다. 칼륨, 칼슘, 마그네슘이 풍부한 채소로서 리로레익산과 글루코시드(glucoside), 쓴 성분은 모모르데신(momordicin)으로 체내에 들어가 강력한 항산화 작용을 한다. 그 외 식물성 인슐린과 카란틴(charantin) 성분이 열매와 씨에 많아서 당뇨병 환자의 혈당치 저하에 효과가 인정된다. 이처럼 여러 화합물은 항암, 면역 독성 및 항 HIV(인간면역결핍 바이러스: human immunodeficiency virus)와 같은 흥미로운 약리학적 활동을 보여주고 있으며, 향후 의약품 개발에 잠재적 가능성이 있는 채소이다.

여주는 동남아에서 매우 인기가 있는 채소로서 항종양, 항산화, 항바이러스, 저혈당 효과, 저지방 효과가 있다. 쓴 성분이 위액의 분비를 촉진하여 더위에 입맛이 없는 열대지방에서 식욕을 증진시켜 주며, 간 기능을 촉진하고 혈당치를 낮추는 효과가 있어서 당뇨병 환자에게 아주 좋은 채소이다. 여름철 열사병의 예방에 좋으며, 지방대사 촉진, 이뇨 작용이 있다. 농업적으로는 밭에 재배하면, 식물의 뿌리에 기생하면서 작물의 생육을 억제시키는, 선충을 죽이는 데에 효과가 있다.

3.11 오크라

학명: *Abelmoschus esculentus*
(영): Okra **(독):** Okra **(불):** Okra

(1) 원산지 및 재배 내력

오크라는 영어권에서는 ladies' fingers 또는 ochro라고도 하는데, 에티오피아와 서아프리카가 원산지로 추정된다. 스페인 무어족 사람이 1216년 이집트를 방문해서 Gombo라고 한 기록을 통해 처음 나타난다. 당시 아랍어로는 bamya라고 했다. 이집트에서 유럽으로 전파되었고, 17세기에 접어들어 노예들에 의해 유럽에서 미주와 브라질 등으로 전파되었다. 동남아는 아라비아를 거쳐서 전파된 것으로 추측된다. 현재 열대지역과 유럽, 미국, 중국 등지에서 많이 재배된다. 국내에서는 처음에 관상용으로 재배되다가 제주열대농업연구소의 연구(성, 2015)에 힘입어 일부 농가에서 재배를 시작하였고, 지금은 전국적으로 여러 곳에서 생산한다.

Okra라는 영명은 서아프리카에서 Ochro라고 부르는 데서 연유됐다. 학명인 *Abelmoschu*는 아라비아어인 habb(종자), abu(아버지), 그리고 Elmosk(사향)의 합성어로 종자에서 사향 냄새가 난다는 데서 유래하였으며, *esculentus*는 식용이라는 의미이다.

(2) 식물적 특성

오크라는 1년생 초본으로 줄기 길이는 1~2m에 달한다. 줄기는 녹색 또는 적색이며, 엽병은 잔털을 가지고, 길이는 15~35cm이고, 엽신은 심장 모양으로 생긴 3~7개의 결각이 있다. 잎은 길이 10~15cm, 폭 10~35cm이다. 꽃은 6~8마디부터 잎의 겨드랑이마다 생기는데, 화경은 약 2cm, 꽃잎은 5매로서 꽃의 직경은 10~15cm이다.

꽃의 중심부는 진한 붉은색이지만, 꽃잎은 노란색이며 꽃잎의 아래는 서로 붙어 있다. 과실은 끝이 뾰쪽한 꼬투리에 들어있는데, 과실의 색깔은 녹색, 농록색 또는 적색으로 길이 10~30cm, 폭 2~3cm로 표면에 5~9개의 능선을 가지거나 원형이다(그림 3.11). 과실은 익으면 과피가 열리는데, 종자가 많이 들어 있고 회흑색으로 직경이 약 5mm이다.

아프리카가 원산지이므로 더위 견딤성이 강한 열대 채소이며, 생육적온은 20~30°C이다. 온도에 따라 꽃이 생기는 정도는 품종에 차이는 있으나 30°C 이상의 고온이 계속되면 꽃이 잘 달리지 않는다. 일장이 16시간 이상인 장일 조건에서도 꽃이 달리지 않은 마디 수가 증가한다.

추위에 견딤성이 약하여 10°C 이하에서는 생육이 나쁘고, 서리를 맞으면 죽는다. 종자의 발아 온도는 20~30°C이며, 20°C 이하에서는 발아가 안 된다.

그림 3.11 오크라 오각 녹색(좌)과 환형 적색종(우)

(3) 품종

오크라는 과실의 모양에 따라 5각종, 8각종, 둥근형으로 나눈다. 그리고 꼬투리 색에 따라 녹색종과 적색종으로 분류한다. 현재 유럽, 미국 및 동남아에서 다양한 품종이 등록되어 있는데, 재배지의 조건이나 생산 목적에 따라 품종을 선택해서 재배한다. 품종 선택에 중요한 것은 내병성과 내충성이다.

① 5각종(5角種): 키가 작아 측지의 발생이 많은 경향이 있고, 과실은 5각형이며 자실은 5~6실이다. 과실은 농록색 또는 적색이다. 자색종은 키가 녹색보다 작지만 관상적인 면에서 가치가 있다. 다만 조리하면 적색은 없어진다.

② 8각종(8角種): 주지가 잘 자라 측지의 발생이 적고 초장이 크다. 과실은 8각형이며 자실은 7~9실이다. 과색은 녹색이다.

③ 환형종(丸形種): 둥근 꼬투리를 가진 품종으로 키가 170cm 정도 되면 스스로 생장점이 멈춘다. 자실(子實)은 7~9실이며, 과색은 녹색 또는 적색이다.

(4) 재배 관리

작형: 일반적으로 서리의 위험이 없으면 직파재배를 하지만, 몇 가지 재배형이 있다. 촉성재배(12~1월 파종, 2~3월 정식, 4~9월 수확, 최저 15°C 유지, 제주도 온실재배), 조숙재배(2~3월 파종, 3~4월 정식, 5~10월 수확, 초기 터널), 노지재배(4~5월 직파, 7~10월 수확), 억제재배(7월 파종, 8월 정식, 9~12월 수확, 온실재배)가 있다.

재배: 직파재배는 서리의 위험이 없는 5월 초에 씨앗을 24시간 물에 담갔다가 60~90×30cm 간격으로 파종한다. 파종 시는 1개소에 2~3립의 종자를 심는데, 10a당 1~2kg의 종자가 필요하다. 심을 때의 깊이는 약 2~3cm 깊이로 하며, 15~30°C의 지온을 유지하면 발아 기간은 7~25일 정도 걸린다. 싹이 나면 솎아 주는데, 키가 10cm 이르면 1개소에 한 개씩만 남기고 솎아 준 후에 계속하여 가꾼다. 그러나 노지 파종은 종자 수가 많이 필요하므로 육묘하여 심는 것이 경제적이다.

촉성, 조숙, 억제재배는 육묘재배를 한다. 50공 플러그 트레이에 파종하여 육묘하거나 직경 9cm이 포트에 1주야 물에 담근 종자를 깊이 1cm 정도로 파종하고 충분히 물을 준다. 싹이 나서 본 잎이 2~3대가 되면 90×30cm 간격으로 심는다. 외줄로 가꾸는 것이 좋다.

직파나 육묘한 묘를 정식 후에 어느 정도 자라나 키가 큰 품종은 지주를 세워서 식물을 지지하지만 보통 종이나 적색종은 지지대를 세울 필요 없다. 어릴 때 잡초를 방제하는 것이 중요하다. 그래서 멀칭 재배를 하면 좋다. 물주기는 주 1회 충분히 한다.

토양은 가리지 않으나 배수가 잘되고 경토가 깊으며 유기질이 풍부한 양토에서 생육이 좋다. 알맞은 토양산도는 pH 6.0~6.8이다. 오크라는 장기간 자라므로 양분의 흡수가 비교적 많다. 그러므로 퇴비는 10a에 2톤, 고토석회 100kg을 밑거름으로 뿌리고 질소 25kg, 인산 20kg, 칼리 25kg의 수준으로 시비한다. 질소와 칼리는 절반만 밑거름으로 주고 나머지는 2회 정도 나누어 덧거름으로 준다. 과실의 끝이 구부러지면 비료가 부족한 것을 뜻하므로 엽면 시비와 덧거름을 추가로 준다.

병해는 잘록병의 피해가 나타나니 종자 소독을 하여 심고 연작을 피해야 한다. 갈색무늬병은 하우스의 환기를 철저히 하고 병 잎은 제거해서 소각한다. 충해는 진딧물의 피해가 심하니 초기에 살충제를 뿌려서 방제한다.

수확: 오크라는 6~7마디부터 꽃이 피는데, 꽃이 핀 후 6~7일, 정식 후 50~60일 지나서 수확한다. 만일 제때 수확하지 않으면 꼬투리가 목질화되어 식용할 수가 없게 되어서 상품적인 가치가 떨어진다. 수확은 매일 또는 격일로 한다. 수확물은 크기별로 분류하여 비닐로 포장해서 출하한다. 오크라의 품질 기준은 꼬투리 길이는 8cm 이상이어야 하고 품종 고유색을 띠며, 단단하면서 짓눌리거나 병충해의 피해가 없어야 한다. 보통 꼬투리의 길이는 13cm 정도로 풋고추 정도의 길이이지만 과실이 굵고, 짧은 품종은 6~8cm 정도이다.

저장: 상온(20°C) 상태에서 일주일까지는 손상 없이 판매할 수 있으나 그 이상은 곤란하다. 고온성 작물이므로 저장 온도를 내려 4~6일이 지나면 품질이 나빠진다. 따라서 비닐이나 기타 상자에 포장하더라도 12°C 이하가 되지 않게 저장했다가 판매해야 한다.

(5) 이용 및 기능성

이용: 어린 미성숙 과일은 익혀서 요리로 먹는다. 수프로 만들면 끈적끈적한 맛이 나며, 식초 절임도 많이 하며 유통 판매도 이루어지고 있다. 아프리카에서는 어린잎을 익혀 샐러드로 이용한다.

종자는 말린 후 기름(유지 20% 함유)을 짜서 식용할 수 있으며, 볶아서 분쇄한 분말은 커피 대용으로 일부 지역에서는 마신다. 국내에서는 적색 오크라의 익은 열매를 부착한 줄기가 꽃꽂이 재료로 이용된다.

기능성: 어린 열매를 자르면 끈적끈적한데, 이는 펙틴, 가락탄(galactan), 아라반(arabane)과 같은 혼합 점질물(mucilage)이다. 이들은 혈장의 대용품으로 인공혈액의 증량제로 사용되고, 진통완화제로 쓰이며 염증을 낮추는 효과가 있다.

종자는 수정 후 9일쯤 되면 단백질이 2.08~2.09%가 되므로 아프리카에서는 단백질 공급원으로서 큰 역할을 한다. 건조한 종자에는 약 22.58%의 단백질이 들어 있다. 종자는 14~19%의 오일을 포함하고 있는데, 주성분으로는 리노레익산(linoleic acid)이 약 40.8%, 팔미틴산(palmitic acid) 30.2%, 올레익산(oleic acid) 24.4%이다. 종자 생산량은 약 400kg/10a 생산되나 최고 생산은 4,000kg/10a로 해바라기 종자 생산량보다 많아 바이오에너지로 사용이 가능하다.

영국에서는 꼬투리 추출물을 비뇨생식기 문제나 폐감염 치료에 사용된다. 의학적으로는 오크라가 위궤양 치료와 치질에 효과가 있는 것으로 알려져 있다.

3.12 우유꼬(울루코)

학명: *Ullucus tuberosus* Caldas
(영): ulluco, **(독):** Olluco, Knollen-Baselle, **(불):** Ulluque, Baselle Tubéreuse

(1) 원산지 및 재배 내력

원산지가 페루, 볼리비아, 에콰도르인 우유꼬(국내에서는 울루코라고도 부름)는 잎을 쌈으로 이용할 수가 있으며, 덩이줄기는 감자처럼 채소로 이용할 수가 있다. 안데스에서는 감자 다음으로 주요한 작물이다. 고고학적으로 조사된 바에 의하면 4,250년 전부터 재배되었다고 한다. 에콰도르에서는 근래 유전자원의 약 40%가 사라졌으나 1960년 이후 재배가 증가되어 시장에 유통이 된다고 한다. 안데스에서는 olluco, melloco라고 하는데, 구어체인 안데스어를 스페인들이 라틴어로 옮기면서 olluco 대신 ulluco로 표기하여 이름이 정해진 것으로 알려져 있다. 우리는 울루코라고 하지만 현지에서는 ‘ll’을 유로 발음하여 우유꼬라고 한다. 새로운 채소로 인정되면서 뉴질랜드인들이 1970년대에 페루에서 수입하여 90년대부터 재배시험을 하였고, 돌연변이 육종을 시작하여 새로운 품종을 선보이면서 ‘Earth Gems’라고 명명하였지만 로맨틱하나 불필요한 명칭으로 대부분 나라에서는 우유꼬(ulluco)라 한다. 국내에서는 몇몇 농가가 시도하였으나 재배와 판매 기록은 없다. 하지만 잎은 쌈채로 이용 가능하고 색이 다양하면서 감자같이 생긴 다양한 뿌리는 감자처럼 먹을 수가 있어서 인기가 있으리라 생각된다.

학명의 *Ullucus*는 남미 명칭에서 유래하였고, *tuberosus*는 덩이뿌리인 형태를

그림 3.12 우유꼬 지상부(제공: 정진철)와 지하부(출처: Google)

표현한 것이다.

(2) 식물적인 특징

우유꼬는 영년생 식물로서 27°C 이하 온도에서만 자라므로 국내에서 고랭지재배가 가능한데, 장기간 재배하려면 시설재배가 좋을 것이다. 안데스에서는 1,500~4,000m까지 자라며 덩굴성, 반직립성, 직립성이 있다, 포복성은 폭은 0.9~1m, 직립성은 초장은 38cm 정도된다. 포복종은 이랑을 덮어서 재배가 곤란하고 오히려 피복용 화훼식물로 쓸 수가 있다. 줄기가 직립성인 것은 2배체이고 늘어지는 포복성인 것은 3배체이다. 줄기는 다즙성이고 각이 지는데, 줄기의 색은 녹색 또는 적색이며 자갈색 점이 줄기 가장자리에 나타난다. 잎의 길이는 5~20cm, 폭은 5~12cm로 다소 두꺼우므로 쌈용으로 알맞다. 노지에서는 서리가 오면 모든 줄기가 죽는다.

종자는 거의 생기지 않으나 단성화로 크기는 0.4cm, 꽃잎은 5개로 노랗게 여름에 핀다. 21°C 이하 습도가 85% 정도 되면 품종에 따라 드물게 종자가 생긴다. 자가수정은 안 되며 타가수정을 하면 종자가 달리지만 수량이 매우 적어서 육종 목적 이외는 채종 재배가 곤란하다. 종자는 4개월간의 휴면 기간을 가지고 파종해도 290~650일 되어야 완전히 발아한다. 뿌리는 감자처럼 생겼는데, 크기는 다양해서 보통 1.25~7.5cm 정도이지만 긴 것은 2~15cm 되는 것도 있으며, 색은 크림색의 백색, 황색, 녹황색 등 매우 다양하다(그림 3.12). 햇빛에 노출되면 표피가 녹색으로 변하지만 감자의 솔라린과 같은 독소는 생기지 않는다.

우유꼬는 단일식물이므로 12.5시간 이하가 되지 않으면 땅속에 감자 같이 포복경이 생기지 않는다. 따라서 추분이 지나야 포복경이 생겨나 그 끝에 덩이줄기가 생긴다. 때때로 포복경이 땅 위로 솟아서 자라기도 하지만 매우 드물며, 이러한 현상을 방지하기 위해 추분이 지난 후에 줄기 주변에 약간의 복토를 해주면 좋다. 일찍 추워지는 곳에서는 추분이 되기 한 달 전에 국화처럼 단일처리를 하여 덩이줄기 재배

기간을 길게 해야 수량 증대가 좋다.

(3) 품종

전 세계적으로 70여 품종이 분류되어 있지만, 등록된 것이 많지 않고 수집종으로 구분되거나 덩이줄기색에 따라 백색, 황색, 적색, 자색, 주황색으로 구분한다. 가끔 표피에 점이 찍히거나 다른 색의 줄무늬가 나타나기도 한다. 일반적으로 황색을 심으면 분리가 없이 황색이 나타난다. 덩이줄기의 육색은 감자처럼 표피색과 상관없이 백색 또는 황색이다. 페루에서는 황색종을 가장 많이 재배한다. 뉴질랜드에서도 소비자가 적색을 가장 선호한다고 한다(Busch et al., 2000). 몇 가지 품종 특성은 다음과 같다(cultivariable.com, 2018).

Humptulips	표피 황색, 육색 황색, 환형 장타원형
Moclips	표피 적색, 육색 백색, 환형, 뿌리의 땅 냄새가 중간
Queets	표피 적색, 육질 갈색~흰색, 다수성, 요리해도 표피의 적색유지
Taholah	표피 적색, 육질 주황색, 조생종

(4) 재배 관리

작형: 국내에서는 봄 파종 고랭지 시설재배만 가능한 식물이다

재배: 번식법으로는 종자번식과 영양번식이 있다. 종자번식은 발아 기간에서 차이가 너무 많이 나고 개화유도도 어려워 농가에서는 사용하지 않는다. 그러나 육종을 목적으로 하는 종자번식에서는 다음 방법에 따른다. 물에 24시간 침수 처리하여 포트에 파종하고 발아할 때, 온도는 낮 20~27°C(12시간), 밤 12~13°C를 목표로 관리하면 휴면타파가 되고, 빠른 것은 아주 드물게 20일 전에 발아하나 대부분 60일 되어야 발아하며, 최고 650일이 걸린다(Lemipiäinen, 1989). 발아율은 2~2.7% 정도로 낮다. 발아 후에 14시간 일장을 주고 2개월 관리하여 본 잎이 3~4매 되면 포장에 심어 관리한다. 따라서 종자번식은 만상일로부터 역산해서 3개월 전에 온실에 파종한다. 고랭지에서는 5월 말까지 서리가 오므로 재배하기 위해서는 2월 말에 파종해서 가꾸면 종자 채취가 가능하다. 서리가 일찍 오므로 노지는 불가하고 온실에서 재배하여 채종하여야 한다.

영양번식은 종서(種薯)에서 싹이 난 후 5~9개월 동안 자라므로 재배 기간을 오래 유지하려면 만상일을 역산해서 씨감자를 일찍 싹 틔운다. 포트에 종서를 심은 후 20°C로 관리하면 싹이 난다. 싹이 많은 것은 감자처럼 싹을 붙인채 절단하여 3~4cm 깊이로 심는다. 대체로 큰 종서가 수량이 많다. 심는 시기는 서리 위험이 없어야 하고 온실 내에서는 최저온도를 감안하여 심는데, 야간에도 12°C 이하로 내려가지 않게 관리한다. 어린 묘나 종서를 직파할 때 심는 거리는 줄 간격 80~90cm, 식물 간격 40cm로 한다. 줄기가 곧바로 서는 직립종은 감자처럼 70cm 이랑에 흑색

비닐을 덮고 30cm 간격으로 심어도 되나 줄기가 땅에 붙어 자라는 포복종(葡匐種)은 1.2m 이랑에 중앙에 한 줄만 45cm 간격으로 심는다. 정식 후에 물주기를 알맞게 하면서 기른다.

9월 하순에 추분이 되어 일장이 12.5시간 이하로 떨어지면, 포복경이 지표에 가까운 상부쪽 땅속에 감자처럼 생기고 그 끝에서 덩이줄기가 자란다. 이때 포기 중간 부위에 북을 주면 수량이 증가한다. 추분이 지나면 고랭지는 서리가 내리고 중부는 10월 초순에 첫서리가 오므로 노지재배에서는 덩이줄기가 자라기에 상당히 어렵다. 따라서 고랭지에서는 추분 후에 온실 내 야간 온도를 12°C 이상 유지되게 관리한다. 11월 중순에 수확을 하면 50% 정도할 수 있고, 12월에서 1월까지 얼지만 않으면 100% 수량을 올릴 수가 있다. 그러나 12월 이전 일찍 수확하면 상품성의 30% 수준에 머물게 된다. 제주 남부 서귀포지역의 중산간지에서는 무가온 시설재배가 가능하지만, 강원도에서도 시설 내에서 10월에서 11월 초까지 야간에 최저 5°C를 유지해 주면 덩이줄기 수확이 가능하다고 본다. 수량은 지역의 생육 기간에 따라 다른데 충분하게 자라는 지역에서는 4.5t이며, 서리가 일찍 오는 지역에서는 200~500kg/10a에 그친다. 보통 한 그루에 평균적으로 230~450g을 수확한다.

시비는 감자의 시비량과 같이 10a에 퇴비 1톤, 질소 10~15kg, 인산 10~15kg, 칼리 12kg 정도 시비한다. 뉴질랜드에서는 인산, 칼리를 10kg/10a 밑거름으로 주고, 질소는 정식 후 8~10주에 성분량으로 5~7kg을 시비한다. 관수량은 700~800mm가 필요하므로 건조기에는 물주기를 잘 해야 한다. 병충해로는 감자 바이러스에 감염이 되므로 생육 초기에 진딧물 방제를 잘 해 주어야 하며, 오이잎벌레 피해가 발생하므로 주의한다. 가을에 늦게 수확해 들쥐나 산짐승들의 피해가 많다.

수확: 고랭지 온도가 내려가기 전인 11월부터 수확한다.

저장: 온도 1~3°C, 습도 90%인 암실에서는 2년 정도 가능하다. 서늘한 조건에서는 여러 달 동안 저장된다. 큰 덩이줄기를 오래 저장하면 무의 바람들이 같은 공동현상이 나타난다.

(5) 이용 및 기능성

이용: 잎을 채취해서 쌈, 샐러드, 수프로 이용한다. 큰 잎은 손바닥 크기만 하여 쌈으로 먹을 수가 있다. 잎은 말려서 아침에 시리얼처럼 이용하는데, 이는 잎이 두껍고 영양가가 높기 때문이다. 덩이줄기는 감자처럼 요리해서 먹으며 익히는 데 오래 걸린다. 감자와 달리 오크라처럼 끈적거리는 물질이 있지만 익히면 없어진다. 우유꼬는 비트처럼 흙냄새가 나는데, 이는 지오스민(geosmin)이 표피에 존재하여 토양 박테리아가 형성하는 비사이크릭 알콜(bicyclic alcohol)이며, 황색 종이 강하고 흰색은 약하다. 익히면 흙냄새가 옅어진다. 우유꼬는 가공된 채 캔에 담겨 중남미에서 유통되는데, 미국의 남부지역에서는 시장이 형성될 정도로 인기가 있다.

기능성 성분: 탄수화물, 무기염류가 함유되어 있고, 비타민 C는 감자의 2배이다. 비트에서 발견되는 항산화 물질인 베타라인(betalains) 화합물이 함유되어 있는데, 적색, 자색 품종엔 베타시아닌(betacynins)이 70ug/g, 황색, 주황색 품종에는 베타산틴(betaxanthines)이 22~96ug/g 들어 있다. 다른 안데스 자생 뿌리채소에는 없고 우유꼬에만 있다(Svenson 등, 2008). 이들 항산화 물질은 항암과 심장병 예방에 효과가 있다. 따라서 앞으로 기능성 식품과 약 재료로의 적용이 가능하다.

3.13 울금

학명: *Curcuma longa*
(영): turmeric, curcuma **(독):** Kurkuma **(불):** Curcuma
(중): Yu chiu

(1) 원산지와 재배 내력

울금(鬱金)의 정확한 원산지는 알려지지 않았으나 남아시아 또는 남동아시아와 인도로 추측을 한다. 울금은 3배체로 불임이어서 주로 영양번식을 하는 식물인데, 인도에서는 태고적부터 재배된 것으로 추측한다. 울금은 7세기 경에 중국으로 전파되었고, 8세기에 동아프리카, 13세기에 서아프리카에서 재배되었으며, 그 후 전 세계의 열대지역에서 재배되었으나 대단위 재배는 인도와 동남아시아에서 이루어진다. 국내에는 조선 초기에 구례, 낙안, 순천에서 재배되었다는 기록이 있어 재배 역사는 약 600년 정도된다. 국내에서는 여러 가지 원인으로 인해 명맥만 유지하다가 1990년 중반부터 진도에서 재배가 시작되어 현재는 전국적으로 약 80ha가 재배되고 있다. 세계 울금 생산량의 78%를 차지하는 인도는 재배면적 약 57만 ha에서 90만 톤을 생산하며, 자체 내에서 80%를 소모하고 약 6%만을 수출한다. 울금은 인도 이외 중국(세계의 8%), 미얀마(4%), 나이지리아(3%), 방글라데시(3%), 기타 국가(4%)에서 생산한다.

우리는 흔히 울금을 강황(薑黃)이라고도 부르지만, 이는 중국 한약상에서의 오류가 지난 수백 년간 이어온 결과이며 식물학적으로는 확연히 구별된다. 울금은 꽃이 황백색으로 6~10월에 피고, 종자 형성이 안 되어 영양번식을 하며, 쿠쿠민(curcumin)을 7% 함유하는데 주로 향신료(spice)로 쓰인다. 강황(*Curcuma aromatica*, wild turmeric)은 인도 벵갈이 원산지로 야생적인 특징이 많으며, 4~6월에 잎이 나오기 전에 개화하며 꽃 색이 붉다. 종자가 맺혀서 종자와 영양번식을 하고, curcumin은 2%로 울금보다 낮으며, 주로 화장품 원료로 쓰인다. 울금과 강황은 식물적 특성, 함유 물질, 이용에서도 차이가 크게 난다(Shikha 등, 2015).

그림 3.13 진도 울금 재배(좌)와 뿌리(우)

학명의 *Curcuma*는 울금(kurkum, 아랍어)을 뜻하고, *longa*는 길다는 뜻이다.

(2) 식물적 특징

초장은 곧게 1m 이상 자라는 영년생 숙근초본(宿根草本)이다. 잎은 담록색으로 장타원형이며, 보통 6~7매가 자라게 된다. 가을이 되면 중앙 부위에 길이 약 20cm 정도 꽃대가 오르고 담록색 달걀 모양의 꽃봉오리가 발생한다. 각 포는 3~4개 꽃을 갖고 꽃잎은 황백색으로 아래에서부터 피는데, 열매는 달리지 않는다. 열대지역에서는 땅속줄기가 벼처럼 가지를 쳐서 분얼(分蘖)이 잘되는 식물이다. 땅속줄기는 1차 뿌리(2.5×5cm)에서 2차 땅속줄기가 처음에 흰색으로 사방으로 자라나다가 굵어지면서 황색으로 변화되고, 5~10×1~1.5cm로 굵어진다(그림 3.13). 꽃과 땅속줄기의 비대는 재식 후 6개월째 이루어지므로 봄에 일찍 심는다. 인도 재배지역에서는 강우량이 1,200~1,400mm 정도로, 100일 정도 지속되어 내리는 것이 좋다고 하므로 그만큼 많은 물이 필요하다. 울금은 생육 단계에 따라 온도요구도가 다른데, 발아 기간은 30~35°C, 가지치기하는 시기는 25~30°C, 땅속줄기가 발생하는 시기는 20~25°C, 땅속줄기 비대기는 18~20°C가 좋다.

토양 조건은 비옥한 사양토나 식양토로서 배수가 양호하고 토양 산도는 5~7.5로 비교적 약산성이나 중성 토양을 선호한다. 토양에 물이 침수되는 지역이나 알카리 토양에서는 자라지 못하지만 내음성이 있어서 약간 그늘진 곳에서도 잘 자란다. 인도의 주산지에서는 3년에 한 번씩 고추, 감자, 양파, 마늘 같은 채소나 밀, 옥수수, 콩류들 밭작물과 돌려짓기[輪作]하여 병충의 발생을 방제한다. 인도에서는 코코야자, 망고, 리치 같은 열대과수의 사이에 간작 작물로 심는데, 이 경우 수량은 일반 재배보다 월등하게 낮다.

(3) 품종

국내에서는 특별한 품종 없이 90년대 중반 이후 농가에서 재배되는 품종을 분양 받아 재배하였는데, 가장 많이 재배되는 전남 진도로부터 종강(種薑)이 많이 제공된다. 앞으로 국가기관에서 해외 유전자원을 수집하여 한국에 맞는 품종을 선발하는 것이 필요하다.

전 세계에서 가장 많은 울금을 재배하는 인도는 국토가 넓은 만큼 각 지역에 맞는 추천 품종이 있다. 인도에서는 재배 기간이 6, 7, 8, 9개월로 나뉘어져서 적합한 품종이 보급되고 있는데, 최근에 인도에서 육성 보급되는 품종 가운데 수량이 10a당 3톤 이상이 되는 다수성 8가지 품종의 특성은 표 3.2와 같다. 근경 크기가 작은 것은 중간 품종보다 건물율이 절반 정도로 낮아 가루를 만들 때 수율이 낮음을 알 수가 있어 쿠쿠민 함량과 함께 재배품종 선택 시 고려해야 한다.

표 3.2 육성된 인도 울금 품종의 특성(발췌 정리: Oak, 2017)

품종명	근경 크기	수량 (kg/10a)	재배일수 (월)	건물율(%)	쿠쿠민 함량 (%)
BSR-1	큼	3,070	285(9.5)	20.5	4.2
Co-1	큼	3,000	285(9.5)	19.5	3.2
IISR Prabha	중간	3,750	195(6.5)	19.5	6.5
IISR Orathibha	중간	3,910	188(6.3)	18.5	6.2
Ranga	중간	2,900	250(8.3)	24.8	6.3
Rasmi	중간	3,130	240(8.0)	23	6.4
Sudarsana	작음	2,880	190(6.3)	12	5.3
Suguna	작음	2,930	190(6.3)	12	7.3

(4) 재배 관리

작형: 국내에서는 봄에 정식을 하여 가을까지 재배하는 노지 작형이 있다.

재배: 파종하기 2개월 전인 2월 말에 해동이 되면, 밭에 석회를 약 90kg/10a, 잘 썩은 퇴비를 2~3톤 뿌리고 경운한다. 파종 한 달 전쯤인 3월 중하순에 잡초가 나기 전 복비 N : P : K를 10 : 10 : 10kg 정도 뿌리고 써래질한다. 이랑은 폭 45~50cm, 높이 20~25cm로 만들면서 동시에 검정 비닐로 멀칭을 한다. 그러면 4월 중순쯤 토양온도가 15°C 이상 올라서 파종하기 좋다. 이랑을 검정 비닐로 멀칭하면 봄철 근권온도가 높아서 싹 자람이 좋고, 잡초 발생이 줄어들며, 수분관리가 잘 되므로 대단위 재배에서 적용하는 것이 원칙이다

파종을 위해서는 건전한 울금을 구입해서 손가락 정도 크기로 근경(根莖, 5~6cm 작은 근경, setts 또는 finger라 부름)을 분리하여 4월 중순(남부)~5월초(중부)에 심는다. 파종 간격은 줄 간격 60~80cm, 주간 거리 30~40cm, 파종 깊이는 7.5cm로 멀칭 비닐에 구멍을 뚫으면서 파종한다. 이렇게 심으면 종묘는 약 170~200kg/10a이 필요하다. 인도에서는 과수원 내에 이랑이 없이 간작으로 25×25cm로 심는데, 종묘는

250kg/10a가 필요하다고 한다.

열대지역이 원산인 울금은 인도에서는 파종 후에 7~10개월에 수확해도 될 정도로 생육 기간이 충분하지만, 국내에서는 6개월 정도되므로 싹을 틔워서 심어야 재배기간이 길어져서 수량이 많아진다. 싹 틔우는 방법은 온실에서 3월 중순부터 스티로폼 상자나 플라스틱 상자에 마사, 피트, 코코넛 코이어 등의 상토를 바닥에 10cm 정도 채우고, 종묘를 서로 붙지 않게 깔고, 10cm 두께로 상토를 덮어 준 후에 물을 적당량 뿌린 다음 싹이 트게 한다. 이때 온도는 20~25°C 정도가 알맞고 온도와 수분이 너무 높으면 썩게 되므로 유의한다. 약 25~30일 정도 처리하면 싹이 나는데, 이것을 본 포에 심는다. 큰 근경은 싹을 하나만 붙여서 잘라 심으면 울금 종묘량을 줄일 수가 있어서 좋다.

비닐 멀칭을 하지 않은 곳에서는 파종 후 8주가 되는 6월 장마 전에 북을 준다. 이때 마그네슘과 붕소가 포함된 원예용 복비(N-P-K-Mg-B)를 10kg 수준으로 뿌려주고, 여유가 있다면 황산철과 황산아연 비료를 각각 5kg/10a 시비하거나 엽면살포를 해주면 좋다. 비닐 멀칭을 한 곳은 식물 사이에 구멍을 뚫고 복비를 덧거름(추비)으로 주는데, 양은 식물의 생육 상태에 따라 조절하는 것이 좋다.

울금은 생강과 같이 뿌리썩음병이 발생하여 수량 감소를 초래할 수가 있으므로 0.3% Dithane M-45(Mancozeb 수화제) 액에 30분간 침지했다가 말려서 심고, 포장시에 발생하면 같은 농도로 관주한다. 잎에 탄저병이 발생하는 경우가 있는데, 지네브 0.3% 액이나 1% 보르도액을 살포하여 방제한다. 그러나 다른 식물보다 특별한 병해가 발생하지는 않는다.

수확: 고구마처럼 서리가 오기 전에 수확하는 것이 장기 저장에 좋다. 종자로 사용할 것은 좋은 것을 골라 12~15°C 되는 곳에 저장하고, 판매용은 씻어서 포장하여 출하한다. 울금편을 만들려면 일정 두께로 절단하여 태양 건조를 12~15일 처리하여 수분 함량이 8~10% 되도록 건조해서 상품화한다. 건조기는 약 65°C를 기준으로 하지만 근경의 수분 정도에 따라 색이 좋지 않으면 60°C 정도 낮춰서 건조한다. 절단하여 말린 것의 색감이 좋지 않으면 면장갑을 끼고 문지르거나 울금 가루를 약간 뿌려서 광택을 내면 색감이 좋아져서 상품성이 증가한다.

저장: 울금을 수확하여 표피를 말린 후에 생강처럼 땅굴에 저장하기도 하지만, 일반적으로 스티로폼 상자에 신문지를 깔고 뿌리를 넣으면서 사이사이에 신문지를 넣고 밀봉해서 10~12°C로 저장한다. 가정에서도 냉장고에 저장하면 썩으므로 비닐백 등에 포장하여 10°C 정도 되는 베란다 등에 저장하는 것이 좋다.

(5) 이용 및 기능성

이용: 울금은 생소한 것 같으나, 카레의 노랑색을 내는 주성분이기 때문에 평소에 접하고 있다. 인도를 비롯한 동남아 국가에서는 수많은 요리의 색과 맛을 내기 위하

여 이용한다.

울금은 생으로 갈아서 즙을 먹거나, 건강(乾薑)처럼 말리거나 가루로 만들어서 차로 마실 수가 있다. 울금가루 차는 한 티스푼을 따뜻한 물에 타서 1일 3회 마신다. 진도에서는 울금 막걸리가 생산되어 지역에서 판매한다.

기능성: 울금에는 세스퀴테르핀(sesquiterpene: ar-turmerone, turmerone), 모노테르핀(monoterpene: 1,8-cineole, α-phellandrene)과 쿠쿠민(curcumin) 같은 기능성 성분을 가진다. 이들 성분은 관절염 경감, 항암, 콜레스테롤 저감, 궤양성 대장염증 경감, 면역력 증가, 눈의 포도막염 경감을 한다. 특히 쿠쿠민이 치매 예방에 효과가 있다(Nelson 등, 2017).

인도의 아유르베다에서는 소화불량, 상처, 피부 감염, 인후 감염, 감기, 간질환 치료에 사용된다. 그러나 최근에 여러 나라에서 유통되는 울금 가루에는 색을 내기 위한 목적으로 납을 사용하는 문제가 있어 주의가 필요하다(FDA, 2017). 인도에서는 울금 가루에 납이 2.5ppm 이하가 들어있도록 규정을 정하고 있다. 따라서 가능한 국내에서 생산되는 신선한 울금을 이용하는 것이 좋다.

3.14 차요태

학명: *Sechium edulce* Swartz
(영): chayote **(독):** Chayote **(불):** Chayotte, Chouchoute

(1) 재배 내력

차요태는 원산지에 대한 설이 다양하지만, 멕시코와 과테말라의 열대지역이 원산지로 아즈텍어로는 chayotli라고 하며, 그 이외에 choko, christopine, vegetable pear, mirliton, mango squash 등의 명칭이 있다. 차요태 뿌리는 멕시코에서 chayotextle, cueza, camochayote, chinchayote라고 불리며 식용한다.

18세기에 서인도제도와 브라질 등지로 전파되었고, 이어서 아프리카, 아시아로 전파되었는데, 특히 동아시아 고산지대에서 재배되면서 열대 아시아권에서도 채소로 자리매김하였다.

국내에서는 2000년대 들어서서 농진청 및 도 기술원에서 새로운 채소 작물로 수입하여 재배하고 있으나 시장은 크게 형성이 되지 않고 있다.

학명의 *Sechium*은 그리스어인 sekos에서 유래하여 목장의 울타리를 뜻하며, 이는 식물이 가축을 비육한다는 의미이다. *edulce*은 식용을 의미한다.

(2) 식물적 특징

차요태는 가지과 작물로서 열대에서는 세력이 왕성한 초본성 다년생 식물이며, 한 번 심으면 기본이 3년이고 중미에서는 8년까지도 재배한다. 국내에서는 1년생으로 재배된다. 줄기는 보통 12m까지 자라는데 3~5개의 분지를 형성하며 뿌리는 고구마같이 생긴 괴근을 1개 형성한다. 잎은 오이 잎과 유사하며, 엽폭은 15~25cm, 엽병(葉柄, 잎자루)은 5~15cm 정도이고, 오이처럼 덩굴손도 많이 형성된다. 암꽃과 수꽃이 각각 따로 달리지만 같은 줄기에 착생하는 자웅동주(雌雄同株)이다. 암꽃과 수꽃은 줄기와 잎이 붙은 겨드랑이[葉腋]에 착생하는데, 암꽃은 오이꽃처럼 작은 열매가 붙어서 꽃받기 아래가 밋밋한 수꽃과 구별하기 쉽다. 꽃은 일장이 12시간 이상 되어야 핀다. 열매의 과장은 4.3~26.5cm, 과폭은 3~11cm 정도이다. 과실의 무게는 생산 국가와 계통에 따라 다르나 코스타리카산은 58~1,207g, 과테말라산은 48~540g, 온두라스/파나마산은 299~398, 멕시코산은 47~1,227g이다(Saade, 1996). 과실의 형태는 골의 유무에 따라 표면에 골이 생기지 않은 것과 5개 정도의 골이 파이는 것, 색에 따라 암록, 녹, 황색, 그리고 과피에 털의 유무 등에 따라 다양한 과일 형태가 있다. 과육(果肉)은 표피 쪽은 연록, 중앙은 흰색, 약간 황색 등 다양하나 대체로 흰 것이 많다. 과실은 독특한 향기를 나타내는데, 중앙에 한 개의 종자가 들어 있다. 종자는 달걀 모양으로 편편한데, 길이는 3~5cm 정도이며 중앙에 2매의 떡잎이 존재하고 다량의 전분을 함유한다. 차요태는 생육적온이 20~25°C이지만, 12~28°C 범위에서는 생육이 가능한 작물로 공중습도가 80~85% 정도면 좋다.

(3) 품종

차요태의 품종과 관련해서 연구가 많지 않은데, 이는 종자의 저장이 어렵기도 하지만 다양한 형태의 종류가 혼재해서 재배되고 있기 때문이다. 품종은 털의 유무, 골의 유무, 과실의 색, 과실의 모양과 크기에 따라 분류되지만, 품종명은 재배지역에 따라 다르다. 국내에서는 과피에 골이 약간 있는 녹색종과 황색종이 유통되는 반면에, 미국에서는 관상용으로 털이 많은 녹색종, 털이 없는 적색종 등 한국보다 다양한 품종이 유통된다

De Donato와 Ceques(1994)는 차요태의 세포유전학적 연구를 위하여 과실의 형태에 따라 6가지로 분류했다. 서양배형 녹색과(골 있음, 과피상 털 약간 존재, 과장 10~16cm, 200~400g), 서양배형 백색과, 난형 녹색과(털 있음, 골 없음, 과경 9~13cm, 200~600g), 서양배형 난형대과(대과종, 녹색과 털이 많음, 골 있음, 11~20cm, 350~700g), 환형 백색과(소과, 털과 골 없음, 과경 4~7cm, 70~250g), 서양배형 난형 소과(소과종, 털과 골 없음, 극히 드묾, 과장 5~8cm, 70~250g)로 분류했다. 멕시코에서 Cadena-Inuguez, J. et al. (2007)은 차요태를 색깔과 털의 유무 등에 따라 8종류로 분류하였다(그림 3.14 우). 크기가 주키니호박 같이 생긴 큰 차요태도 있는데 과중은 1.5kg 정도이다.

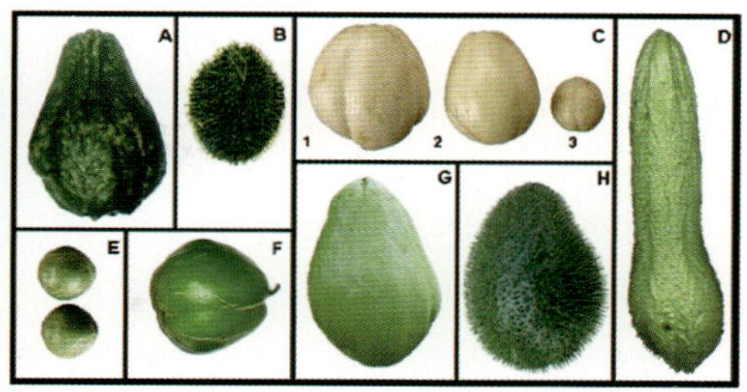

그림 3.14 덕식 재배와 다양한 품종(우: Cadena-Inuguez, J. et al., 2007)

이처럼 다양한 형태의 품종이 외국에서 재배되지만, 국내에서는 제한적인 품종만 보급되므로 잘 선택해서 재배해야 한다.

(4) 재배 관리

작형: 봄에 파종하는 노지재배와 육묘 후 시설 내의 월년재배가 있다.

재배: 차요태는 종자, 과실, 줄기 삽목묘 등을 통해서 번식한다. 종자는 과육과 분리가 어려워 국내에서는 유통이 거의 없고, 과실을 구입하여 화분에 심는 방법을 택하거나 삽수를 잘라서 번식한 묘를 구하여 심을 수가 있다. 미국과 유럽에서는 포트에 식물을 길러서 파는 경우가 많은데, 국내에서는 구매자가 많지 않아 포트 묘의 유통은 거의 없다.

국내에서는 종과를 구입하여 육묘한다. 5월 초에 정식을 하려면 2월 말쯤 육묘를 시작한다. 먼저 직경 15cm 포트에 상토를 넣고 구입한 과일의 과경이 있는 쪽을 위로해서 약간 보이게 심는다. 그 다음 적당하게 물을 주고 과습되지 않게 관리하면 싹이 난다. 이때 온도는 15°C 이상을 유지해야 하며, 20~25°C 정도가 좋다. 싹이 나는 기간은 온도에 따라 다르나 2~3주 정도 걸린다. 싹이 난 후에 6~8주간 잘 관리하면 튼실한 30~40cm 묘로 성장한다. 물론 온도가 높으면 빨리 자란다. 잘 자란 묘는 이랑을 1.5×3m 간격으로 정식하나 장기 저장은 3×3m로 정식을 한다. 장기 온실재배는 정식할 곳을 50~60cm 깊이로 구덩이를 파고 충분한 퇴비와 복합비료를 30~40cm 높이로 넣고 다시 흙을 채운 후에 심는다. 식물이 자라면 지주를 세워서 네트를 치고 오이나 여주처럼 줄기를 유인한다. 유인 줄은 최소한 1.8m 높이로 만들어서 식물을 재배한다. 육묘한 묘를 5월 초에 정식해도 노지이기 때문에 발육이 늦어져서 7월 초가 지나야 개화를 한다.

온실에서 장기재배는 철사로 튼튼하게 유인한다. 정식해서 유인한 후에, 온도 조건에 따라 다르나, 4~7주가 지나는 6월 중~7월 초에 세력이 왕성해지고 꽃이 피어서 열매가 맺히기 시작한다. 이 시기 식물은 생육이 왕성하므로 줄기를 알맞게 정지하고 자른 순은 연한 부분을 데쳐서 나물로 이용한다. 관수는 매주 50mm 정도를 실시해야 하므로 토양조건을 봐 가면서 충분하게 물주기를 한다. 시설재배는 조기 육묘하여 7월 말부터 수확한다. 겨울철 시설 내의 최저온도를 15°C로 유지하면 동계재배가 가능하다.

노지재배에서는 5월 초에 노지에 심으면 8월에 착과하고 9월에 수확한다. 즉, 정식 후 4~5개월이 지나야 수확할 수 있다.

삽목번식은 생장점을 포함하여 줄기를 15~20cm 정도 되게 자르고 루톤을 도포하여 피트나 코이어 상토에 삽목한다. 그늘을 만들어 주고 20°C를 유지하면 14일이 지나서 발근이 시작된다. 완전하게 정식할 묘를 만들려면 환경이 좋은 경우에 1개월, 나쁘면 2개월이 소요된다. 따라서 정식일로부터 2개월 전에 삽목하는 것이 확실하다. 코스타리카에서는 삽목번식을 대단위로 상업적으로 생산하여 공급한다고 알려져 있다.

토양은 통기성이 좋고, 비옥하며, 산도는 4.5~6.5 정도로 약산성에서도 잘 견디는 편이다. 시비는 오이 수준으로 복합비료를 20 : 20 : 20kg/10a로 준비하고 밑거름과 덧거름 비율을 4 : 6쯤 준다. 퇴비는 2톤을 밑거름으로 시비한다. 병해로는 흰가루병과 탄저병이 나타날 수가 있으므로 초기에 방제하여야 하며, 진딧물, 흰가루이 등 병충 방제에도 주의하여야 하나 오이보다는 병충에 강한 편이다.

수확: 꽃이 피면 생과용은 수확까지 약 20~25일, 가공용은 30~35일, 종자용은 40~50일이 필요하다. 8월 말에 개화하면 9월 말부터 10월에 걸쳐서 수확한다. 노지에서의 직파재배는 생육이 부진하며, 첫서리가 내리는 10월 초에 어린 과일만 수확하는 경우에는 생육기를 잘 조절할 필요가 있다. 그러나 온실에서 월동시키면서 재배하면 열대지방에서처럼 8년 정도 재배가 가능하다. 일반적으로 한 주당 작게는 50개 많게는 500개까지 수확한다. 국내재배 녹색종은 과중 200~400g의 과실을 주당 200~300개 수확하는데, 수량은 녹색종이 약 4톤/10a, 백색종은 3톤 정도이다. 뿌리는 고구마와 같은 괴근이 형성되나 3년 이상 자란 식물에서 수확할 수가 있으며, 멕시코에서는 시장에서 흔하게 본다.

저장: 수확한 과일은 10~15°C, 습도 90%에서는 약 1~2주 저장할 수 있지만, 7°C 이하에서는 저온해를 입으므로 주의한다. 호온성 작물이므로 유통 온도는 10~12°C 정도가 바람직하다. 잘라서 냉동하면 1년 동안 저장할 수 있다.

(5) 이용 및 기능성

이용: 과일은 수확해서 가운데를 잘라서 씨를 뺀 후 그냥 먹거나 샐러드를 만들어 먹는다. 과일을 갈아서 주스로 만들어 먹기도 한다. 물론 파슬리, 마늘 등과 같이 볶아서 먹으면 좋은 샐러드가 된다. 어린잎과 줄기는 비타민, 칼슘, 철분이 많아 데쳐서 시금치처럼 나물로 이용하는데, 파푸아 뉴기니아에서는 중요한 채소이다. 3년

이상된 식물의 뿌리는 캐서 마처럼 요리해서 먹으며, 돼지나 가축 사료로 이용한다. 열매는 장아찌로 만들어서 이용한다. 특히, 익산 지역에서는 주박장아찌를 만든다. 인도에서는 과일과 뿌리를 식용할 뿐만 아니라 식물 전체를 사료로 이용한다.

기능성: 차요태는 의약 용도가 있다. 잎이나 과일을 차나 채소로 먹으면 신장 결석을 녹이고, 요산 배출을 도우며, 동맥경화, 고혈압 및 간질 치료를 돕는다. 과일도 이뇨를 촉진하고, 신장 질환을 치료하는 효과가 인정되어 스페인 점령시대부터 민간요법으로 이용하였다.

Sibi 등(2013)은 과일 추출물이 식중독균의 활력 저하에 효과가 있다고 했다. 박과인 차요태에 들어있는 쓴맛 성분인 쿠쿠비타신(cucurbitacin) B와 E는 간질환 예방에 효과가 있고 이뇨작용을 돕는다. Salazar-Aguilar 등(2017)은 차요태의 쿠쿠비타신, 테르펜, 루틴, 미리시틴, 쿠엘세틴같은 항산화 물질이 암세포 증식을 저지하는 효과가 있다고 보고하였다. 따라서 정원에서 재배하면서 적당히 잎과 과일을 섭취하면 건강을 증진할 수가 있다.

3.15 타마릴로(나무토마토)

학명: *Solanum betaceum*
(영): tamarillo, tree tomato **(독):** Tamarillo **(불):** tamarille

(1) 재배 내력

가지과에 속하는 식물로 남미의 에콰도르, 콜롬비아, 페루, 칠레, 볼리비아의 안데스 산맥이 원산지로 현지에서는 정원이나 과수원에서 생산이 되는데, 우리와 달리 인기 있는 과일 중의 하나이다. 전 세계로 전파되어서 아열대 지역인 르완다, 남아프리카, 인도, 미국, 호주, 뉴질랜드 등에서 재배된다. 열대 아시아의 필리핀, 말레이시아의 고산지대에서도 생산된다. 1967년 이전에는 나무토마토라 했으나 뉴질랜드에서 토마토와 구분해서 수출하기 위하여 매력적인 토마릴로 바꾸어서 명명하였으며, 2014년 현재 뉴질랜드는 약 450톤을 생산하여, 호주, 미국, 태국 등지에 수출한다. 르완다는 약 5,000톤을 생산하여 주로 영국, 독일 등 유럽으로 수출한다. 국내에서는 취미원예가가 일부 재배하며, 공식적인 기록은 없지만 앞으로 남부지역 농가의 재배가 예상된다.

학명의 *Solanum*은 라틴어인 solamen(진정)이라는 뜻으로, 이 속 식물이 진통약으로 쓰인 데서 유래되었고, *betaceum*은 라틴어 betaceus(순무) 같이 둥글다하여 열매의 모양을 지칭한 말이다.

그림 3.15 적색 품종 착과 모습(좌)과 과실단면(우)(출처: Google)

(2) 식물적 특징

영년생 식물로 초장은 3~5m이며, 큰 것은 7m까지 자라지만, 재배에서는 수확을 고려하여 2m가 넘지 않게 관리한다. 최대 생산량은 심은 다음 4년 후에 이루어지고 아스파라거스처럼 약 12년 동안 수확한다. 초세는 줄기가 곧바로 서고 측지가 나는 형태를 취하는데, 꽃과 열매는 측지에 착생한다(그림 3.15 좌). 잎은 품종에 따라 다르나 남미의 노지재배에서는 생장점에서 나올 때 붉게 나왔다가 녹색으로 변하기도 하며, 잎의 크기는 재배지에 따라 다르나 채소용 가지의 잎 정도이다. 엽장은 20cm가 보통이나 남미 원산지에서는 40cm까지 되는 것도 있으며 강한 냄새가 난다. 타마릴로의 꽃색은 흰색, 노란색, 녹색, 분홍색, 라벤더색, 보라색 등 다양하며, 10~50개의 꽃이 모여서 핀다. 그러나 그중 12%가 수정이 이루어지고 약 3%만 수확이 가능해서 큰 꽃송이도 최종적으로는 약 1~6개의 과일만 달린다. 자가수정을 하면 고추처럼 과일이 달리고, 꽃은 향기가 강해 곤충을 유인한다. 곤충을 통하여 타가수정을 할 경우 착과가 더 잘되는 것으로 알려져 있다. 열매는 둥근 것, 길쭉한 것 등 모양이 다양하지만, 둥근 달걀모양은 과폭 3~5cm, 과장 4~10cm 정도이다. 과색은 노란색, 주황색, 빨간색, 보라색 등으로 다양하며, 재배종에 따라서 세로로 어두운 줄무늬가 있다(그림 3.15 우). 과실은 일반적으로 스페인 종은 40~60g, 에콰도르 종은 100~180g이며, 생산지와 품종에 따라 과일의 무게가 다르다. 대체로 노란색 계통이 빨간색 계통의 과실보다 작다. 열매는 단단하고 토마토보다 많은 종자를 갖는다. 뿌리는 좁고 깊게 뻗지 않아 가뭄에 약하므로 건기(乾期)에는 계획적인 관수가 필요하며, 바람에 쉽게 넘어지므로 노지재배에서는 지주를 세워주는 것이 좋다. 타마릴로는 자가수정 작물이나 다른 가지과 식물과 교잡이 잘 이루어지며, 이 경우에 불임이 되고 맛이 나빠지는 경우가 많다. 온도 적응성은 15~20°C에서 잘 자라며, 10°C 이하만 내려가지 않으면 된다. 서리(-2°C)를 맞으면 어린 가지는 죽지만 반목본성(半木本性)을 나타내는 줄기는 살아나서 다시 싹이 난다. 일시적으로 서리를 맞아도 식물체가 죽지 않는 아열대성 식물로, 에콰도르에서는 해발 3,000m까지 자라며 지중해성 기후에 잘 적응하는 작물이다. 대체로 감귤류가 재배되는 지역에서 자랄 수가 있어 제주지역의 무가온 비가림재배에 적당한 작물이다.

(3) 품종

타마릴로는 많이 재배되는 뉴질랜드, 르완다 등에서 새로운 품종이 육성 보급되고 있다. 과색에 따라 빨간색, 노란색, 보라색 기타 줄무늬가 있는 종 등 다양한 품종이 보급되지만 토마토와 유사한 빨간색 종과 당도가 높은 황금빛이 나는 노란색 종이 인기가 있다. 여기서는 미국, 에콰도르, 뉴질랜드 종을 노란색, 빨간색 순으로 몇 가지 소개한다(CRFG).

Amber	고당도, 노란색 종, 디저트, 팬케이크, 아이스크림에 좋은 뉴질랜드 품종.
Ecuadorian Orange	주황색, 달걀 크기, 과육 크림색, 생과 이용 가능.
Goldmine	뉴질랜드 품종, 금빛 노란색으로 향기가 좋은 육질, 신맛 낮음.
Golden Yellow	노란색 종으로 에콰도르 품종.
Inca Gold	빨간색 종보다 신맛이 작은 품종으로 요리하면 복숭아 향이 남.
Solid Gold	대과종, 타원형, 과피는 황금빛이고 과즙은 빨간색, 생식에 좋음.
Oratia Red	빨간색 대과종, 타원형 & 환형 강한 신맛 향, 식용과 잼 용.
Rothamer	빨간색 대과종, 90g, 과육 노란색, 종자 검은색. 향이 달콤함.
Ruby Red	과피, 과육 적색. 수확 1~3주 후 완숙, 뉴질랜드 수출 품종.

(4) 재배 관리

작형: 재배 온도를 고려하면 국내에서는 시설 내 주년재배를 선택하고, 난방비를 고려할 때 제주도와 남해안서만 가능하다. 육지에서는 관상식물로 좋다.

재배: 번식법은 종자 번식과 삽목을 통한 영양번식이 있다. 종자 채취는 가능하나 교잡이 되지 않고 순수한 특성을 가진 것을 골라야 하므로 온실 등에 격리되어서 착과된 열매를 사용한다. 완전히 익은 과실을 1주일 정도 후숙을 시켜서 종자가 충실해지면 과육과 종자를 분리하여 깨끗하게 씻은 후에 말린다. 파종 전 24시간 동안 냉장고에 넣어 두었다가 포트나 72공 플러그 트레이에 파종하면 발아가 촉진된다. 발아된 식물이 어느 정도 자라면 직경 15cm 크기의 포트에 옮겨서 본 잎이 5~6매 나올 때까지 기른 후에 심는다. 육묘 시기에 바이러스에 감염이 되지 않게 철저한 진딧물 방제가 필요하다.

삽목은 바이러스 증상을 보이지 않는 건전한 생장점이 포함된 줄기에 3~4매 잎을 붙여서 15cm 정도 길이로 절단한다. 삽수는 발근제 루톤을 묻혀서 포트에 심고 발근이 되어서 키가 어느 정도 자라면 정식을 한다. 가정원예에서는 삽수를 절단하여 물에 담가두면 2주가 지나서 뿌리가 내리는데, 이것을 화분이나 밭에 심어도 된다. 열대지역에서는 굵기가 1~2.5cm 정도되는 1~2년생 줄기를 40~75cm 정도 잘라서 잎을 제거하고 마디 아래를 비스듬하게 절단한 후에 심을 노지 포장에 꽂아서 발근을 시킨다. 단지 첫해는 착과를 시켜서는 안 된다. 국내의 경우는 종자번식이나 영양번식 모두 봄철 육묘기간 중에 서리를 맞으면 죽게 되므로 온실 내에서 재배하는 것이 좋다.

심을 때 주간 거리는 품종이나 재배지역의 조건에 따라 다른데, 뉴질랜드는 기계화를 위하여 이랑 넓이 4.5~5m, 주간 거리 1~1.5m로 심고, 안데스에서는 1.2×1.2m(2,000~2,400주)로 밀식재배를 한다. 남미에서는 완만한 산지에 경사도에 따라 3×3m 간격으로 한 그루씩 심기도 한다. 노지에서는 잡초 방지를 위하여 점적관개 시스템을 설치한 후에 이랑을 광폭 검정비닐로 멀칭을 하고 정식을 실시하기도 하지만, 열대에서는 무멀칭 재배를 한다. 노지에서는 방풍림이나 방풍 울타리가 있는 것이 좋은데, 바람이 세면 뿌리가 얕아 넘어지거나 잎이 잘 갈라지기 때문이다.

콜롬비아에서는 묘를 심은 후에 20~30cm 크기가 되면 원줄기를 자르고 2개 측지를 곧게 자라게 한다. 이때 두 개 줄기가 잘 자라게 50cm 높이에 끈으로 두 개 줄기를 고정해 주고, 1.5m 정도 자라는 동안 잘 적심해서 8개 정도 착과지가 나오게 유도한다. 그리고 중앙에 지주를 세우고서 끈으로 8개 줄기를 우산의 살대처럼 묶어서 고정한다. 그러면 열매가 달리거나 바람이 불어도 줄기가 잘 버틴다. 묘의 1m 아래 잎은 제거해서 통풍과 과일의 착색을 촉진시킨다. 한 번 착과된 가지는 다음해에 베어 내고 새 가지가 돋아 나와서 착과되도록 정지한다. 수세를 잘 조절해야 12년 동안 수확이 가능하므로 줄기 전정을 잘 해야 한다

시설 내에서 재배는 바람의 위험이 없으므로 초장을 2m 크기로 조정해서 가꿀 수가 있다. 토양은 비교적 적응력이 높아 물 빠짐이 좋은 비옥한 사질계 토양을 선호한다. 정식하기 전에 석회를 충분히 뿌리는데, 토양 pH는 5~8.5 범위로 적용 폭이 넓다. 인산은 전량 밑거름으로 뿌리고, 질소와 칼리는 생육을 보아가면서 시비한다. 권장 시비량은 품종과 재배지역에 따라 다르지만 뉴질랜드의 집약 재배지대에서는 10a당 질소 17, 인산 4.5, 칼륨 13~19kg을 표준으로 한다. 인산은 초기부터 주지만 질소와 칼리는 분시하는데, 점적관개의 경우는 관비를 생육단계별로 주는 것이 바람직하다. 열대 산간에서 드물게 심는 경우는 그루당 복합비료 0.3~0.9kg를 봄, 여름 2차례에 걸쳐 나눠서 주고, 가을에 0.3 kg을 주는 방식을 취하기도 한다. 관수는 얕은 근권 분포로 인해 지속적으로 물을 공급해 주어야 한다. 건조 스트레스는 식물 성장, 과일 크기 및 생산성을 감소시킨다.

타마릴로는 토마토보다는 병에 강하지만 바이러스, 선충, 과일파리 등이 문제가 된다. 뉴질랜드에서는 수출을 위해서 철저한 환경친화적인 방제를 하는데 끈끈이를 이용해서 노지의 충의 밀도를 조사하여 조기 방제한다. 그러나 육묘 시나 재배 시에 Tamarillo mosaic virus(TaMV)에 감염되어서 수세가 약해지고 과일에 반점이 생겨서 상품성을 떨어뜨리므로 철저한 예방이 필요하다. 장기재배를 하므로 유묘기에 선충

의 피해가 나타나지 않도록 철저한 토양 방제를 한다. 흰가루병, 노균병, 탄저병 등이 발생하므로 초기에 방제한다.

수확: 착과 후에 약 6~7주가 지나면 가능하다. 재식 첫해는 수확이 불가능하고 2년이 지나야 다소 이루어지며, 잘 관리하면 4년째부터 정상 수준에 달한다. 열대 남미 고산지대에서는 타마릴로가 1년 내내 꽃을 피우고 결실하여 연중 수확이 이루어진다. 보통 한 그루에 15~20kg 정도 과일을 생산한다면 1,200주/10a로 심은 농장에서는 이론적으로 약 1.8~2.4톤이 가능하지만, 실제 상품과는 약 1.5~2톤 내외가 된다. 수확과는 분류기로 선별하여 출하한다. 뉴질랜드에서는 수출을 위하여 과일을 냉수침지법(cold water dipping treatment)을 처리하여 6~10주간 저온저장을 가능하게 하는 방법을 사용한다.

저장: 실온에서 4~5일 정도 저장이 가능하며, 냉장고에서는 10일 정도 저장이 가능하다. 저온포장저장은 2개월까지 가능하다. 저장온도는 7~10°C가 적당하다. 에틸렌 발생 과일인 사과, 바나나와 동일 공간에 두면 노화가 촉진되므니 주의한다.

(5) 이용 및 기능성

이용: 열매의 중간을 잘라서 키위 과육을 스푼을 이용하여 파먹는 것처럼 과육을 먹거나 잘라서 샐러드로 이용한다. 아이스크림, 케익 등에 토핑을 하여도 좋다. 당이 낮으면 설탕을 뿌려 먹기도 한다. 보통 잘 익으면 당도는 11~12 °Bx가 되는데, 단 것을 좋아하는 한국인에게는 다소 낮은 편이다. 다른 과일과 혼합하여 믹서기로 주스를 만들어 먹어도 좋다.

기능성: 타마릴로에는 비타민 A, E, C가 많아서 피부를 보호하고, 390~440mg/100g의 많은 칼륨(Vasco 등, 2009)은 체내에서 소금의 흡수를 억제해 주므로 심장병과 고혈압 예방에 좋다. 아울러 안토시안, 폴리페놀, 플라보노이드, 플라본 같은 항산화 물질이 많아 항암, 치매와 퇴행성 질환을 예방하고 심장 건강을 증진시킨다. 또한, 자외선을 견딜 수 있도록 피부의 기능을 도와주는 화합물인 리코펜이 많이 함유되어 있다. 에콰도르의 민간요법에서는 잎을 인후염 치료제로 사용한다.

3.16 토마틸로

학명: *Physalis philadelphica*
(영): Tomatillo, husk tomato **(독):** Tomatillo **(불):** tomatille

(1) 원산지 및 내력

토마틸로(토마티요, ground cherry라고도 함)의 원산지는 중미와 멕시코로 평지에서

그림 3.16 녹색종(좌: 꽃과 열매)과 자색종(우: 출처: Nature and Nature Seed)

부터 해발 2,600m까지 재배된다. 아르헨티나의 Patagonian 지역의 화석에 의해 5천 2백만 전에 존재했음을 알 수 있어, 가지과 작물 중 가장 원초적인 식물로 추정되고 있다. 유럽인이 미대륙을 점령하기 전, 마야와 아즈텍에서는 토마토보다도 중요한 작물이었다고 한다. 스페인 사람들에 의하여 유럽으로 토마틸로(아즈텍어: miltomate)와 토마토(아즈텍어: jitomate)가 전파되어 재배되면서, 녹색인 토마틸로보다 적색인 토마토가 인기가 있어서 tomate라고 부르다가 영어화 과정에서 tomato로 불리게 되었고 전 유럽에서 재배되었다. 반면에 토마틸로는 유럽에서 거의 재배되지 않고 스페인 점령 시절 멕시코 현지에서만 재배됐다. 그러다가 1950년대에 중미에서 전 세계로 다시 전파가 되었으며, 인도, 호주, 남아메리카, 케냐 등에서 재배되기 시작했다. 중국에서 많이 생산되어 판매된다.

국내에서는 2010년대부터 수입 종자가 보급되고 있으나 아직은 시장이 형성되지 않았으며, 멕시칸 요리 집이 늘어나면서 소량이나마 수요가 요구되고 있다.

학명의 *Physalis*는 그리스어 *phusallis*(방광, 기포)에서 왔는데, 이는 꽈리가 풍선 같아서 유래한 것이고, *philadelphica*는 필라델피아에 많아서 이다.

(2) 식물적 특성

보온하여 월동을 시키면 여러 해를 사는 식물이지만, 한국의 기후에서는 1년생 식물로 다룬다. 잎은 까마중이나 고추잎처럼 생겼으며, 싹이 난 후 2~3주가 되면 3~5마디가 생기고 그 위쪽에서 꽃이 피기 시작한다. 고추처럼 방아다리가 생기면서 줄기가 자라고, 가지가 갈라지는 곳이나 마디에서 꽃이 핀다. 꽃의 지름은 8~15mm 정도이고 흰색, 노란색, 보라색이 있는데, 중앙은 주로 보라색이다. 자가 불화합성으로 반드시 곤충에 의해 수분이 이루어져야 한다. 그러므로 한 그루만 재배하면 착과가 안 되거나 매우 불량하다. 열매는 꽃받기에서 자란 종이 같은 막에 꽈리처럼 둘러싸여 있고 익으면 막이 찢어진다(그림 3.16). 열매 크기는 방울토마토처럼 작은 것부터 중형토마토 크기까지 있으며, 큰 것은 지름이 7~8cm이다. 과색은 녹색, 노란색, 보라색, 빨간색 등 다양하다. 줄기는 공동이 생겨서 비어 있고 여러 갈래로 자라는데, 최대 2m까지 자란다. 생육온도의 범위는 8~31°C이며 알맞은 온도는 15~25°C이다.

(3) 품종

멕시코, 미국, 스페인 등에서 과색이 녹색, 노란색, 보라색 등 다양한 품종이 재배되는데, 품종의 특성과 재배 일수를 비교한 후에 선택하여 재배한다(CRFG).

Rendidora	녹색, 조생종. 멕시코의 재배 면적의 약 35%를 차지한다. 직립성, 과경은 5~7cm이며, 숙기가 다른 품종 보다 약 15일 가량 빠르다.
Rio Grand Verde Tomatillo	녹색, 중생종, 85일, 다수성, 미국에서 인기 품종
Giante Tomatillo	녹색, 만생종, 100일, 초장 1.3m, 과경 10cm, 큰 품종
Amaryllo Tomatillo	노란색, 조생종, 60일, 과실이 단단함. 잼, 젤리, 스낵용
Mayan Husk Tomato	노란색, 과육은 단단하며 신맛 같은 향을 낸다.
Purple Coban Tomatillo	보라색, 조생종, 70일이면 수확 가능. 과경 2.5cm
Purple de Milpa Tomatillo	보라색, 중생종, 70~90일, 과경 2.1~5cm

(4) 재배관리

작형: 국내에서는 작형이 분화되지 않았다. 그러나 토마토 재배와 같이 봄재배, 여름재배, 가을재배로 나눌 수가 있다. 봄재배는 2~3월 파종, 4~5월 정식, 8월 수확, 여름 노지재배는 5월 파종, 9월 수확, 가을재배는 7~8월 파종, 8~9월 정식, 11~12월 수확하는 방식이다.

재배: 육묘법과 직파재배법이 있다. 육묘법은 온실에 72공 플러그 트레이에 파종하여 육묘한다. 종자의 발아 온도는 20~27°C이나 주간 30°C, 야간 21°C가 좋다. 발아 기간은 7일 정도이다. 6~8주간 육묘하여 잎을 5~7매 가진 묘를 서리의 위험이 없고 토양 온도가 15°C 이상이 되는 4월 말에서 5월 초에 심어서 가꾼다. 정식거리는 1.0×0.4m로 한다. 대과종은 1.0×10m로 넓게 하는 것도 있으므로 품종의 특성을 반드시 확인하여야 한다.

직파법은 5월 중순이 넘어서 폭 1m 정도의 이랑을 만들고 비닐 멀칭을 한 후 중앙에 한 줄로 0.4m 간격으로 2알씩 파종한다. 종자의 크기는 1~2mm 정도이며, 10a에 약 20g 종자가 소요된다. 재배 기간의 온도는 25~30°C가 알맞으며, 18°C 이상에서 잘 자라고, 15°C 이하에서는 생육이 불량하다. 식물의 키가 20~30cm 되면 토마토나 고추처럼 지주를 세워준다. 줄기가 토마토나 고추보다 다소 약해서 열매가 달리면 잘 고정해 주는 것이 필요하다. 키는 최대 2m까지 자란다. 서리를 맞으면 좋은 과실을 수확하지 못하므로 9월 초에 순지르기를 하여 개화를 억제한다.

토양 pH는 5.3~7.3으로 적응 폭이 넓어 토양을 가리지 않지만, 사질계 비옥한 토양을 선호한다. 시비는 퇴비를 약 2톤/10a 시비하고 인산비료를 밑거름으로 주며 질소와 칼리를 덧거름으로 주는데, 토마토의 절반 수준으로 준다. 인산은 밑거름으로 10kg 정도 전량 시비하고 칼리는 토양의 칼리 성분을 고려해서 9~17kg, 질소는 11~17kg 수준으로 덧거름으로 준다. 특히, 비옥한 시설에서는 질소비료를 많이 주면 열매가 달리지 않으므로 덧거름으로 주는 질소질 비료는 식물의 세력이 너무 강하면 감비하는 등 상태를 보아가면서 시비한다. 건조에 강하지만 주간 25~38mm 정도 수준으로 1주일에 1~2회 물을 준다.

병해 발생은 적지만 캘리포니아에서는 흰가루이(white fly)에 의한 토마토 위황바이러스(tomato yellow leaf curled virus), 복숭아진딧물에 의한 순무모자이크병(turnip mosaic virus) 등 바이러스의 피해가 2% 이상 나타난다고 한다. 따라서 국내재배에서도 진딧물에 의한 바이러스 병이 발생하지 않도록 방지한다.

수확: 품종 고유의 크기와 색이 나타나면 수확하는데, 정식 후 조생종은 60~65일, 만생종은 80~100일이면 가능하다. 주당 1.1kg, 60~200개 과실을 수확하며 수량은 1,500~2,500kg/10a이다.

저장: 실온에서는 1주일, 5~10°C, 공중습도 80~90%에서는 장기저장이 가능하지만, 5°C에서 3주, 10°C에서 4주가 지나면 저온의 해를 입어 과일이 상하므로 주의한다. 그러므로 저장온도는 10~12°C(습도 90~95%) 전후가 좋다. 가정에서는 꽈리(husk)를 가진 것을 종이상자에 넣어 냉장고에서 저장하면 약 2주일, 꽈리를 벗기고 잘 저장하면 3개월이 가능하다.

(5) 이용 및 기능성

이용: 먹기 전에는 꽈리를 벗기고 표면을 깨끗하게 씻은 후에 사용한다. 과피도 벗기고 먹는 것이 바람직하다. 라틴아메리카의 요리에서는 매우 중요한 과채류인데, 특히 멕시코 요리에서는 여러 가지 살사(Salsas)와 채소요리에 첨가하여 사용한다. 약간 완숙 전에 수확하는데, 너무 익으면 단맛이 나서 요리에 적합하지 않기 때문이다. 주로 매운 고추와 같이 혼합하면 맛의 시너지 효과가 나타난다. 그러나 너무 익지 않은 것은 토마토처럼 솔라린(solanin)이 함유되어 있어서 알러지가 있는 사람이 섭취하면 어지럽고, 토하기도 하므로 주의해야 한다.

신선한 과일은 시트론 산이 1.11%이나 산도는 약 3.83으로 과실의 신맛이 난다. 그 외 사과산과 젖산이 들어있다.

기능성: 미국 원주민들은 토마틸로를 두통, 위통과 상처가 난 곳에 드레싱용으로 사용했다. 토마토의 주영양소인 리코펜과 달리 토마틸로에는 위타노라이드(witanolides) 계통인 익쏘칼파낙톤(ixocarpalactone)이 함유되어서 항박테리아, 항암작용이 있으며, 그 외에 다양한 비타민, 카로틴, 제아잔틴, 루테인이 들어 있어, 시력과 면역체계 향상 등 보건적 효능이 크다(Kindscher 등, 2012). 특히, 칼륨이 많아 심

혈관계에 도움이 되며, 혈압 강하에 효과가 크다.

3.17 패션푸르트(백향과)

학명: *Passiflora edulis* Sims
(영): passion fruit **(독)**: Passionsfrucht, Maracuja **(불)**: fruit de la passion

(1) 원산지 및 재배 내력

국내에서는 시계초라고 부르는데, 과피색에 따라서 2종류로 나눈다. 현재 많이 재배하는 자색 종인 *Passiflora edulis* Sims는 브라질, 파라과이, 북아르헨티나로 추측되며, 노란색 종은 확실하지 않은데 브라질 아마존 지역일 것으로 추측만 되고 있다. 일부에서는 자색 종이 돌연변이라고 하나 확실치 않다.

1810년에 원산지에서 영국으로 전파되었고, 1880년에 호주로부터 하와이로 전해져서 그곳에서 귀화식물이 되었다. 탄자니아에는 1896년에 전해졌으며, 그 이후 남아프리카(1947)로도 전파되었다. 아시아권에는 1900년대에 유입되어 인도네시아, 인도 등에서 재배되지만 주요한 산지는 브라질이다. 2013년 전 세계에서 약 140만 톤 정도 생산되었는데, 브라질에서 83.5만 톤(59%) 생산되었고, 인도네시아 14만 톤(10%), 인도 12만 톤(9%), 콜롬비아(5%), 페루(5%) 순서였다(USAID).

국내에는 1990년대에 들여와서 남부지역 농가가 중심이 되어 시설재배를 하여 상당한 수익을 올리고 있는 작물로 경북, 전남, 전북에서 주로 재배되고 있으며, 2015년 현재 재배면적은 약 50ha이고 앞으로 더욱 더 증가할 것으로 예상된다. 미국에서는 후식으로 많이 이용하기에 과채류로 다룬다.

학명의 *Passi*는 라틴어의 정열을 의미하고, *flora*는 꽃을 의미하므로, 정열의 꽃이라는 뜻을 가진다. *edulis*는 식용을 의미한다.

(2) 식물적 특성

영년생 덩굴성 식물로 줄기를 자르지 않으면 무한정으로 자란다. 품종에 따라 뿌리가 얕게 뻗는 천근성(淺根性)으로 덩굴손이 많은 품종이 있고, 심근성(深根性)으로 깊게 뻗으며 어린가지가 적색이나 자주색을 띠는 품종이 있다. 잎은 세 갈래로 갈라지며, 크기는 7.5~20cm 정도의 녹색이면서 광택이 약간 난다. 줄기 마디에 5~7.5cm 크기의 시계 모양의 향긋한 꽃이 핀다. 이에 따라 한국에서는 화훼용 식물을 시계초라 명명한다. 3개의 녹색의 큰 포엽으로 덮인 꽃은 5개의 백록색 꽃받침을 가지며, 5개의 백색 꽃잎, 곧은 백색의 뾰족한 화관(花冠), 자주색과 보라색, 큰 꽃밥이 있는 5개의 수술, 중앙에는 세 갈래로 갈라진 암술을 갖는다(그림 3.17). 자가수

그림 3.17 패션푸르트 자색종 'Possum Purple'과 황색종 'Hawaian'(출처: Amazon)

정을 하는 자색종(*Passiflora edulis*)은 꽃이 아침에 피어 정오에 닫히지만, 타가수정을 하는 황색종(*Passiflora edulis* var. *flavicarpa*)은 정오에 피어서 밤 9~10시에 닫히며 덩굴손이 빨간색 또는 자주색이다. 꿀벌의 인공수정은 착과를 도우며 오전에 피는 자색종과 오후에 피는 황색종을 적당히 혼재시키면, 꿀벌이 오전 오후에 걸쳐 수정을 시킬 수가 있어서 좋다. 보통 4개의 꽃 수정에 1마리의 꿀벌이 필요하다. 황색종은 타가수정 작물로 인공수정이 필수적이므로 가정재배에서도 최소한 2그루는 길러야 한다. 수정되면 열매가 달리는데, 초기에는 녹색으로 토마토와 유사하며 종류에 따라 작은 흰점이 표면에 생긴다. 과경은 4~7.5cm이고 대과종 자몽보다 큰 것이 있다. 익으면 과피색은 자주색, 빨간색을 나타내며 노란색이 되는 것도 있고, 과실의 크기는 35~160g으로 다양하다. 과실은 수정 후 60~80일 지나면 익으며 낙과하는 특징이 있다. 과피의 두께는 3~6mm이고 절단하면 주황색의 과육 즙과 약 250개의 작은 갈색 또는 검정 씨앗이 얼핏 보면 개구리 알처럼 들어 있다. 품종에 따라서는 과육(펄프) 즙 색이 투명하기도 하다. 과육은 신맛이 가미된 단맛을 내며 사향 냄새가 약간 난다.

(3) 품종

약 12개 종의 품종군이 있는데, 과색과 크기에 따라서 보통 5종으로 나눈다. 각 종마다 종자번식과 영양번식 품종이 구분되어 보급된다. 소비자 기호도, 내병성, 내한성, 단맛, 펄프의 색을 고려하여 선택한 후에 재배한다(CRFG).

① 'Purple Passion'(*Passiflora edulis*): 주스나 생과용, 비교적 내한성이 강함, 과경 4~6cm, 과중 40g. 과실은 익으면 낙과한다. 품종은 'Black Night'(병충해 강함), 'Common Purple', 'Misty Gems', 'Pandora'(단맛 강함), 'Panamas', 'Possum Purple', 'Ruby Star', 'Sweet Hearts'(단맛 강함) 등이 있다.

② 'Yellow Passion'(*Passiflora edulis* var *flavicarpa*): 향과 신맛이 남. 과실은 '퍼

플패션’ 군보다 크고 노란색이며 90g이고, 익으면 낙과한다. 토양 전염병에 강하여 자색종의 대목으로 이용. 자주색 종보다 내한성이 약함, ‘Brazilian Golden’(다수확), ‘Golden Giant’, ‘Hawaian’, ‘Mikes Choice’, ‘Panama Gold’ 등 있음.

③ ‘Sweet Passion’ or ‘Sweet Granadilla’(*Passiflora ligularis*): −1°C까지 견디며, 향과 맛 좋은 최고의 백향과. 익으면 주황색으로 변한다. 희고 향기가 나는 펄프가 단단한 껍질로 쌓여 있어서 운반성이 아주 좋다. 길이는 약 11cm로 크다. 2~3년 자라야 생산함.

④ ‘Giant Passion’ or ‘Granadilla’(*Passiflora quadrangularis*): 줄기가 30m까지 자람. 자가수정하고 황색, 크기가 큼, 과장은 26~30cm, 주스로 사용한다.

⑤ ‘Banana Passion’(*Passiflora mollissima*): 내한성(−2.5°C)이 있고, 노랗고 끝이 둥글다. 과장은 10cm이며, 펄프는 주황색으로 달고 산미가 있다.

(4) 재배 관리

작형: 노지재배와 시설재배로 나눈다. 두 작형 모두 봄에 육묘하여 기른다.

재배: 번식법은 종자번식과 영양번식법이 있다. 종자번식은 익은 열매에서 종자를 꺼내서 수세한 후 건조하여 사용한다. 9월에 채종할 경우 바로 파종해서 육묘 후에 월동시켜야 봄에 정식할 수가 있다. 종자를 24~48시간 침수 처리하여 파종한다. 발아 기간은 25°C에서 1~2주, 최대 10주까지 걸린다. 플러그 트레이에 파종했다가 본 잎이 2매 나오면 포트에 심어서 약 30cm 자랄 때까지 3~4개월 육묘한 후에 정식하는 모로 사용한다. 영양번식법은 연필 굵기 새순을 1마디 잎(절반 정도 절단)을 붙인 후 15~20cm 정도로 잘라서 루톤에 침지하여 질석이나 코이어 등의 상토에 삽목해 주면 2주 후에 발근한다. 처음에는 70% 차광망을 쳐주었다가 2주쯤 지나서 발근하면 걷어내 준다. 1~2개월 지나면 뿌리가 완전히 내리므로 큰 화분으로 옮겨서 육묘한다. 취미원예가는 줄기를 잘라서 물컵에 담아 놓아도 2주 정도면 발근하므로 포트에 심고 기르면 된다. 그러나 처음 재배 농가는 전문육묘업체서 2년생 묘를 구입하여 재배하는 것이 좋다.

재배방법은 노지와 시설재배로 나눈다. 노지는 봄 일찍 정식이 가능한 지역으로 4월 상하순이 좋다. 태풍 피해에 의한 낙과 방지를 위해 비가림 재배가 바람직하다. 재배에서는 묘(10a당 약 200주)를 준비하여 3월 하~4월 초에 2×1.8m 정도로 심는데, 장기재배할 때는 3×6m(56주)로 하여 온실에 심는다. 줄기는 포도재배 같은 평덕형, T자형, V형, 지붕형, 울타리형 등이 있는데, 품종 세력과 재배시설의 높이 등을 고려하여 설치 유인한다. 유인은 원줄기가 덮 위치까지 닿게 두고, 그 이후 원순을 자르고 새순에서 열매가 달리는 점을 고려해서 알맞게 분포되게 한다. 5~7월에 개화하고 꿀벌로 수정을 시키거나 품종에 따라 인공 수분을 해주며, 수정 후 2시간

이내에 암술이 비를 맞으면 다시 수분한다. 시간당 한 사람이 약 700개 정도 수정이 가능하다. 착과 후에는 나무의 세력을 보아가면서 알맞은 적과 작업을 해야 한다.

시설은 무가온과 가온 재배가 있다. 무가온 재배는 12월까지 재배하는데, 고랭지에서 재배하면 여름철 개화량을 증대시킬 수가 있다. 가온 재배는 3월 초에 심고 8월 말까지 1기작을 끝내고, 9월 상순에 전정하여 9월 중순에서 11월 중순에 개화시켜 12월 중순에서 다음 해 3월 상순까지 수확하는 작형이다. 주의할 점은 여름 고온기는 25°C 이하로 낮추기 위해 환기를 철저히 해주어야 하며, 낮 동안 차광이 필요하다. 늦가을에 13°C 이하가 되면 낙과가 되므로 주의하고, 겨울철 최저 10°C 정도 유지해 주면 1~3월까지 과실 생산이 가능하다. 그러나 무가온 재배 온실에서 월동시키려면 10월 상순까지는 가지를 자른 후에 원줄기를 볏짚이나 부직포로 10cm 이상 두께로 감싸서 원줄기가 얼지 않게 해야 한다. 중부에서도 수막 등을 이용하여 5°C 이하로 내려가지 않게 하여야 하며, 일시적으로 최저 −2°C까지 견디나 0°C 이하가 되지 않게 관리하는 것이 중요하다.

시비는 퇴비를 10a당 2톤 이상 투입하고, 석회를 뿌려서 토양이 중성인 pH 6.5~7.5가 되도록 한다. N : P : K의 복합비료를 10 : 5 : 20 비율로 그루당 1kg 정도 연간 4번 주며, 첫해에는 유인만 잘하고 다음 해부터 생산하는 방법을 택한다. 질소를 많이 주면 조기 낙과 위험성이 있으니 주의하고 칼리와 칼슘비료를 잘 주어야 한다.

국내에서는 3년 정도 재배하지만, 5~6년이 경제 수령이다. 이를 위해서는 시들음병 같은 토양전염병 예방을 잘해 주어야 한다. 초년도에 어린 식물은 오이모자이크병(CMV) 등 바이러스병에 걸릴 수가 있으므로, 주변의 박과 채소 농가에 바이러스가 나타나면 진딧물 방제를 잘 해 주어야 한다. 진딧물과 같은 흡즙성 해충 방제를 철저히 해서 튼실하게 관리해야 장기재배가 가능하다.

수확: 수확 시기는 품종에 따라 다르나 개화 후 50~60일이면 가능하다. 보통 농가에서는 열매가 익으면 떨어지므로 2~3일에 1회 정도로 거둔다. 동남아에서는 나무 아래에 망을 쳐서 과일이 땅에 떨어져 미세한 상처가 나지 않게 하여 수출한다. 수확기가 되어 자연 낙과된 주름진 과일을 출하하면 소비자의 이해 부족으로 문제시 되는데, 나무에 달린 과일을 수확해서 출하하는 것이 좋다. 낙과된 것은 당, 산, 비타민 C가 낮아지므로 이스라엘에서는 익은 과일을 나무에서 직접 수확하여 출하한다. 이러한 방식이 상품성과 영양가 파괴가 적어서 좋다고 한다.

저장: 2~7°C에서 1주일 정도 저장이 가능하다. 비닐에 포장한 과일은 상온에서 2주일, 파라핀을 코팅한 수출용은 5~7°C, 85~90% 공중습도에서 30일 동안 저장이 가능하다.

(5) 이용 및 기능성

이용: 과일 무게의 30~40%가 주스로 이루어져 맛이 좋은 디저트로 이용된다. 산업적으로는 씨와 분리하여 주스를 만들어 유통된다. 호주에서는 요구르트와 혼합음료를 만들고 열대에서는 파인애플과 혼합해서 잼을 만들기도 한다. 주스는 케익, 아이스크림에 첨가된다. 코스타니카에서는 와인을 만들어서 'Parchita Seco'로 판매한다. 냉동 주스는 -17°C에서 1년간 보존이 잘된다. 피지에서는 과피에서 펙틴을 추출하며, 그 이외 국가에서는 과피를 사료로 사용한다.

기능성: 과일에 비타민 C, 카로틴, 크리프토산틴(cryptoxanthin)이 들어 있어서 면역력을 강화하고 많은 칼륨은 심혈관 확장으로 혈압을 낮춘다. 흡수하기 용이한 주스의 섬유소 등은 소화를 촉진하고 기타 다양한 항산화 물질은 항암작용이 있다고 한다. 약리적으로는 과일에 들어있는 글리코시드의 주성분인 패시프로린(passiflorine)을 분리해서 진정제, 신경안정제로 사용되며, 이탈리아에서는 건조한 잎에서도 동일 성분을 분리하여 약제로 사용한다.

3.18 페피노

학명: *Solanum muricatum*
(영): pepino, pepino dulce **(독):** Pepino, Melonenbirne **(불):** pepino, melon poire

(1) 원산지 및 재배 내력

페피노의 원산지는 콜롬비아, 페루, 칠레 등 안데스의 온대지역이다. 미국 등지에서는 19세기 말에 재배된 기록이 있으며, 20세기 들어서 뉴질랜드에 전파되었다. 상업적인 생산은 뉴질랜드, 칠레, 호주 서안에서 이루어진다. 남미의 콜롬비아, 에콰도르, 볼리비아, 페루에서 판매되고, 현재는 뉴질랜드, 터키, 칠레에서 재배되어서 일본, 유럽, 미국 등지로 수출되고 있다.

국내에서는 2010년대에 들어서 취미원예가들에 의한 재배가 보고되고 있으며, 상업적인 대량생산은 앞으로 이루어지리라 본다.

학명의 *Solanum*은 진정을 의미하고, *muricatum*은 라틴어인 *muricatus*(자색 달팽이)에서 왔는데, 열매에 자색의 줄무늬가 있는 것을 표현한 것이다.

(2) 식물적 특성

페피노는 가지과로서 영년생 상록식물이다. 키는 최대 2m까지 자라며, 토마토처럼 유인을 해야 한다. 잎은 감자 잎보다 좁고, 큰 고추잎처럼 장타원형으로 다양한 형태를 갖는다(그림 3.18 좌). 꽃도 감자 꽃과 유사하며, 색깔은 파란색, 자주색, 흰색

그림 3.18 페피노 식물체(좌)와 다양한 과실(우, 출처: Wikipedia)

에 자주색이 혼합된 것 등 다양하다. 페피노는 단위결과성을 보이지만 자가수정과 타가수정을 모두 한다. 페피노는 종자와 영양번식 모두를 하지만 삽목을 통한 영양번식을 주로 한다. 착과할 때 적온이 중요한데, 야간 온도가 18°C 이상이 되어야 하며, 30°C 이상에서는 생육이 잘 안 된다. 해변의 시원한 곳에서부터 3,000m 고산지까지 자라랄 수 있으며, 서리의 위험성이 없어야 한다. 그러나 다른 가지과 채소와 달리 약 −2.5°C까지 견딘다.

과실은 둥글거나 장타원형 등 다양한 모양이며, 크기는 길이가 5~10cm 정도이나 12cm 정도되는 것도 있다(그림 3.18 우). 과실의 과경과 과장 비가 0.87로 다소 둥글지 않고 납작한 듯 보이는 것부터 최대 2.4배가 되는 장타원형도 있다. 과일 한개의 무게는 가장 작은 것은 약 30g부터 최대 500g까지도 있는데, 일반적으로 150g 내외가 된다. 처음은 녹색이었다가 커 가면서 희고 크림색으로 변하며, 최종적으로 완숙되면 황색이 되며 자주색 무늬가 나타난다. 과실의 성숙 기간은 30~80일 정도 걸린다. 과실의 맛과 향은 캔타로프와 허니듀멜론을 혼합한 것과 같다.

(3) 품종

국내외에서 다양한 품종이 제공되므로 알맞은 것을 선택하여 심는다. 단색인지 줄무늬가 있는지를 구분하고, 향기 유무, 자가수정 여부, 장기저장 특성 등이 품종의 선택에 기준이 된다. 다음에 소개하는 품종은 뉴질랜드, 미국 등지에서 재배되는 품종이다(CRFG).

Colossal	대과종, 크림색, 자주색 무늬가 생김. 멜론향. 타가수정도 가능
Ecuadorian Gold	남미 품종, 배모양 과실, 자가수정, 적과 필요
El Camino	뉴질랜드 주요 품종, 달걀, 노란색에 자주색 문양. 과일향 없음
Miski Prolific	크림색, 자주색 무늬 생김, 과육 연어색. 무수정 착과

New Yorker	노란색, 자주색 줄무늬, 과일 끝 선첨, 무수정 착과, 장기 저장.
Rio Bamba	자주색, 향이 우수 행깅 바스켓(hanging basket) 식물. 암록색 잎에 적자색 넝쿨과 자주색 줄기를 가짐. 꽃색이 진하며 디스프레이 용도로 사용.
Temptation	호주의 Nurserymen's Association에 의해 소개. 대과 고품질
Toma	둥근형, 크림색, 자주색 띠가 생김. 과육 크림색, 칠레의 주요 수출 품종.
Vista	중간 크기, 향기가 좋다. 수세는 직립형, 자가수정, 수량이 많다.

(4) 재배 관리

작형: 국내에서는 봄재배, 여름재배, 가을재배로 나눌 수가 있다. 봄재배는 3월 초 파종, 5월 초 정식, 6~8월 수확, 여름재배는 5월 초에 직파하여 8월 수확, 가을재배는 제주 등 남부에서 7~8월 파종, 8~9월 정식, 10~12월 수확하는 작형이다.

재배: 번식은 종자와 영양번식을 한다. 종자번식은 마지막 서리가 오는 기간으로부터 역산하여 8주 전에 파종한다. 서울에서 늦서리가 내리는 만상일(晩霜日)이 5월 초라고 하면 8주 전인 3월 초에 파종하여 육묘한다. 50이나 72공 플러그 트레이에 육묘용 상토를 채워 깊지 않게 파종하여 물주기를 충분히 하고 20~30°C로 관리하면 7~10일 지나서 발아한다. 발아 시 최저온도는 12°C를 유지한다. 온도가 낮으면 발아 기간은 최대 17일이 걸리기도 한다. 발아 후에 햇빛이 강한 곳에서 토마토처럼 육묘한다. 육묘 시에 물은 적게 주고 키가 웃자라지 않고 튼실하게 한다.

영양번식은 삽수를 잘라서 물에 꽂으면 1주일이 지나 발근하기 시작하고, 2주 정도 지나서 뿌리가 내리면 포트에 심는다. 또 줄기를 봄에 휘묻이 하면 발근이 잘된다. 상업적으로는 줄기를 10~15cm 정도에 잎을 3~4매 붙여 발근제인 루톤을 묻혀서 삽목한다. 역시 삽수가 길기 때문에 직경 10cm 포트에 삽목하는 것이 보통이나 50공 플러그 트레이를 이용하여 생장점이 있는 삽수를 10cm 정도 잘라서 삽목하기도 한다. 전열온상에서 이른 봄에 삽목하면 발근율이 좋다. 삽목 후에는 알맞은 온도관리와 물주기가 필요하다. 해외에서는 조직배양 묘를 육성하여 판매하기도 하지만 대단위 생산단지가 없는 국내에서는 상업성이 전혀 없다.

이랑을 만들고 검정비닐 멀칭을 한 다음에 잘 자란 모를 거리 60cm 간격으로 외줄 혹은 두 줄로 심는다. 심은 후에는 토마토처럼 지주를 세워주거나 비닐 멀칭을 한 뒤에 눕혀서 기르기도 한다. 온도관리는 겨울재배는 5~25°C, 여름재배는 15~35°C를 목표로 한다. 페피노 재배 적지는 햇빛이 많거나 약간 차광이 되는 곳으로 서리가 없고, 강한 바람은 막아 주는 방풍림이나 방풍막이 있으면 좋다. 제주에서는 비가림이 좋아야 하고, 중부에서는 월동을 위하여 수막재배 등과 같은 보온이 필요하다.

토양은 너무 비옥하지 않지만, 비교적 땅심이 좋은 곳이 좋으며, 중성 토양(pH 6.5~7.5)에서 잘 자란다. 페피노는 근권이 좁고 얕게 분포되어 건조에 민감하므로 알맞은 관수가 필요하다. 일반적으로 안개가 끼는 해안이나 골짜기에서 잘 자라는 특성이 있다. 관수는 생육과 수정에 좋은 역할을 한다. 스프링클러 시스템을 이용하면 꽃을 흔들어 주기에 수정이 잘 되며, 점적관개보다 물방울을 제공하는 마이크로제트(microjets) 시스템이 시설에서 습도조절에 좋다. 줄기 전정은 지주를 세우지 않고 재배하면 필요 없고 지주를 세우면 적당히 잘라서 햇빛이 열매에 잘 비치도록 해준다.

시비는 토마토 수준으로 하는 게 바람직한데, 충분한 퇴비(2~3톤)를 넣고 N : P : K는 5 : 10 : 10kg/10a 수준으로 질소를 작게 준다. 질소가 많으면 너무 웃자라고 병해가 많이 발생한다.

병충은 토마토와 같이 노균병, 탄저병 등이 발생하고, 진딧물이나 좀가루이의 피해가 심하므로 발생하면 초기에 약제를 살포한다. 정원에서는 어린 과실을 민달팽이가 먹을 수 있으므로 방제해 준다.

수확: 계절에 따라 익는 기간이 다르므로 착과 후 30~80일이 지나 품종 고유의 색과 향이 나면 수확을 토마토처럼 한다.

저장: 비닐봉지에 담아 냉장고에 넣으면 3~4주 동안 저장이 가능하다. 수확기가 빠르면 향과 당도가 낮고, 늦으면 속이 뭉개지고 착색이 불량해지며 탈수가 된다.

(5) 이용 및 기능성

이용: 멜론처럼 잘라서 식용하기도 하며, 다른 과일과도 잘 어울리는 좋은 샐러드 재료이다. 주스를 만들어 먹기도 한다.

기능성: 영양적인 특성을 보면, 비타민 C가 20mg/100g 그리고 다양한 항산화물질이 들어 있어서 항염증 효과가 있다(Maheshwari 등 2014). 주요 항산화 물질은 페놀산 계통으로 하이드록시시나믹산(hydroxycinnamic acid)이 주성분이며, 그 이외 소량의 플라보노이드, 이소쿠엘시트린(isoquercitrin), 루틴 등이 함유되어 있어 항암작용을 한다.

3.19 홍봉채(기누라)

학명: *Gynura bicolor*
(영): edible gynura, hongfeng cai **(독):** Gyrura **(불):** Gynura a deux couleurs

(1) 원산지 및 재배 내력

홍봉채(기누라)는 인도네시아의 작은 섬들인 Moluccas가 원산지로 동남아 열대와 중국, 태국, 미얀마에서 재배된다. 유럽에는 1779년에 소개된 것으로 추측된다. 일본은 오키나와와 규슈 남쪽에 자생하며, 일본에서는 일찍부터 재배되어서 스이센

그림 3.19 홍봉채

지나(水前寺菜, suizenjina)라 불린다. 국내에서는 최근에 수입되어 재배되고 있는데, 이름이 통일되지 않고 홍봉채(hongfeng cai: 紅鳳菜), 홍채(紅菜), 혈피채(血皮菜) 등으로 중국, 대만의 이름을 사용한다.

학명의 *Gynura*는 그리스어 gyne(암술)과 oura(꼬리)의 합성어로 암술이 꼬리처럼 돌출된 것을 표현하며, *bicolor*는 잎 색이 앞뒤로 두 가지 색이라는 뜻이다.

(2) 식물적 특성

*Gynura*속은 아시아, 아프리카에 약 40여 종이 있으며, 특히 아프리카에는 8종이 자랄 정도로 분포가 많다. 그중에 채소로 이용되는 홍봉채는 초장이 40~60cm되는 상록성 다년초로 국화과에 속한다. 식물 전체가 털이 없고, 기부에 많은 줄기가 생긴다. 원줄기는 여러 해 자라면 다소 목화된다. 잎은 다육질로 연하며, 일종의 점액질을 함유한다. 잎은 원추형으로 자갈색을 띠며, 와생으로 장타원형인데, 잎가장자리의 결각이 심하다. 잎의 윗면은 녹색이나 뒷면은 적색이다(그림 3.19). 오키나와에서는 Okinawan spinach라 하고 자주색, 녹색 등 2개의 지역 종이 있다. 여름에는 가는 꽃대가 올라서 많은 적황색 두상화를 형성한다. 관상화로 꽃봉오리에는 작은 수많은 꽃이 집합되어 있다. 꽃은 불임성(不稔性)이 높아서 종자 형성이 잘되지 않는 특성을 갖는다. 그러나 일부 식물은 채종이 되는 종류가 있다. 천립중은 0.4~0.5g이며, 1g 종자 수는 약 2,400개로 아주 작다.

(3) 품종

홍봉채는 잎 전면이 녹색, 뒷면이 적색인 것이 주를 이루지만, 가끔 잎의 전면과 후면이 녹색인 식물도 있다. 단일종이나 근연종의 어린잎은 채소로 사용하기도 하지만, 주로 약용으로 쓰인다. 여기서는 3종류를 설명한다.

① *Gynura bicolor*: 전면 잎이 녹색이며, 후면이 적색인 채소 전용종이다.

② *Gynura procumbens*(longevity spinach): 중국에서는 류마티스, 기관지 폐염, 폐결핵 치료에 사용되고, 인도차이나에서는 열병 치료, 자바에서는 신장병 치료에 쓰인다. 명월초로 불리며, 항당뇨, 고혈압 예방, 항염증 효과가 있다.

③ *Gynura pseudochina*: 키가 1.3m 가량 되고, 괴근을 형성한다. 잎은 자주색, 엽맥이 녹색으로 잎은 홍봉채보다 크다. 동남아에서는 어린잎을 진통 완화, 즙은 벌레 물린 곳, 피부병에 사용하며, 나이지리아에서는 열병 치료에 이용한다. 관상용으로 분화재배하고 뿌리는 말려서 차로 이용한다.

(4) 재배 관리

작형: 영년생 열대 채소이므로 시설재배 작형이 주가 된다. 노지재배는 육묘하여 서리 위험이 없는 5월에 심어서 서리가 오기 전까지 재배한다. 담액수경이나 배지경을 하여도 잘 자라므로 유럽에서는 수경재배 작형도 있다.

재배: 번식은 종자번식과 영양번식을 한다. 종자번식은 구입한 종자를 105공 트레이에 파종해서 20°C에서 약 2개월 동안 육묘하며, 서리 위험이 없는 5월에 심어서 가꾼다. 여름에는 잘 자라므로 상부 줄기를 수확한 후에는 덧거름을 준다.

영양번식은 4월 초에 삽수를 생장점을 포함하여 12~15cm로 절단해서 루톤 처리한 다음에 묘상에서 발근시킨다. 묘상은 전열선을 하부에 설치하고 상토를 20cm 깊이로 만들어서 삽수 절반이 땅속에 들어가게 꽂아준다. 삽수가 부족하면, 10cm 짧은 줄기에 잎을 2매만 붙여서 루톤을 처리하여 삽목을 한다. 삽목상의 온도를 20°C 전후로 유지하면서 적당한 수분을 공급해 주면 2주가 지나 뿌리를 내린다. 30~40일 정도 튼실하게 육묘하여 5월 중에 심는다. 잎 줄기를 수회 절단 수확한 다음 적당량의 물비료를 추가로 시비하는 것이 수량 증대에 좋다.

시비량은 퇴비 2톤, 석회 100kg, 복합비료(N : P : K = 10 : 7 : 10kg/10a)를 밑거름으로 살포한다. 잎 줄기를 수회 절단 수확한 다음 적당량의 물비료를 추가로 시비하는 것이 수량 증대에 좋다. 정식 방법은 줄기를 절단하여 수확해야 하므로 외줄이나 2줄 심기를 한다. 외줄 심기는 멀칭을 하고, 이랑 폭 60cm, 주간 거리 35~40cm로 정식을 한다. 2줄 심기는 폭 1m 이랑에 2줄로 심는다. 특별한 관리는 필요 없으며 물주기를 잘한다. 병충 관리는 진딧물 방제만 잘 해준다. 겨울철 시설 내의 온도가 4°C 정도까지 내려가도 견디며, 일시적으로 −1.1°C를 접해도 죽지는 않는다.

수확: 원줄기는 남기고, 20cm 이상되는 측지를 절단 후 수확하여 다발로 묶어서 출하한다.

저장: 상온에서는 1일 정도 저장이 된다. 특히, 열대지역은 온도가 높아 시들음 현상이 빠르므로 당일에 이용한다. 비닐 포장은 1~2일의 판매 기간을 증진할 수 있다. 랩에 싸서 냉장고에 저장해도 신선도가 수일이면 떨어진다. 건조하여 고사리처

럼 저장한다.

(5) 이용 및 기능성

이용: 옅은 월계수향을 내는 어린잎은 샐러드로 다른 채소와 같이 곁들여 먹는다. 잎은 익혀서 주로 나물로 사용한다. 루틴(rutin)이 함유되어 약간 미끈거리는 느낌이 난다. 식물의 줄기와 뿌리는 말린 후에 끓여서 차로 사용할 수가 있다. 일본에서는 채소로 이용하며 된장국 재료로도 이용한다.

화분에 심거나 정원에 기르면 독특한 색상 덕분에 관상 식물로의 가치도 있다.

기능성: 철분과 칼륨, 칼슘, 비타민 A 등이 풍부해서, 빈혈 치료, 혈압 강하에 효과가 있다. 항산화 물질로 플라보노이드, 폴리페놀, 알카로이드, 스테롤, 사포닌 등을 함유하고 있어, 이뇨, 항균, 콜레스테롤 저하, 고혈압 예방, 항알레르기, 항암 작용을 한다. Shao 등(2015)은 말레시아의 홍봉채에서 다양한 항산화 물질을 처음 분리했는데, 루틴(rutin), 디카페올퀴닉산(3,5-dicaffeoylquinic acid), 구아노신(guanosine), 클로로겐산(chlorogenic acid) 등의 물질이 암세포를 죽이는 것을 실험적으로 입증하였다. 홍봉채와 유사한 식물이 중국 남부와 동남아지역에 매우 많으므로 반드시 채소용을 수입하여 재배해야 한다.

• 참고문헌

강병화, 심상인. 1997. 한국 자원식물명 총람. 고려대 민족문화연구소.

국립농산물 품질관리원. 2016. 농산물 표준규격. 제2016-55호.

김영식, 김용철, 박권우. 1983. 관수와 품종이 무와 배추의 thiocyanate 함량에 미치는 영향. 한원지. 21(1):9-13(영문논문).

김용철, 강문종, 박권우. 1976. Trickle irrigation에 의한 무의 사지재배에 관한 연구. 고려대 농림논집. 16:71-78.

김학주. 2016. 패션프루트 재배 매뉴얼. 전라북도 농업기술원.

농진청. 2011. 표준식품성분표.

박권우. 1983. 시비, 관수 및 수확기가 채소의 품질에 미치는 영향. 한원지. 24:325-337.

박권우. 1983. 콜라비 유묘의 생장 및 품질에 미치는 관수방법, 포트의 종류, 그리고 여러 상토의 영향: 한국원예학회 발표요지 1(1):60-61.

박권우. 1986. 서양채소론. 고려대 출판부.

박권우. 2003. 허브 및 아로마테라피. 선진문화사.

박권우, 김건희. 2012. 기능성채소와 과일. 선진문화사.

박권우, 김영식. 1984. 품종, 요소엽면시비 그리고 식물부위가 채소 및 조미료식물의 질산염 함량에 미치는 영향. 고려대 농림논집 24:87-91.

박권우, 김영식. 2016. 원예식물영양학. 아카데미 출판사.

박권우, 김영식. 2017. 수경재배이론과 실제. 월드사이언스.

박권우, 김용철. 1972. 무의 생육에 미치는 gibberellin 및 N-dimethyl amino succinamic acid의 영향 및 상호작용. 한원지. 12:31-38.

박권우, 김진희. 1988. 고추냉이 기내배양 시 기관분화에 미치는 NAA및 BA의 효과. 한원지. 29(4):272-282.

박권우, 류경오. 2000. 기능성 채소. 허브월드.

박권우, 이미현, 이긍표. 1993. 방울다다기 양배추 보구력에 미치는 다듬기, 저장온도와 필름 포장의 효과. 한원지. 34:421-429.

박권우, 장매희, 원재희, 장광호. 1994. 질소 시비 수준에 따른 치커리의 생육 양상. 생물생산 시설환경. 3(2);145-150.

박권우, 정정한. 1985. 엔디브의 수량과 품질에 미치는 품종과 시비의 영향. 고려대 농림논집. 25:103-108.

박권우, 한경선, 원재희. 1993. 공심채 생육에 미치는 번식방법, 재식밀도 및 시비량의 영향. 한원지. 34:241-247.

박미성, 이용선, 박한울, 박지원. 2016. 서양채소 수급실태 분석과 과제. 한농연. 보고서.

석호문 외. 2001. 국내산 모로헤이야의 특성연구 및 이를 이용한 가공제품개발. 식개원.

성기철. 2015. 아열대채소의 특성 및 기능성. 농업기술 2. 농진청.

양승렬. 1997. 쪽파 주년생산체계 확립을 위한 휴면생리에 관한 연구. 농림부 농기평.

이유미 등. 2016. 국가표준재배식물목록. 국립수목원.
이용범 등. 2013. 수출 파프리카 생산기술. 도서출판 진솔.
이정명 등. 2013. 채소학 각론. 향문사.
相馬曉. 1988. 品質アップの野菜施肥. 農產文化協會.
伊東 正. 1987. 野菜の 栽培. 誠文堂.
岩佐 俊. 1980. 熱帶の 野菜. 養賢堂.
中國 農業科學院 蔬菜研究所. 1987. 中國蔬菜栽培學. 農業出版社.
山川邦男 등. 1985. 中國野菜. 科學工業日報社.
Arthey, V. D. 1975. Quality of horticultural products. Butterworth. London.
Becker-Dillingen, J. 1956. Handbuch des gesamten Gemüsebaues. Paul Parey.
Bernaert, N. et al. 2012. Antioxidant capacity, total phenolic and ascorbate content as a function of the genetic diversity of leek (*Allium ampeloprasum* var. *porrum*). Food Chem. 134:669-677.
Busch, J. M. et al. 2000. Nutritional analysis and sensory evaluation of ulluco (*Ullucus tuberosus* Loz) grown in New Zealand. J. Sci. Food Agri. 80:2232-2240.
Cadena-Inuguez, J. et al. 2007. Production, genetics, postharvest management and pharmacological characteristics of *Sechium edulce*(Jacq.) Sw. Global Sci. Books. pp. 41-53.
CRFG(Calif. Rare Fruit Growers, Inc.) *https://crfg.org/home/chapters/california/*
Carmargo, L. E. A. 2012. Effect of potassium silicate on epidemic componets of powdery. mildew on melon. Plant Pathology. 61:323-330.
Castellanos, J. Z. et al. 1997. Extraction of potassium and phosphorus by Mexican yam bean. Better Crop Int. 11(2). 3-5 (Spanish)
Counter, J. W. and A. M. Rhodes. 1969. Historical note of horseradish. Eco. Bot. 23(2);156-164.
Dallagnol, L. J. et al. 2012. Effect of potassium silicate on epidemic components of powdery mildew on melon. Pl. Path. 61(2):323-330.
De Donato, M. and H. Cequea. 1994. A cytogenetic study of six cultivars of chayote, *Sechium edulce* Sw.(Cucurbitaceae). J. Herdity. 85(3):238-241.
Del Prete, C. et al. 2018. Influences of dietary supplementation with *Lepidium meyensii*(Mca) on stallion sperm production and preservation of sperm quality during storage at 5C. Aca. Andrology. DOI:10.111/adr.12463.
FDA, 2017. Import Alert 28-13-FDA.
Food Standard Agency. 2002. McCance and Widdowson's The composition of foods. Cambridge: Royal Soc. Chem.
Fritz, D. and W. Stolz. 1989. Gemüsebau. Verlag Eugen Ulmer.
Gonzales, G. 2012. Ethnobilogy and ethnopharmacology of *Lepidium meyenii*(Maca), a plant

from Peruvian highlands. Evid Based Complement Alternat Med. 2012:103496.

Ha, S. I. et al. 2012. Change of quality characteristics of jicama(*Pachyrhizus erosus*) potato powder by drying methods. Kor. J. Food. Preser. 22(6):915-919.

Herklots, G. A. C. 1972. Vegetables in South-East Asia. South China Morning Post Ltd.

Isenberg, F. M. R. 1979. Controlled atmosphere storage of vegetables. Hort. Review 1:337-394.

Kawabata et. al. 1986. Effects of storage and heat treatment on the sugar constituents in cassava and yam bean(*Pachyrhizus erosus*). Nippon Skokhin Kogyo Gakkaishi: 33(60):441-449.(Japanese).

Kays, S. J. and R. E. Paull. 2004. Postharvest biology. Exon Press Athens, GA.

Kindscher, K. et al. 2012. Wild tomatillos(*Physalis* species) as food and medicine. Planta Medica. 78(11): IL32.

Knaflewski, M. et al. 2014. Suitability of sixteen asparagus cultivars for growing in polish environmental condition. J. Hort. Res. 22(2):151-157.

Laber, H. and G. Lattauschke. 2014. Gemüsebau.Verlag Eugen Ulmer.

Ladizinsky, G. 1998. Plant evolution under domestication. Kluwer Academic Publishers, the Netherlands.

Larkson, J. 1991. Oriental vegetables. John Murray Ltd.

Lempiäinen, T. 1989. Germination of the seeds of ulluco(*Ullucus tuberosus*, Basellaceae). Eco. Bot. 43(4):456-463.

Leterme, P. et al. 2006. Mineral content of tropical fruit and unconventional foods of the Andes and the rain forest of Colombia. Food Chem. 95:644-652.

Li, J. et al. 2017. The composition analysis of maca(*Lepidium meyenii* Walp.) from Xinjiang and its antifatigue activity. J. Food Quality. Article ID 2904951.

Food Standard Agency. 2002. McCane and Widdowson's The composition of foods. Sixth summary edition. Cambridge: Royal Soc. Chem.

Maheshwari, R. K. et al. 2014. Exotic pepino: A shrub for prophylactic consequence & nutritional regime. Int. J. Pharma Res. Health Sci. 2(1): 42-48.

Malakar, C. and P. N. Choudhury. 2015. Pharmacological potentiality and medicinal uses of *Ipomea aquatica* Forsk; A review. Asian J. Phar. Clin. Res. 8(2):60-63.

Maruapey, E. R. et al. 2016. Determination of characteristics and vitamin C content of pepino fruit (*Solanum muricatum*)using UHPLC MS/MS. Int. J. Sci. T tech. & Eng. 3(6):253-256.

Medek, B. and L. B. Singa. 2017. Nutritional contribution by wild plants as novel food to the ethnic tribes of Arunachal Himalaya India. J. Phar. Bio. Sci. 12(3):73-79.

Meyerowitz, S. 1999. Sprouts: The miracle food: The complete guide to sprouting 6th Edi. The Sprouts Man.

Nelson, K. M. et al. 2017. The essential medicinal chemistry of curcumin. J. Med. Chem.

60(9) :1620-1637. Oak, P. 2017. Spices-NCDEX, google.

Peirce, L. C. 1987. Vegetables: Characteristics, production, and marketing. John Wiley & Sons.

Royal Society of Chemistry. 2002. The composition of foods. Food Standard Agency, UK.

Rumpunen, K. and K. Henriksen. 1999. Phytochemical and morphological characterization of seventy-one cultivars and selections of culinary rhubarb (*Rheum* spp.). J. Hor. Sci. Biotech. 74(1):13-18.

Rubatzky, V. E. and M. Yamaguchi. 1997. World vegetables. Springer-Sci.

Ryder, E. L. 1979. Leafy salad vegetables. Avi Pub.

Saade, R. L. 1996. Chayote. IPGRI.

Salazar-Aguilar, S. et al. 2017. *Sechium edule*(Jacq.) Swartz, a new cultivar with antiproliferative potential in human cervical cancer HeLa cell line. Nutrients. 9:798.

Salunkhe, D. K. and S. S. Kadam. 1998. Handbook of vegetables science and technology. Marcel Dekker, Inc.

Schery, R.W. 1954. Plants for man (Adapted from Vavilov). Prentice Hall.

Schuphan, W. 1961. Zur Qualität der Nahrungspflanzen. BLV Verlag.

Shao et al. 2015. Changes of the antioxidant capacity in *Gynura bicolor* DC under different light sources. Sci. Hort. 184(5):40-45.

Shikha, A., A. Harini, L. H. Prakash. 2015. Pharmacological activities of wild turmeric (*Curcuma aromatica* Salisb): a review. J. Pharmacog. Phytochem. 3(5):01-04.

Svenson, J. et al. 2008. Betalaine in red and yellow varieties of the Andean tuber crop ulluco(*Ullucus tuberrosus*). J, Agric. Food Chem. 56(17):7730-7737.

Tindall, H. D. 1983. Vegetables in the tropics. Avi.

Uhm, M. J. et al. 2015. Influence of seedling dates and pinching height on tender shoot productivity of moloheiya(*Corchorus olitorius* L.). Protech. Hort. Plant Fac. 24(3):196-201.

Vasco, C., J. Avila, J. Rulales, U. Svanberg and A. Kamal-Eldin. 2009. Physical and chemical characteristics of golden-yellow and purple-red varieties of tamarillo fruit(*Solanum bectaceum* Cav.). Int. J. Food Sci. and Nutri. 60(S7):278-288.

Weichmann, J. 1987. Postharvest physiology of vegetables. Dekker Inc. NY.

Wellbaum, G. E. 2015. Vegetable production and practices. CABI.

White, F. L. and N. Selvey. 1974. Nutritional qualities of fresh fruit and vegetables. Futura Pub. Co. London.

Wright, J. 2010. Horseradish. The Herb Soc. Amer.

http://www.artichokerecipes.co.uk

cultivariable.com in google, 2018. Jan.

https://www.statista.com.

https://en.wikipedia.org/wiki/
https://www.cfrg.org/pubs/ff/tamarillo.html
http://de.wikipedia.org/wiki/Tomatillo
https://www.moringasiam.com/moringa-seed-benefits, 2017
http://homeguides.sfgate.com › Garden › Landscaping
http://www.stuartxchange.org/Sinkamas.html
https://www.livealittlelonger.com/health-benefits-of-black-salsify
http://sechiumcucurbitaceaechayote.blogspot.in/p/recursos-fitogeneticos.html

부록

서양 및 열대 채소의 주요 성분표

1. 성분/작물	고수	결구 상추	꽃양 배추	그린빈	래디쉬	로켓 샐러드	루타 바가	리크	바실
에너지(Kcal)	44	13*	34	24	12	25	24	22	46
수분(g)	85.6	95.1	88.4	90.7	95.4	91.7	91.2	90.8	85.3
단백질(g)	1.5	0.8	3.6	1.9	0.7	2.6	0.7	1.6	2.6
지질(g)	0.2	0.5	0.9	0.1	0.2	0.7	0.3	0.5	0.6
탄수화물(g)	3.7	1.7	3.0	3.2	1.9	3.7	5.0	2.9	2.6
식이섬유소(g)	0.8	0.6	1.8	2.2	0.9	1.6	1.9	2.2	1.6
회분(g)	0.9	0.7	0.9	1.9	0.4	1.4	-	0.7	1.8
칼륨(K)	560	160	380	230	240	369	170	260	429
칼슘(Ca)	48	19	21	36	19	160	53	24	180
인(P)	232	18	64	38	20	52	40	44	235
철(Fe)	1.8	0.4	0.7	1.2	0.6	1.5	0.1	1.1	3.1
비타민 A(RE)	63	191	2	67	0	197	29	15	72
나이아신(mg)	0.4	0.3	0.6	0.9	0.4	0.3	1.2	0.4	0.3
비타민 C(mg)	48	3	43	12	17	15	31	17	32

2. 성분/작물	방울 양배추	붉은 양배추	비트	브로 콜리	서양고추 냉이	셀러리	스위트콘-가공	식용 대황	아스파 라거스
에너지(Kcal)	42	37	36	33	48	26	111	185	25
수분(g)	84.3	88.2	87.1	88.2	81	91.1	69.9	94.5	91.4
단백질(g)	3.5	2.0	1.7	4.4	1.2	1.8	4.2	0.6	2.9
지질(g)	1.4	0.1	0.1	0.9	0.7	0.2	2.3	0.14	0.6
탄수화물(g)	4.1	8.9	7.6	1.8	11.3	5.5	19.6	0.3	2.0
식이섬유소(g)	1.5	3.5	1.9	2.6	3.4	1.4	2.2	0.8	1.7
회분(g)	1.4	0.8	1.6	1.1		1.4	0.6		0.6
칼륨(K)	450	356	380	370	250	298	240	270	260
칼슘(Ca)	26	47	20	56	56	177	3	52	27
인(P)	77	30	51	87	31	53	81	24	72
철(Fe)	0.7	0.5	1.0	1.7	0.4	1.4	0.6	0.5	0.7
비타민 A(RE)	103	89	2	48	2	108	12	6	26
나이아신(mg)	0.2	0.6	0.1	0.9		0.8	2.0		1.0
비타민 C(mg)	115	38	5	87	25	47	7	10	12

3. 성분/작물	아티초크	앤디브	워터크레스	차이브	치커리	파스닙	파슬리
에너지(Kcal)	61	20	21	53	19	75	31
수분(g)	82.5	91.6	93.5	83.3	91.3	79.5	87.6
단백질(g)	2.4	3.6	1.6	3.58	2.3	1.2	3.2
지질(g)	0.1	0.6	0.3	0.74	0.2	0.2	0.5
탄수화물(g)	12.2	2.6	2.9	8.3	3.0	18	5.4
식이섬유소(g)	1.5	3.89	0.6	2.3	1.7	4.9	1.4
회분(g)	1.3	1.6	1.1	1.7	1.2		1.9
칼륨(K)	353	546	276	434	488	375	680
칼슘(Ca)	53	94	180	167	90	36	206
인(P)	130	66	63.6	76	47	71	60
철(Fe)	1.5	2	3.14	1.3	1.3	0.6	1.5
비타민 A(RE)		1,143	754	218	178		490
나이아신(mg)			1.5		0.5		1.4
비타민 C(mg)	7.6	48	58.1	47	48	17	139

4. 성분/작물	페널	피망 녹색	케일	콘 샐러드	콜라비	크레스	흑색살 시파이	공심채	날개콩
에너지(Kcal)	12	20	33	22	28	46	73	17	30
수분(g)	94.2	94.0	90.9	93.4	91.4	97.2	77	93	90.7
단백질(g)	0.9	0.7	2.4	1.8	1.6	4.2	1.9	2.2	1.9
지질(g)	0.2	0.2	1.1	0.4	0.5	1.4	0.3	0.1	0.2
탄수화물(g)	1.8	4.7	1.0	2.9	5.6	4.1	25.3	3.1	6.5
식이섬유소(g)	2.4	2.4	3.1	0.75	3.6	1.2	5.3	3.1	1~3.1
회분(g)		0.4		0.8	0.9	1.9		1.4	0.7
칼륨(K)	440	210	450	421	340	550	353.5	380	240
칼슘(Ca)	24	10	130	35	17	214	53	74	84
인(P)	26	22	61	49	187	38	85	44	37
철(Fe)	0.3	0.5	1.7	2.0	0.1	2.9	3.3	1.5	1.5
비타민 A(RE)	12	64	262	331	39	173	0	717	21
나이아신(mg)	0.6	0.7	1.0	0.35	0.3		0.5	1.0	1.0
비타민C(mg)	5	53	110	35	57	59	3.5	10	17

5. 성분/작물	뉴질랜드 시금치	마카 분말[①]	말라바 시금치	모로 헤이아	모링가 (잎)	야콘	얌빈	여주	오크라
에너지(Kcal)	13	325	15	142	64	62	38	11	30
수분(g)	94		94.1	87.7	78.7	83.8	90.1	96.2	90.2
단백질(g)	0.8	14.2	1.2	4.65	9.4	0.7	0.72	0.1	2.1
지질(g)	0.1	3.57	0.1	0.25	1.4	0.1	0.19	0	0.2
탄수화물(g)	2.5	71	3.4	5.8	8.2	14.7	8.82	3.1	6.6
식이섬유소(g)		7,1	0.6		2.0	2.7	4.9	2.6	5.0
회분(g)	1.8	3.4	1.5			0.7	0.3	0.6	0.9
칼륨(K)	130	2000	429	659	337	199	150	284	260
칼슘(Ca)	58	250	200	208	185	5	12	6	92
인(P)	28		23	83	112	12	18	33	58
철(Fe)	0.7	14.6	1.5	4.76	4.0	2.2	0.6	1.5	0.5
비타민 A(RE)	205		400	278	2	13	6.4	0	110
나이아신(mg)		5.7	0.5	1.26		0.1	0.2	0.5	0.8
비타민 C(mg)	30	285	80	37	51.7	5	20.2	51	11

6. 성분/작물	울금 분말[②]	우유꼬[③]	차요태	타마 릴로[④]	토마틸 로	패션 플루트	페피노[⑤]	홍봉채[⑥]
에너지(Kcal)	-	74	19	31	32	97	26	18
수분(g)	11-13	85.9	93.4	92	91	82.1	91.5	93.4
단백질(g)	608	2.6	0.82	2.0	0.96	2.2	0.4	1.4
지질(g)	5-10	0.1	0.1	0.4	1.02	0.7	0.1	0.1
탄수화물(g)	60-70	15.3	4.5	3.8	5.84	23.4	7.0	3.9
식이섬유소(g)	2-7	0.9	1.7	3.3	1.9	10.4	-	1.17
회분(g)	3-6	0.6	0.8	0.9	-	1.9	0.5	1.2
칼륨(K)	2.5g	247	125	321	268	348	169	434
칼슘(Ca)	180	8	17	11	7	12	10	92
인(P)	270	38	18	38.9	39	68	-	29
철(Fe)	40	0.4	0.3	0.57	0.62	1.6	0.5	2.3
비타민 A(RE)	-	-	0	191	35	386	-	384
나이아신(mg)	-	-	0.5	0.27	1.85	1.5	-	0.7
비타민 C(mg)	25	38.3	7.7	29.8	11.7	30	35	1(54.7)

참고: 분석 자료는 다음 문헌을 참조했음. 순서에 따라서 기재했으며, 없는 항목은 다양한 문헌을 찾아서 기재함: 절대 자료가 아니므로 참고 자료로만 사용 바람.

1) Food Standard Agency. 2002.
2) 박권우, 김건희. 2012.
3) 농진청. 2011. 표준 식품성분표
4) https://www.nutrition-and-you.com에서 작물을 찾아서 보완

① https://draxe.com/top-5-maca-root-benefits-and-nutrition
② de Guzman.(1999)
③ Leterme et al.(2006)
④ Vasco et al.(2009)와 https://www.nutrition-and-you.com/tamarillo.htm
⑤ Maruapey et al.(2016)
⑥ 원예특작과학원(2012): 제공: 성기철, (비타민 C만 Medak and Singa, 2017)

찾아보기

국문색인

영문색인

기타